21世纪高等院校计算机系列规划教材

计算机辅助设计与绘图

（AutoCAD 2011 版）

主　编　王喜仓　刘　勇

副主编　谭　姝　于利民

中国水利水电出版社
www.waterpub.com.cn

内 容 提 要

本书是山东省高等教育面向 21 世纪教学内容和课程体系改革立项教材。全书共 10 章，主要内容包括：计算机绘图系统简介、AutoCAD 绘图系统、绘图入门、绘图命令、编辑命令、尺寸标注、图形的显示与图层、块与外部参照、绘制三维实体、图形输出；为了学习方便，本书讲解了大量工程图例的绘制方法和步骤，书中采用 AutoCAD 2011 绘图软件。

本书适合作为高等院校工程技术各专业学生学习计算机绘图课程的教材，同时也可作为工程技术人员以及教师学习计算机绘图的参考书。

图书在版编目（CIP）数据

计算机辅助设计与绘图 : AutoCAD 2011版 / 王喜仓, 刘勇主编. -- 北京 : 中国水利水电出版社, 2010.8（2018.6 重印）
21世纪高等院校计算机系列规划教材
ISBN 978-7-5084-7709-1

Ⅰ. ①计… Ⅱ. ①王… ②刘… Ⅲ. ①计算机辅助设计－应用软件，AutoCAD 2011－高等学校－教材 Ⅳ. ①TP391.72

中国版本图书馆CIP数据核字(2010)第138090号

策划编辑：雷顺加　　责任编辑：宋俊娥　　封面设计：李　佳

书　名	21 世纪高等院校计算机系列规划教材 计算机辅助设计与绘图（AutoCAD 2011 版）
作　者	主　编　王喜仓　刘　勇 副主编　谭　姝　于利民
出版发行	中国水利水电出版社 （北京市海淀区玉渊潭南路 1 号 D 座　100038） 网址：www.waterpub.com.cn E-mail：mchannel@263.net（万水） sales@waterpub.com.cn 电话：（010）68367658（发行部）、82562819（万水）
经　售	北京科水图书销售中心（零售） 电话：（010）88383994、63202643、68545874 全国各地新华书店和相关出版物销售网点
排　版	北京万水电子信息有限公司
印　刷	三河市鑫金马印装有限公司
规　格	184mm×260mm　16 开本　11.25 印张　271 千字
版　次	2010 年 8 月第 1 版　2018 年 6 月第 7 次印刷
印　数	19001—21000 册
定　价	19.00 元

凡购买我社图书，如有缺页、倒页、脱页的，本社发行部负责调换

前　言

本书是山东省高等教育面向21世纪教学内容和课程体系改革立项教材。

随着计算机与图形设备的日益普及与发展，计算机辅助设计（CAD）、辅助绘图（CG）、辅助制造（CAM）等在各行各业得到了广泛的应用。在工程制图的教学内容、教学模式上也从过去的手工仪器绘图为主，逐步过渡到手工仪器绘图与计算机绘图并存，并以计算机绘图为主的新教学模式。我们正是顺应这种教学改革的趋势，在集合编者多年教学改革的经验基础上，编写了这本《计算机辅助设计与绘图（AutoCAD 2011版）》教材，本书适应的学时数为30～50学时。

本书主要有以下特点：

（1）在教材内容的结构体系上，根据学生学习计算机绘图技术的思维特点，更好地调整、安排系统的内容顺序，使学生边学习理论知识，边上机实践，以利于教学和学习。

（2）在内容的安排上，突出基本内容的学习和操作技能的培养，内容精练，图文并貌，通俗易懂，力求做到少而精，针对性强，简练实用。

（3）本书在绘图软件选择方面，选用了目前最新版本AutoCAD 2011。

本书由王喜仓、刘勇任主编，谭姝、于利民任副主编，由山东工程图学会理事长、山东大学教授范波涛主审。主要编写人员有王喜仓（绪论、第1章、第3章）、刘勇（第2章）、谭姝（第4章）、于利民（第5章）、许淑珍（第6章）、耿相军（第7章）、柳同音（第8章）、焦培刚（第9章）、张春娥（第10章）。参加大纲讨论及部分章节编写工作的还有阎金铭、乔向明教授等，在此表示感谢。

本书在编写过程中，得到了所在单位有关领导及工程图学教师的支持与帮助，在此表示衷心的感谢。

由于编者水平所限，书中难免有错误与不当之处，敬请读者给予批评指正。

编　者

2010年6月

目　录

绪　论

一、计算机绘图的概念

计算机绘图也称为计算机图形学，英文名为 Computer Graphics，简称 CG，是应用计算机及图形输入、输出设备，实现图形显示、辅助绘图及设计的一门新兴边缘学科。它建立在图形学、应用数学及计算机科学三者有机结合的基础上，其研究内容和应用范围正在不断拓展。在人类的生产活动及正常生活中，经常需绘制各种图样、图表、美术图案、动画及广告等。手工绘图是一项细微而繁重的劳动，不仅效率低，劳动强度大，而且绘图精度不能保证。特别是随着现代科学技术的发展，对绘图精度的要求越来越高，同样也越来越复杂，如超大规模集成电路掩膜图、印刷电路板的布线图、航天飞机及宇宙空间飞行器复杂曲面外壳等，这些用手工绘图是无法完成的，而且现代社会竞争激烈，要求产品更新换代十分迅速，就要求产品设计绘图必须高效完成。因此利用计算机的高速运算及数据处理能力，实现计算机绘图 CAG 与计算机辅助设计 CAD 和计算机辅助制造 CAM 的联系，是现代科学技术发展的必然趋势。

二、计算机绘图的特点与学习方法

计算机绘图简单地讲就是应用计算机将数据转换为图形，并在绘图设备上进行图形显示或绘制的一门学科。它是一门空间概念和实践性都很强的课程，涉及到多门学科知识，如工程学科的专业知识、图学基础、数学基础、程序设计、计算机基础等。通过该课程的学习，培养学生的空间思维、创新思维能力，及看图、绘图与工程设计的能力。

在学习计算机绘图时，要明确学习的目的，做到“学以致用”，学习是为了在实践中使用计算机绘图这一先进技术，提高工作效率，把设计和绘图从繁重的手工劳动中解脱出来。因此，在计算机绘图的学习中应注意以下几点：

（1）要熟悉计算机设备的使用和细心的上机操作。

（2）要勤于空间构思和绘图的使用技巧。

（3）要及时总结、积累经验、提高绘图效率。

（4）要结合测绘、课程设计、毕业设计和实际课题的应用，取得实际效果。

三、计算机绘图的发展概况

计算机绘图起源于 20 世纪 50 年代，首先从美国开始。1950 年，第一台图形显示器作为美国麻省理工学院（MIT）旋风 15L（whirlwind I）计算机的外围设备诞生了，它只能显示一些简单的图形。由于受到计算机技术的限制而发展缓慢，进入 80 年代以后，计算机技术突飞猛进，特别是微机和工作站的发展和普及，再加上功能强大的外围设备，如大型图形显示器、绘图仪、激光打印机的问世，极大地推动了 CAG/CAD 技术的发展，CAD 技术已进入实用化阶段，广泛服务于机械、电子、宇航、建筑、纺织等产品的总体设计、造型设计、结构设计、工艺过程设计等环节。

早期的计算机绘图主要是静态的，人们根据要求，用高级语言编程，然后将程序输入计算机进行编译、连接，将输出的目的程序由绘图机执行并输出图形。人们无法干预执行过程，因为图形不能预先显示在屏幕上进行修改，所以输出设备主要以绘图机为标志。70 年代，由于人机对话式的交互图形系统逐步开始应用，推动了图形输入与输出设备的更新与发展，各国开始研制各种类型的显示设备，从 20 世纪 60 年中期的随机扫描显示器发展到 20 世纪 60 年代后期的存储管式显示器。20 世纪 70 年代中期，基于电视技术的光栅扫描图形显示器取代了以前落后的显示器。

图形输入设备也在不断更新。早期的光笔、操纵杆、跟踪球已逐渐被光电式鼠标代替。而在交互式计算机绘图中，屏幕菜单由于受到屏幕尺寸的限制，在屏幕上只能显示出全部菜单的一小部分，用户操作时必须不断切换菜单，寻找所需的指令，操作繁琐。因此，图形输入板与数字化仪成为交互式计算机绘图系统必不可少的输入设备。

图形输出设备一般为绘图机。1952 年美国 Gerber 仪器公司根据麻省理工学院的一台三维坐标数控铣床的工作原理，研制出了世界上第一台平台式自动绘图机。我国绘图机的研制是从 1967 年开始的，1969 年上海自动化仪表二厂生产出 LZ-5 型平台小型绘图机，相当于 A1 图面。近年已有数十家生产绘图机，并以大型为主，A0 彩色喷墨滚筒式绘图机已批量生产。

计算机绘图的应用促进了计算机绘图教育的发展，国家教委在各类专业工程制图课程基本要求中明确规定了计算机绘图的教学内容。各学校根据各专业培养目标要求确定相应计算机绘图的教学内容和时数，有的在工程制图课中为一章内容，有的则单独设课。由于现代各类工程设计均对图纸提出更高的要求，计算机绘图技术已成为工程技术人员必须掌握的一种技能。

近十年来，由于汽车、飞机、船舶、道桥、建筑、测绘等高技术重要工业和科研部门对计算机绘图这一新技术的促进和需要，许多国家在图形处理和绘图软件研究方面已取得很大成就，形成了一批高技术、高质量、使用简便，且适合不同专业绘图特点所需要的绘图软件，实现了工程设计、绘图、生产的自动化，计算机绘图已进入高技术实用阶段。

1. 由静态绘图向动态方向发展

在交互式绘图中，不仅可以在屏幕上对图形进行修改、删除、编辑等，还可以进行动态分析，不仅对产品设计造型结构的优选提供动态变化依据，而且广泛应用于建筑、地震、体育动作等的分析预测中。

2. 由二维图形软件向三维实体造型方向发展

目前在计算机上使用的软件包已从仅能表示空间设计对象的某个方向投影向空间三维实体造型功能方向发展，并能对所画空间形体进行修改及编辑，现已研制的激光全息三维造型系统，可以从不同角度观测，形成明暗度鲜明、色彩逼真的实体图像，再从三维图形自动生成二维视图、剖视图和剖面图等。

3. 向 CAD、CAM、CAG 三者一体化方向发展

研制一项新产品的生产过程，一般应是对产品进行科学计算，提出各种设计方案，进行优选，然后定型，绘出图纸，进行加工组装。现在 CAD/CAM 系统的软件包已可以完成产品的几何造型、设计、绘图、分析直至最后形成数控加工带。因此，从产品设计、造型、图纸生成，到指挥数控机床的加工等全部由计算机处理完成，使计算机辅助设计、计算机绘图、计算机辅助制造合为一体。

第 1 章　计算机绘图系统简介

计算机绘图系统是指能用计算机和外部设备输入数据和图形信息，进行运算并在计算机屏幕上或其他外部设备上进行图形输出的一整套设备及其应用软件。因此，计算机绘图系统是一个以计算机为主的系统，它除了有计算能力之外，还应具有产生图形的能力。

1.1　计算机绘图系统的组成

1.1.1　计算机绘图系统概述

计算机绘图系统主要由硬件和软件组成。

硬件系统主要包括计算机及其必要的外部设备、图形输入和输出设备等，如图 1-1 所示。

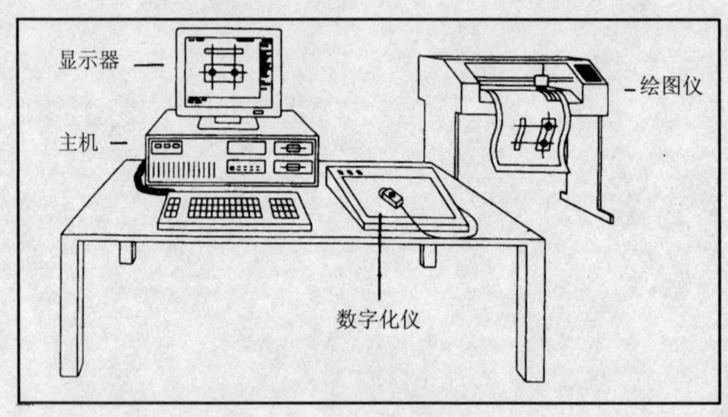

图 1-1　计算机绘图系统

软件系统是指能使计算机进行编辑、编译、计算和实现图形输出的信息加工处理系统，通常分为三部分：应用程序、数据库和图形系统。应用程序将信息存入数据库或从数据库中提取信息，向图形系统传送图形命令，说明物体的几何特征，并要求图形系统读取输入设备的值，将一系列画图子程序转换成图形，显示在终端上。数据库则用以保存被显示物体的信息。图形系统应是能提供对图形的数据描述，包括物体的几何坐标数据，物体的属性及物体各部分连接关系的坐标数据。一个完整的计算机绘图系统的组成及相互关系如图 1-2 所示。

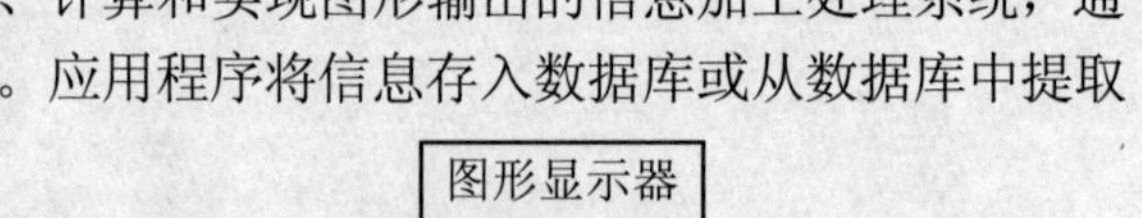

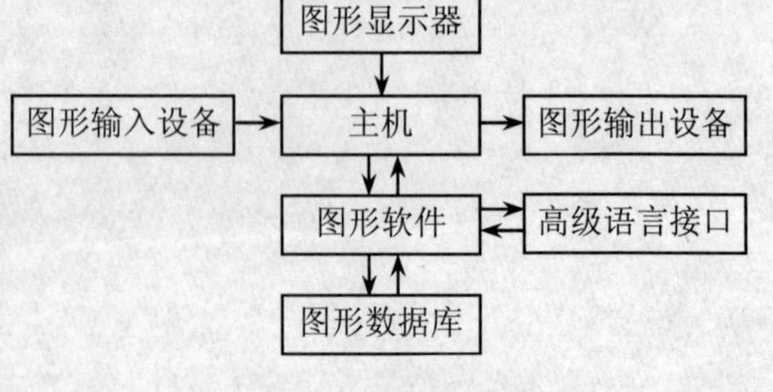

图 1-2　计算机绘图系统

1.1.2　计算机绘图系统的功能

根据计算机绘图系统的组成，一个计算机绘图系统应该具有下述几项功能：

（1）计算功能：包括设计、分析、计算的程序库和有关图形数据及几何分析的程序库。

（2）存储功能：在计算机的内存和外存中，能够存放图形数据，尤其要存放图形数据之间的相互联系。

（3）对话功能：通过图形显示器直接进行人－机对话。

（4）输入功能：向计算机输入各种命令及图形数据。

（5）输出功能：输出计算结果及所需要的图形。

以上是一个计算机图形系统所具备的最基本功能。为实现这些功能，就要有一套合适的硬件和软件把计算机的快速分析计算、大容量的存储记忆和人的直接观察、丰富的经验、卓越的创造力有效地结合起来。

1.1.3　常用图形输入和输出设备

在计算机绘图系统中，图形输入设备是将用户的图形数据、各种命令转换成电信号传送给计算机；图形输出设备则是将计算机处理好的结果转换成可见的图形，呈现在用户面前。

1.1.3.1　图形输入设备

随着图形输入设备的快速发展，现已提供使用的有键盘、光笔、坐标数字化仪、图形输入板、鼠标、操纵杆、轨迹球等。下面介绍常用的几种图形输入设备。

1. 光笔<Light Pen>

光笔是一种检测光的装置，是实现人与计算机、图形显示器之间联系的有效工具。光笔的主要功能是指点与跟踪。所谓指点就是在屏幕上有图形时，选取图形上的某一点作为参考点，对图形进行处理。跟踪就是用光笔拖动光标在显示屏幕上任意移动，从而在屏幕上直接输入图形。光笔的两个主要部件是光电管和一个能把光笔视见范围内的所有光聚在上面的光学系统。它的外壳像支笔，如图 1-3 所示。

2. 鼠标<Mouse>

鼠标是一种屏幕指示装置。在其上部有一个或多个按钮。当进入图形编辑程序时，可以在平台上适当地移动鼠标，带动屏幕上的十字光标向任意方向移动。为了从屏幕拾取菜单选择项、捕捉目标或者为了输入点，鼠标设置了拾取键、消除键、定位键，如图 1-4 所示。

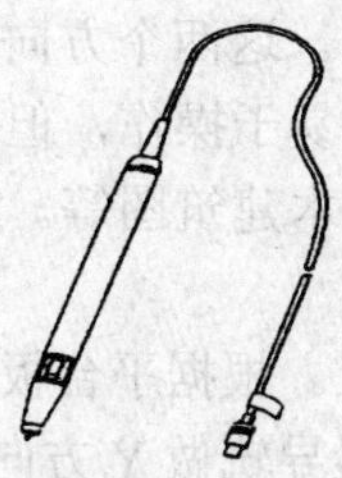

图 1-3　光笔

图 1-4　鼠标

3. 数字化仪

数字化仪是一种图形数据采集装置，如图 1-5 所示。它由固定图纸的平板、检测器和电子处理器三部分组成。工作时，将十字游标对准图纸上的某一点，按下按钮，则可把该点的坐标输入。连续移动游标，可将游标移动轨迹上的一连串点的坐标输入。因此，它可以把图形转换成坐标数据的形式存储，也可以重新在图形显示器或绘图机上复制成图。坐标数字化仪能够读取的范围最小为 280×200，最大可为 1070×1520，分辨率一般为 0.1mm，精确的可达 0.025mm。

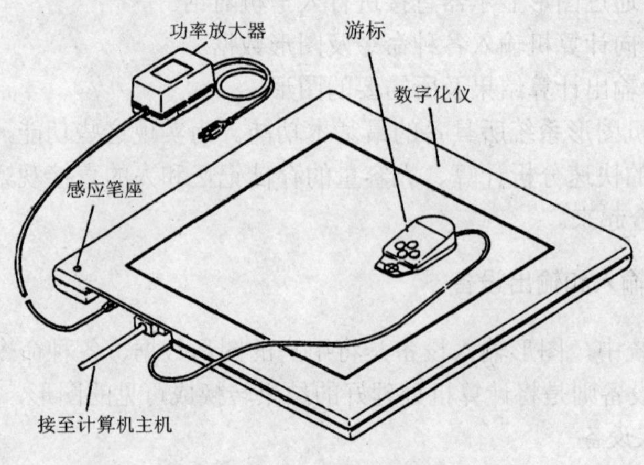

图 1-5　数字化仪

1.1.3.2　图形输出设备

常用的图形输出设备一般可分为两类。一类是用于交互式作用的图形显示设备，另一类是在纸上或其他介质上输出可以永久保存的图形绘图设备。常用的有图形显示器、硬拷贝机、绘图机等。

1. 显示设备

图形显示器是交互式绘图系统中不可缺少的图形输出设备。常用的图形显示设备有随机扫描式图形显示器和光栅扫描式图形显示器两种。

2. 绘图设备

自动绘图机是绘图系统的主要设备，由计算机控制自动绘图机完成各种绘图动作。常用的绘图设备有以下几种：

（1）滚筒式绘图机。这种绘图机是用两台电机分别带动绘图纸和绘图笔运动，从而产生图形轨迹。其主要特征是绘图纸随滚筒作正、反方向的旋转运动，即正、负 X 方向的运动。画笔则作横向往复的直线运动，即正、负 Y 方向的运动。这两个方向的运动合成，即可画出所需图形。其特点是结构简单、紧凑，占地面积小，易于操作，但精度低，速度不高，常用于对绘图精度要求不高的场合，如绘制机械图、土木建筑图等。滚筒式绘图机如图 1-6 所示。

（2）平台式绘图机。平台式绘图机将图纸固定在平台上。根据平台板面的大小分为不同型号，适合绘制不同幅面的图纸。绘图笔在笔架上可沿横梁导轨做 Y 方向的移动，而横梁又能在平台上做 X 方向的移动，这两个方向运动的合成，使画笔可移动到平台图纸上所需的任一位置。其特点是绘图精度高、绘图面积大、可监视绘图的全过程。平台式绘图机如图 1-7 所示。

此外，随着科学技术的新发展，现在又有更多的新型绘图机投入市场，如静电绘图仪、喷墨绘图仪、热蜡绘图仪、热敏绘图仪等。

图 1-6　滚筒式绘图机

图 1-7　平台式绘图机

1.2　常用的几种计算机绘图系统软件的特点

目前在学校、科研院所及工矿企业中使用的各类国内外计算机绘图软件有几十种之多。美国 Autodesk 公司的 AutoCAD 软件是当今使用最广泛的通用绘图软件。德国西门子公司的智能型绘图软件 Sigrah-Design，以独特的关系型图形数据库及全关联、全参数化的绘图功能令人瞩目。国内北京北航海尔软件有限公司的 CAXA 电子图板、华中理工大学的 KMCAD、中科院凯恩集团的 PICAD 及清华大学的 QHCAD、北京大恒公司的通用机械 CAD 系统 HMCAD 等软件，均是国内自己开发或二次开发的，更符合国情，遵循国家标准，因为设计绘图速度快、价格相对低廉而受到越来越多用户的欢迎。三维设计绘图软件最有代表性的产品为美国 SolidWorks 公司推出的 SolidWorks 软件及美国 Autodesk 公司的 Mechanical Desktop（MDT）软件，它们具有极强的参数化特征造型功能。国内北京北航海尔软件有限公司的 CAXA 三维电子图板软件，也同样具有较强的三维参数化特征造型功能。下面简单介绍 AutoCAD 2011、CAXA 电子图板的主要功能。

1.2.1　AutoCAD 2011 的主要特点

最新版本的 AutoCAD 2011 中引入了全新功能，其中包括自由形式的设计工具、参数化绘图，并加强了对 PDF 格式的支持。

1. 设计各种形状

AutoCAD 能够帮助用户加速文档编制，更精确地共享设计方案，更直观地在三维环境中探索设计构想。它为用户提供了卓越性能和灵活性，并能根据特定需求进行定制。

2. 加速文档编制

借助 AutoCAD 中强大的文档编制工具，可以加速项目从概念到完成的过程。使用自动化管理和编辑工具可以最大限度地减少重复性任务，并加快项目的完成速度。

可以使用新的 AutoCAD 设计中心确定内容（例如块、图层和命名对象）位置并将其加载到图形中。

3. 图纸集

在新版本中组织安排图纸不再是一件令人头疼的事情。AutoCAD 图纸集管理器能够组织安排图纸，简化发布流程，自动创建布局视图，将图纸集信息与主题图块和打印戳记相关联，并跨图纸集执行任务，因此所有功能使用起来都非常方便。

4. 文本编辑

可以轻松地处理文本，在输入文字时可以对其进行查看、调整大小和定位。也可以根据自己的需求使用熟悉的 AutoCAD 工具调整文本的外观，使文本格式更加专业。这些 AutoCAD 工具在文本编辑应用中比较常见，包括段落和分栏工具。

5. 参数化绘图

AutoCAD 参数化绘图功能可以帮助用户缩短大量的设计修改时间。通过在对象之间定义持久关系，平行线与同心圆将自动分别保持平行和居中。

6. 自动追踪

可以以极坐标角度或相对于对象捕捉点的角度，并使用极坐标和对象捕捉追踪创建对象。

7. 高效的用户界面

同时处理多个文件不再是一件令人痛苦的事情。AutoCAD 的“快速视图”功能不仅支持文件名，还支持缩略图，因此可以更快地找到并打开正确的工程图文件和布局图。在菜单浏览器界面中，还可以快速浏览文件、检查缩略图，并查看关于文件尺寸和创建者的详细信息。

8. 实时三维旋转

使用新的 3DORBIT 命令可以方便地处理三维对象视图。

9. 动作录制器

可以录制正在执行的任务，添加文本信息和输入请求，然后快速选择并回放录制的宏。

1.2.2 CAXA 电子图板的主要特点和功能

1. CAXA 电子图板的主要特点

（1）自主版权、易学易用。本系统是自主版权的中文计算机辅助设计绘图系统，具有友好的用户界面，灵活方便的操作方式。其设计功能和绘图步骤均是从实用角度出发，功能强劲，操作步骤简练，易于掌握，是用户充分发挥创造性思维的有力工具。

系统在绘图过程中提供多种辅助工具，可以提供全方位的支持和帮助，从而对使用者的要求降至最低，经过短时间的学习即可独立操作。

（2）智能设计、操作简便。系统提供强大的智能化工程标注方式，包括尺寸标注、坐标标注、文字标注、尺寸公差标注、形位公差标注、粗糙度标注等。标注过程中处处体现“所见即所得”的智能化思想，只需选择需要标注的方式，系统自动捕捉用户的设计意图，具体标注的所有细节均由系统自动完成。

系统提供强大的智能化图形绘制，提供裁剪、变换、拉伸、阵列、过渡、粘贴、文字和尺寸的修改等。绘制和编辑过程“所见即所得”。

系统采用全面的动态拖画设计，支持动态导航、自动捕捉特征点、自动消隐，具备全程 Undo/Redo 功能。

（3）体系开放、符合标准。系统全面支持最新国家标准，通过国家机械 CAD 标准化审查。系统既备有符合国家标准的图框、标题栏等样式供选用，也可制作用户自己的图框、标题栏。在绘制装配图的零件序号、明细表时，系统自动实现零件序号与明细表联动。明细表还支持 Access 和 FoxPro 数据库接口。

系统为使用过其他 CAD 系统的用户提供了标准的数据接口，可以有效地继承以前的工作成果以及与其他系统进行数据交换。

系统支持对象链接与嵌入，可以在绘制的图形中插入其他 Windows 应用程序，如 Microsoft Word 文档、Microsoft Excel 的电子表格等，也可以将绘制的图形嵌入到其他应用程序中。

系统支持 Truetype 矢量字体和 Shx 形文件，可以利用中文平台的汉字输入法方便地在图纸上输入各种字体的文字。

（4）参量设计，方便使用。系统提供方便操作的参量化图库，可以方便地调出预先定义好的标准图形或相似图形进行参数化设计，从而极大地减轻了用户的绘图负担。对图形的参量化过程既直观又简便，凡标有尺寸的图形均可参量化入库供以后的调用，未标有尺寸的图形则可作为用户自定义图符来使用。

2. CAXA 三维电子图板的主要功能

CAXA 电子图版 XP 新增加和改进了 60 余项功能，成功地提高了数据接口的兼容性，改善了打印排版的性能和质量，新增了对鼠标中键的支持等。

（1）二维绘图与编辑。CAXA 电子图板提供了强大的智能化图形绘制和编辑功能，可以绘制各种复杂的工程图纸。其绘图功能包括基本曲线的点、直线、圆弧、矩形、样条线、中心线、轮廓线、等距线和剖面线等，高级曲线的多边形、椭圆、孔/轴、波浪线、双折线、公式曲线、填充、箭头、齿轮等图形的绘制。其编辑功能包括裁剪、过渡（圆角、倒角、尖角）、齐边、打断、拉伸、平移、旋转、镜像、比例、阵列以及局部放大等。

（2）工程标注。依据《机械制图国家标准》，提供了对工程图进行尺寸标注、文字标注和工程符号标注的一整套方法。其尺寸类标注包括尺寸标注、坐标标注、倒角标注、文字标注和引出说明等。其工程符号类标注包括基准代号、粗糙度、形位公差、焊接符号和剖切符号等。同时提供标注编辑、尺寸风格编辑和尺寸驱动功能，可以随时随地编辑标注的内容和形式。

（3）国标图库。提供了符合国家标准的参数化图库，共有 20 大类 1000 余种，2 万多个规格的标准图符，涉及机械行业的连接件、紧固件、轴承、法兰、密封件、润滑件、电机、夹具等，电气行业的连接件、开关、半导体、电子管、逻辑单元、转换器等，液压气动的各类零部件，以及液压零件图库、农业机械零部件图符、轴承零件图符、腹板式齿轮零件图符等。同时，提供了对图库的编辑和管理及模糊查询功能，并提供开放的定制图库手段，用户不需编程，只需把图形绘制出来，标上尺寸，将尺寸进行定义后，即可建立自己的参数化图库。

（4）二维数据接口。全面支持各种版本的 DWG、DXF 文件；可以将 DWG/DXF 文件批量转换为 EXB 文件，并可设置转换的路径；可读入 WMF、HPGL 图形文件；可读入和输出 IGES 格式的文件；可读入以文本形式生成的数据 DAT 文件，获取 CAXA 加工软件的几何数据。

（5）工程图输出。支持目前市场上主流的 Windows 驱动打印机和绘图仪，而且在绘图输出时提供了拼图功能，大幅面图形文件可以通过小幅面图纸输出后拼接而成，拼图方式可以选择用户指定的幅面实现拼图，也可以打印指定页码图形实现拼图；还提供了多份图形在一张图纸上输出的打印排版功能，可以按最优的方式进行排版，可以批量打印 CAXA 三维图板

XP 绘制的图纸，最适合在安装滚筒纸的大幅面打印机或绘图仪上输出整套图纸。

（6）工程图纸管理。可以直接提取 CAXA 图形文件的属性信息；自动建立产品结构树，检查一套产品图纸的完备性；可根据用户自定义的规则将提取的属性信息分别输出为用户需要的报表。

（7）三维数据接口。提供了多种数据接口，包括 Parasolid、ACIS 内核数据格式，CATIA 的 model 格式，Pro-E 的 prt、asm 格式，通用格式 IGES、STEP、STL、VRML 等总共 20 几种格式。

（8）三维零件设计。提供三维曲线、曲面、实体混合造型能力，可以完成复杂零件的三维设计，可以修改和调整读入的三维模型，实现曲面模型和实体模型之间的相互转换，进行视图操作和三维尺寸标注，并对完成的三维模型进行渲染和输出。

（9）从三维到二维的转换。可以自动创建三维模型的各个视向的二维正交视图、轴测视图、任意给定视向视图等；创建剖视图和局部放大图；投影生成二维视图，并可以任意排列，对视图进行修改、尺寸标注和工程标注等操作。可以输出二维剖视图，包括阶梯剖、旋转剖，可以实现对零件和装配的全剖、半剖、阶梯剖、旋转剖等，并且可以随三维模型的修改自动更新。

习　题

1．计算机绘图系统由哪几部分组成？

2．计算机绘图系统应具有哪几项功能？

3．常用的图形输入、输出设备有哪些？

4．CAXA 电子图板与 AutoCAD 2011 绘图软件有哪些主要功能？

第 2 章　AutoCAD 绘图系统

本章主要介绍 AutoCAD 绘图系统的基本概念，以及如何快速入门。包括如何打开、关闭并管理图形，利用 AutoCAD 窗口组件进行高效、快速地绘图和设计。

2.1　AutoCAD 概述

近年来，随着计算机技术、信息技术以及网络技术的成熟和飞速发展，计算机辅助设计技术得到了充分的发展和应用。计算机辅助设计已被越来越多的行业和领域（如机械、电子、航空、航天、轻工、纺织等）普遍接受。CAD 技术具有高效益、更新快等特点，它的发展和应用水平已成为衡量一个国家科技和工业现代化水平的重要标志之一。

AutoCAD 2011 是应当今技术的快速发展和用户的需求而开发的面向 21 世纪的 CAD 软件包，它实现了向 Windows/Objects/Web 的战略性转移，体现了世界 CAD 技术的发展趋势。它的推出正迅速而深刻地影响着人们设计和绘图的基本方式。

AutoCAD 2011 从概念设计到草图和局部详图，提供了创建、展示、记录和共享构想所需的所有功能。AutoCAD 2011 将用户惯用的 AutoCAD 命令和熟悉的用户界面与更新的设计环境结合起来，能够以前所未有的方式实现并探索构想。

1. 概念设计

更新的概念设计环境使实体和曲面的创建、编辑和导航变得简单且直观。所有工具都集中在一个位置，因此可以方便地将构想转化为设计。改进的导航工具使设计人员可以在创建和编辑期间直接与其模型进行交互，从而可以更加有效地对备选设计进行筛选。

2. 可视化工具

无论处于项目生命周期中的哪个阶段，在 AutoCAD 2011 中用户都可以通过强大的可视化工具（例如漫游动画和真实渲染）来表达所构思的设计。通过新的动画工具，可以在设计过程早期发现设计缺陷，而不是在缺陷可能变得难以解决时才发现它们。

3. 文档

有时必须将设计付诸实现，在此情况下，AutoCAD 2011 可以方便快捷地将设计模型转化为一组构造文档，以便清晰准确地描绘要构建的内容。截面和展平工具使用户可以直接通过设计模型进行操作来创建截面和视图，随后可以将其集成到图形中。由于无需为设计文档包重新创建模型信息，因此，能够节省时间和资金，并避免在手动重新创建期间可能发生的任何错误。

4. 共享

AutoCAD 2011 扩展了已有的功能强大的共享工具（例如，可将当前 DWG 文件输出为旧版本的 DWG 文件，而且可以输出和输入具有红线圈阅和标记信息的 DWF 文件），并且改进了输入并将 DWF 文件作为图形参考底图进行操作的功能。

2.2　AutoCAD 的基本操作

本节主要介绍 AutoCAD 2011 的启动过程，绘图屏幕的各组成部分及其功能，在此基础上介绍简单图形的绘制。

2.2.1　启动 AutoCAD

在“开始”菜单中选择“程序”，然后选择“AutoCAD 2011　中文版”或在桌面连击 AutoCAD 2011 中文版图标，启动后首先出现欢迎屏幕窗口，如图 2-1 所示。关闭欢迎屏幕窗口，进入 AutoCAD 2011 操作窗口，如图 2-2 所示。

图 2-1　AutoCAD 欢迎屏幕窗口

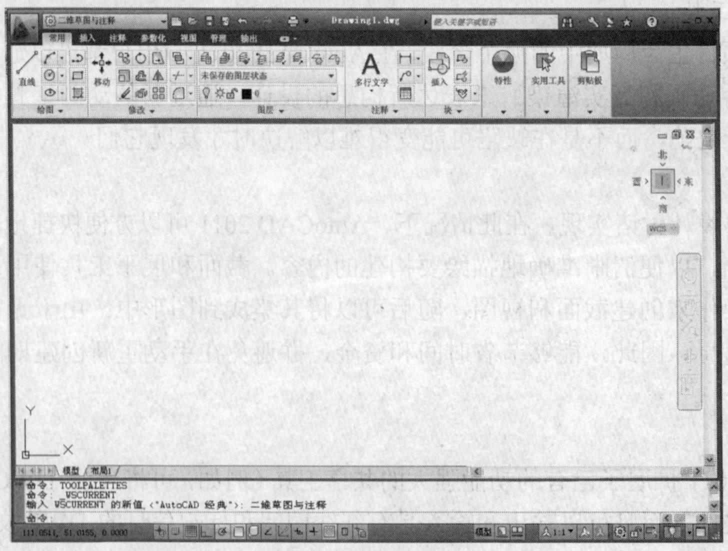

图 2-2　AutoCAD 二维草图与注释绘图窗口

2.2.2　AutoCAD 窗口操作

启动 AutoCAD 后，将会看到如图 2-2 所示的 AutoCAD 窗口。这一窗口是设计工作空间，它包括用于设计和接收设计信息的基本组件。AutoCAD 2011 提供了“二维草图与注释”、“三维基础”、“三维建模”和“AutoCAD 经典”4 种工作空间模式，分别如图 2-2 至图 2-5 所示。

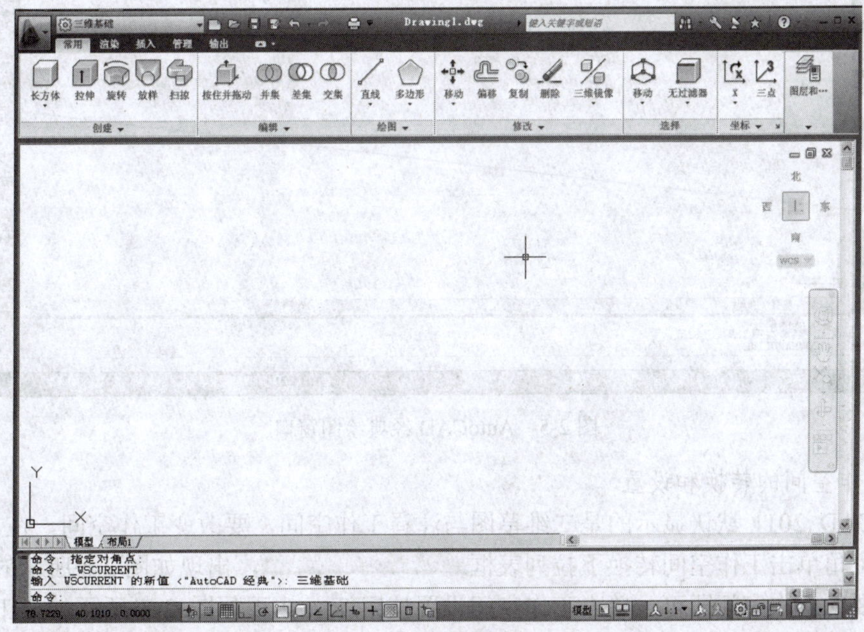

图 2-3　AutoCAD 三维基础绘图窗口

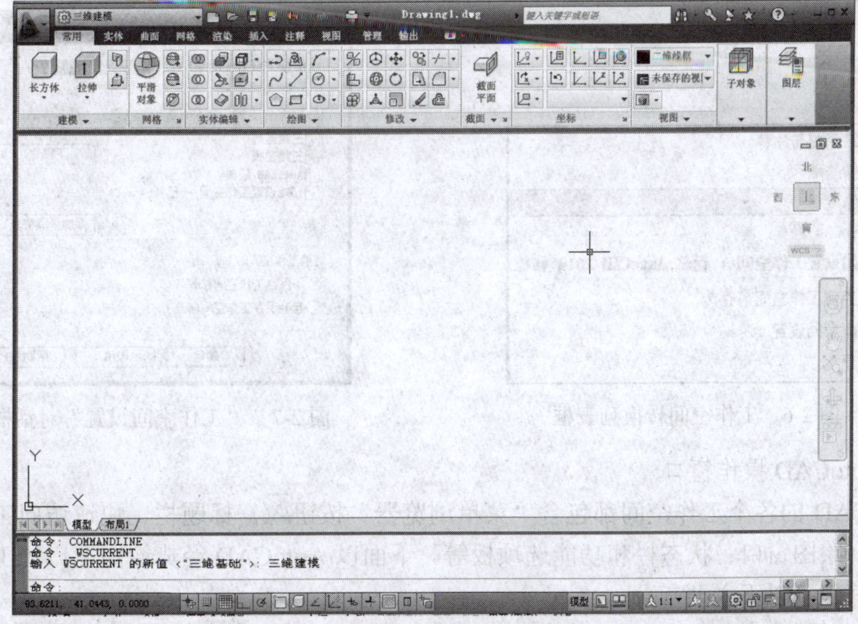

图 2-4　AutoCAD 三维建模绘图窗口

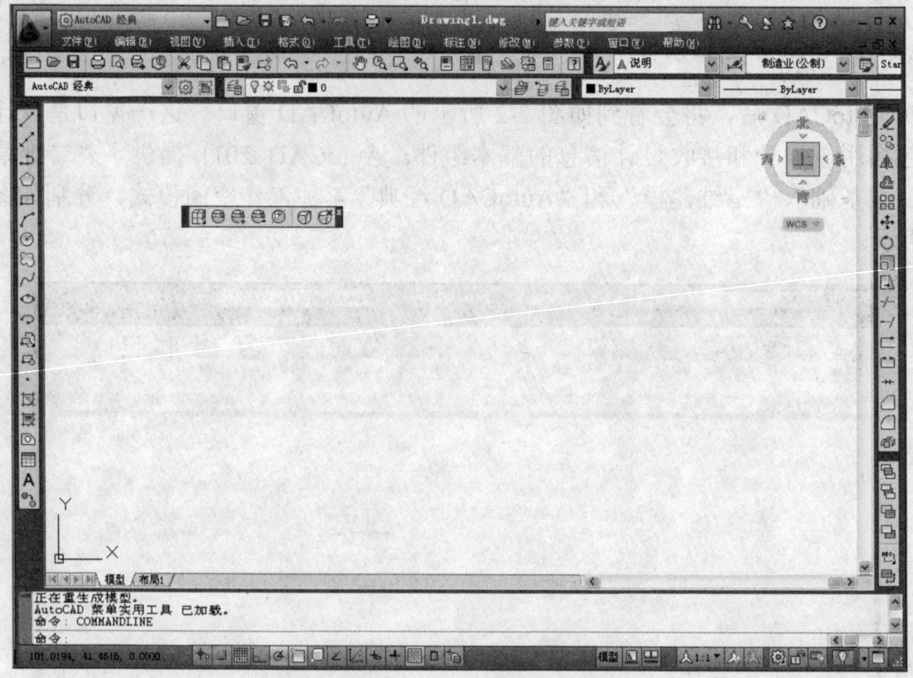

图 2-5 AutoCAD 经典绘图窗口

1. 工作空间的转换和设置

AutoCAD 2011 默认显示的是二维草图与注释工作空间，要改变工作空间，在 AutoCAD 窗口的左上角单击工作空间转换下拉列表框，出现如图 2-6 所示的列表框，选择所需要的工作空间即可。单击工作空间设置按钮，出现如图 2-7 所示的“工作空间设置”对话框，可以对所需的工作空间进行设置。

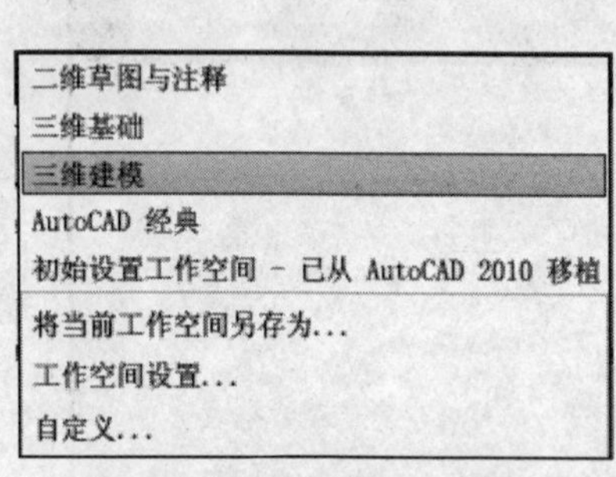

图 2-6 工作空间转换列表框

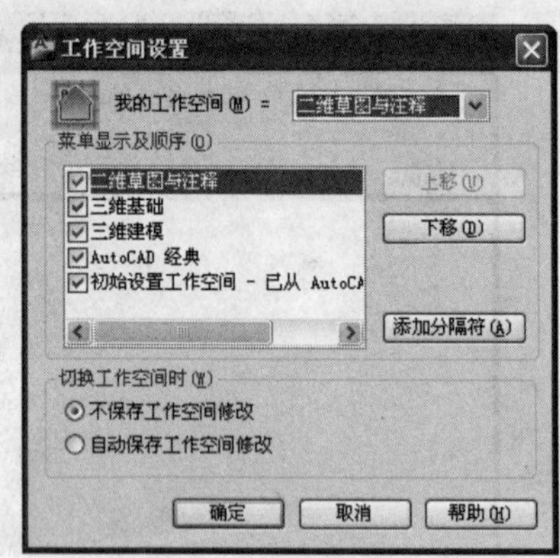

图 2-7 “工作空间设置”对话框

2. AutoCAD 操作窗口

AutoCAD 的各个工作空间都包含“菜单浏览器”按钮、标题栏、快速访问工具栏、命令提示行、绘图窗口、状态栏和功能选项板等。下面以 AutoCAD 经典绘图窗口的工作空间进行介绍。其包括以下主要部分。

（1）菜单栏（下拉菜单）。菜单由菜单文件定义。用户可以修改或设计自己的菜单文件。

典型的下拉菜单包括文件（F）、编辑（E）、视图（V）、插入（I）、格式（O）、工具（T）、绘图（D）、标注（N）、修改（M）、窗口（W）等。单击下拉菜单标题时，会在标题下出现菜单列表项，可以在表中拾取各命令项。

（2）工具栏。工具栏包括许多由图标表示的工具。单击这些图标按钮就可激活相应的命令。AutoCAD 2011 提供了 48 个工具栏，右击任何工具栏，屏幕出现工具栏菜单，然后在工具栏内单击某工具栏项目，在此可以打开、关闭某个工具栏。

（3）绘图区域。绘图区域用于显示图形。根据窗口大小和显示的其他组件（例如工具栏和对话框）数目，绘图区域的大小将有所不同。

（4）十字光标。十字光标用于在绘图区域标识拾取点和绘图点。十字光标由定点设备控制。可以使用十字光标定位点、选择和绘制对象。

（5）模型/布局选项卡。可以在模型（图形）空间和图纸（布局）空间来回切换。一般情况下，先在模型空间创建设计，然后创建布局以绘制和打印图纸空间中的图形。

（6）命令窗口。命令窗口在绘图区下方，显示命令提示和信息。

（7）状态栏。在状态栏的左下角显示光标坐标。状态栏还包含一些按钮，使用这些按钮可以打开常用的绘图辅助工具。这些工具包括“捕捉”、“栅格”、“正交”、“极轴”、“对象捕捉”、“对象追踪”、“线宽”（线宽显示）和“模型”（模型空间和图纸空间的切换）等。

2.2.3　常用功能键

- F1：按下 F1 键打开 AutoCAD 帮助。
- F2：按下 F2 键打开 AutoCAD 文本窗口，再按下关闭。
- F3：按下 F3 键打开对象捕捉，再按下关闭。
- F4：按下 F4 键打开三维对象捕捉，再按下关闭。
- F5：按下 F5 键绘制等轴测平面。
- F6：按下 F6 键打开动态显示，再按下关闭。
- F7：按下 F7 键打开屏幕栅格，再按下关闭。
- F8：按下 F8 键打开正交状态，再按下关闭。
- F9：按下 F9 键打开捕捉，再按下关闭。
- F10：按下 F10 键打开极坐标，再按下关闭。
- F11：按下 F11 键打开对象捕捉追踪，再按下关闭。
- F12：按下 F12 键打开动态输入，再按下关闭。
- ESC：取消或中断命令。

2.3　图形文件的使用

2.3.1　用新建（NEW）命令建立一幅新图

用“新建”（NEW）命令可以开始一幅新图。可以从标准工具栏单击“新建”图标或在下拉菜单中单击“文件”→“新建”命令，出现“选择样板”对话框，如图 2-8 所示，在对话框中进行绘图设置后，单击“确定”按钮即可开始绘图。

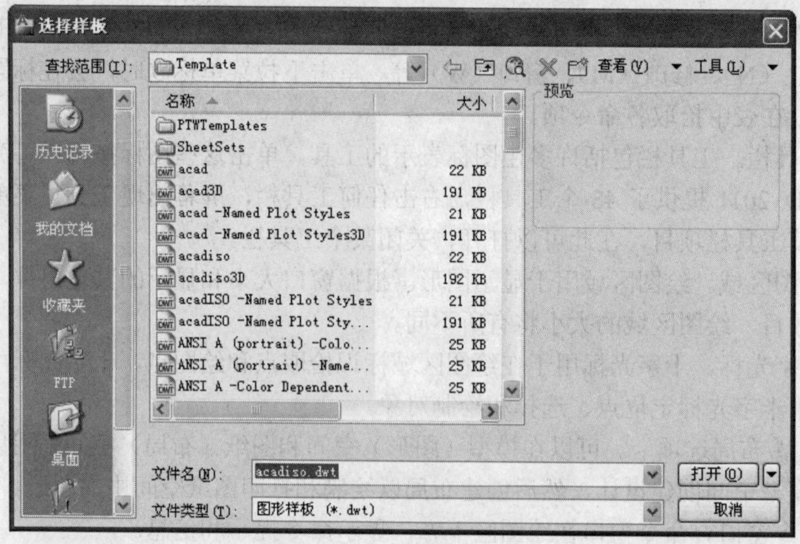

图 2-8　“选择样板”对话框

2.3.2　打开一幅旧图

在 AutoCAD 中打开一幅已有的图形，可以使用“打开”（OPEN）命令。从标准工具栏中单击“打开”图标或在下拉菜单中单击“文件”→“打开”命令，出现如图 2-9 所示的“选择文件”对话框，在对话框中可以从不同路径下查找已有的图形，选中后单击“打开”按钮即可。

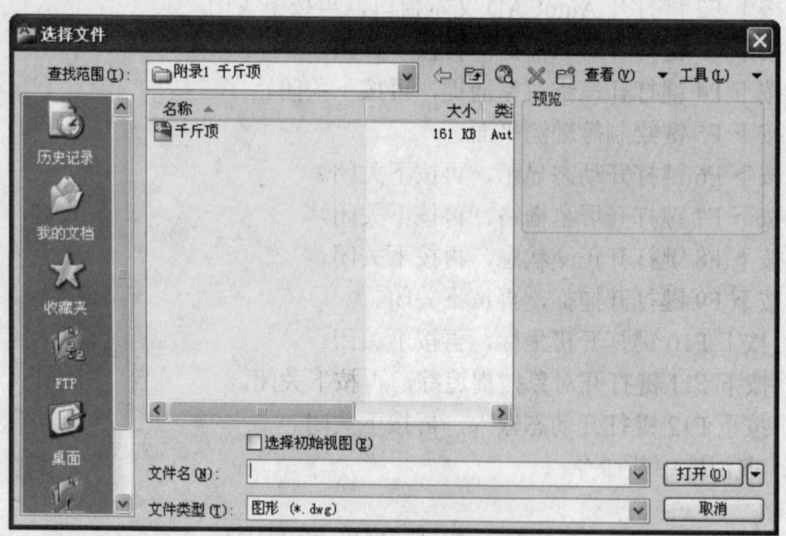

图 2-9　“选择文件”对话框

2.3.3　保存图形

绘制图形时应该经常保存文件。如果要绘制新图形或修改旧图而又不影响原图形，可以用一个新名称保存它。

保存图形的步骤：从“文件”菜单中选择“保存”命令或从标准工具栏单击“保存”图标。

如果当前图形已经保存并命名，则 AutoCAD 保存上一次保存后所作的修改并重新显示命令提示。如果是第一次保存图形，则显示如图 2-10 所示的“图形另存为”对话框。在对话框的“文件名”组合框中输入新建图形的名字，单击“保存”按钮即可。

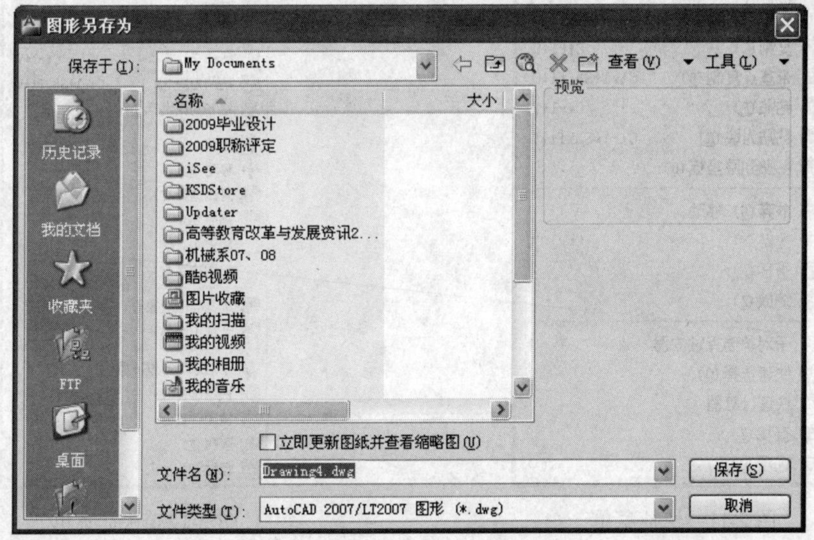

图 2-10 “图形另存为”对话框

2.3.4 关闭图形

“关闭”（CLOSE）命令，用来关闭活动图形。也可以单击图形右上角的“关闭”按钮来关闭图形。

关闭图形的步骤：

（1）单击要关闭的图形，使其成为活动图形。

（2）从“文件”菜单中选择“关闭”命令。

注意：AutoCAD 处于“单文档”模式时，CLOSE 命令不可用。

（3）退出 AutoCAD。

如果已经保存了对所有打开的图形的修改，就可以直接退出 AutoCAD 而不用再次保存。如果没有保存修改，AutoCAD 会提示保存或放弃修改。

退出 AutoCAD 的步骤：从“文件”菜单中选择“退出”命令。

2.3.5 快捷菜单的使用

单击鼠标右键（右击）就可以显示快捷菜单，从中可以快速选择一些与当前操作相关的选项。快捷菜单与当前条件密切相关。显示的快捷菜单及其提供的选项取决于光标位置、对象是否被选定以及是否有命令在执行。在以下几部分 AutoCAD 窗口区域都可以显示快捷菜单：绘图区域、命令行、对话框和窗口、工具栏、状态栏、“模型”和“布局”选项卡。

（1）在绘图区域使用快捷菜单。在绘图区域右击，将显示如图 2-11 所示的快捷菜单。在无命令状态下拾取对象后右击，将显示如图 2-12 所示的快捷菜单。可以在“选项”对话框的“用户系统配置”选项卡中控制“默认”、“编辑”和“命令”菜单的显示。

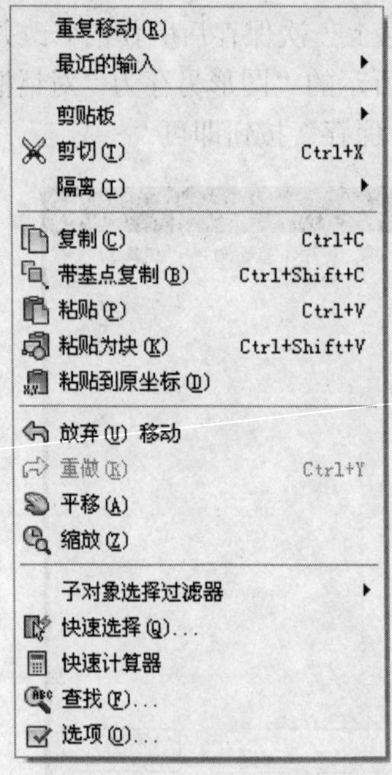

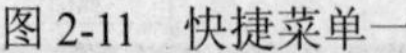

图 2-11 快捷菜单一

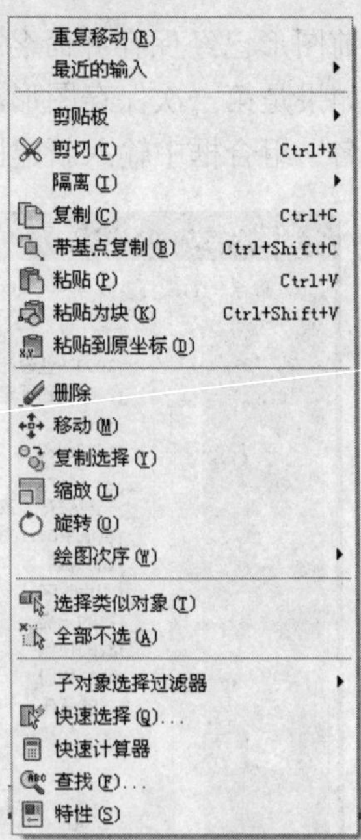

图 2-12 快捷菜单二

（2）在绘图区域中关闭快捷菜单的步骤。单击“工具”菜单的“选项”或绘图区域的快捷菜单的“选项”命令，出现如图 2-13 所示的“选项”对话框。在“选项”对话框的“用户系统配置”选项卡上，清除“Windows 标准操作”下的“绘图区域中使用快捷菜单”。

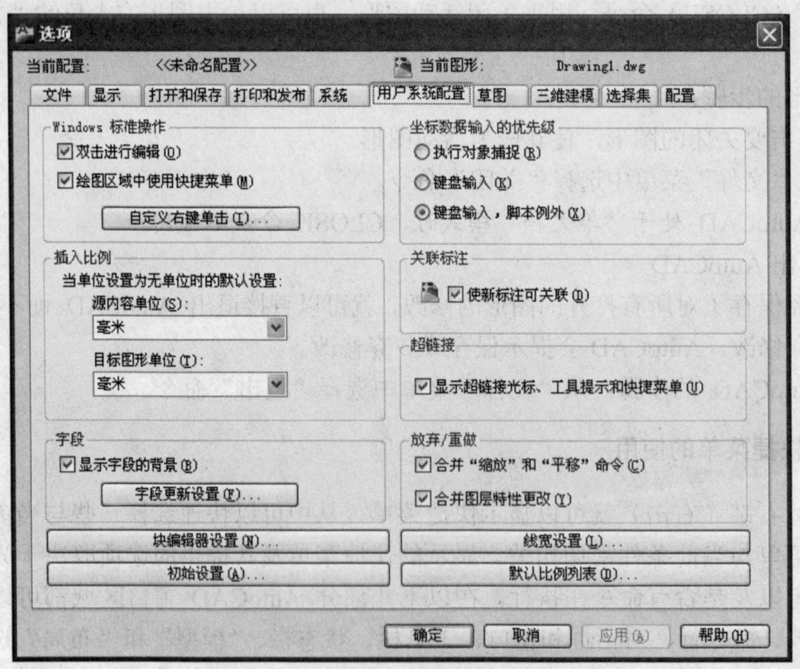

图 2-13 “选项”对话框

要单独控制“默认”、“编辑”和“命令”快捷菜单时，选择“绘图区域中使用快捷菜单”

选项，然后选择“自定义右键单击”，出现如图 2-14 所示的“自定义右键单击”对话框。

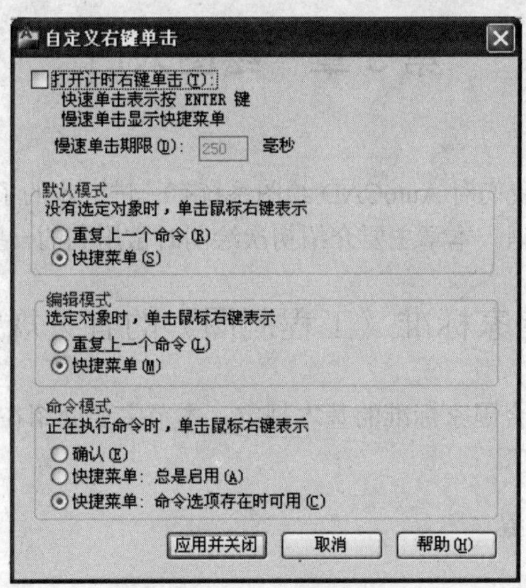

图 2-14　“自定义右键单击”对话框

在“自定义右键单击”对话框的“默认模式”或“编辑模式”下，选择相应选项，以控制在没有执行任何命令时在绘图区域上单击鼠标右键所产生的结果。单击鼠标右键与按 Enter 键的效果一样。

除了关闭和打开“默认”、“编辑”和“命令”快捷菜单外，还可自定义这些菜单上所显示的选项。例如，可以在“编辑”快捷菜单中添加只在选择了圆时才显示的选项。

（3）在绘图区域外使用快捷菜单。在绘图区域之外，在 AutoCAD 窗口的其他区域右击也能显示快捷菜单。

习　题

1．AutoCAD 有哪些特点？
2．如何启动 AutoCAD？
3．AutoCAD 有哪些常用功能键？
4．如何打开和保存 AutoCAD 文件？

第 3 章 绘图入门

通过前一章的学习，我们对 AutoCAD 绘图系统有了进一步的了解，同时对绘图屏幕和图形文件操作有了初步的认识。本章主要介绍初次绘图时常用到的一些命令。

3.1 国家标准《工程制图》的有关规定设置

为了使绘出的图样符合国家标准的基本规定，本节主要介绍在绘图过程中常用的国家标准的设置。

3.1.1 图纸幅面的设置

1. 设置绘图单位

绘图单位的设置包括坐标、距离和角度的记数制和精度。

命令的执行：单击下拉菜单“格式→单位”命令，弹出如图 3-1 所示的“图形单位”对话框。此对话框分长度和角度两项，可以各自设置类型和精度。

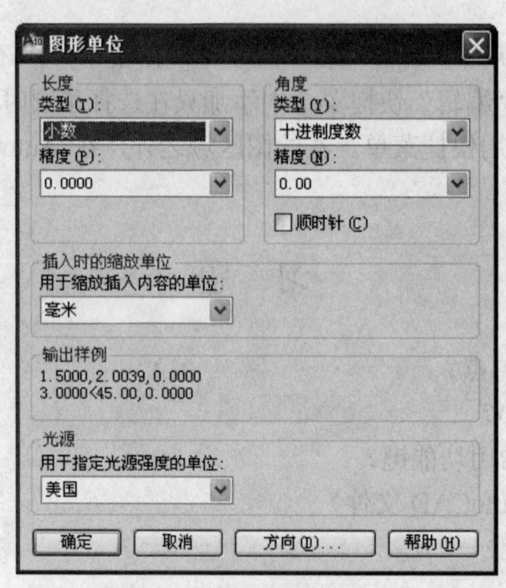

图 3-1 “图形单位”对话框

2. 设置图形界限

用于设置当前图形的绘图界限。

命令的执行：单击下拉菜单“格式→图形界限”命令，命令行提示：

命令: '_limits

重新设置模型空间界限:

指定左下角点或 [开(ON)/关(OFF)] <0.0,0.0>: （输入左下角坐标）

指定右上角点 <420.0,297.0>:　　　　　　　　（输入右上角坐标）

指令说明：

（1）绘图界限的功能分为打开（ON）和关闭（OFF）两种状态，在 ON 状态下，绘图元素不能超出边界，否则出错。在 OFF 状态下，AutoCAD 不进行边界检查。

（2）“图形界限”命令所确定的绘图范围以栅格显示。

3.1.2　文字样式

利用定义新字形 STYLE 命令可以改变当前文字字形。

单击下拉菜单“格式→文字样式”命令或单击工具栏的按钮，弹出如图 3-2 所示的“文字样式”对话框，可以定义字体类型。

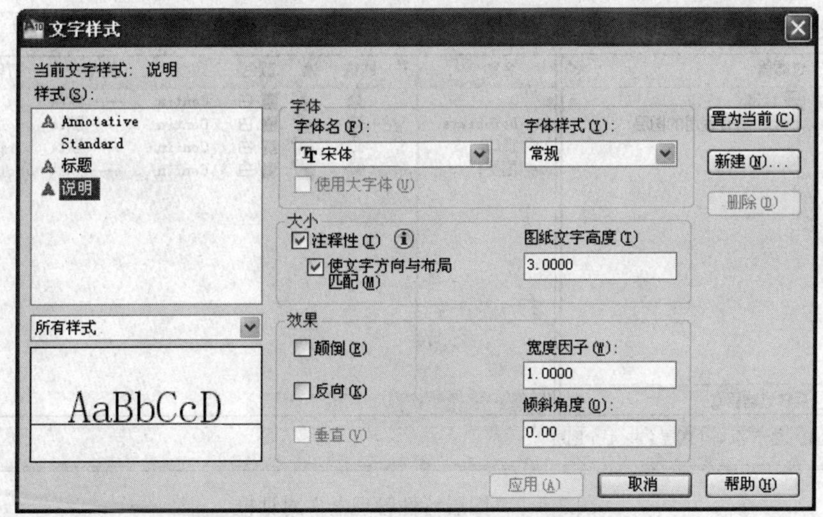

图 3-2　“文字样式”对话框

在该对话框中，单击“新建”按钮，出现如图 3-3 所示的“新建文字样式”对话框，在“样式名”文本框内输入新建字体的名称，然后单击“确定”按钮即可。

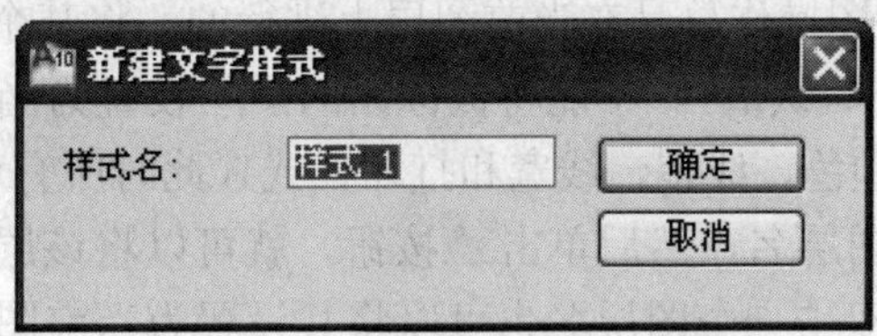

图 3-3　“新建文字样式”对话框

在“文字样式”对话框的“样式”列表框中选择新建的样式名，在“字体名”列表框中选择要设置的字体，在字体的“图纸文字高度”、“宽度因子”、“倾斜角度”等框内输入设置的字体的各项参数即可。

3.1.3　图层、线型、颜色、线宽的设置

图层是 AutoCAD 的一大特色，它就像一张透明胶片，在它上面可以存储各种图形信息。

绘图时各种实体可以放在一个图层上，也可以放在多个图层上，并可以给每个图层设置不同的颜色和线型等。

3.1.3.1　图层的设置

开始绘制一个新图形时，AutoCAD 将创建一个名为 0 的特定图层。默认时，图层 0 将被指定编号为 7 的颜色（白色或黑色，由背景色决定）、Continuous（连续）线型、“默认”线宽（“默认”的默认设置是 0.01 英寸或 0.25 毫米）以及“普通”打印样式。图层 0 不能被删除或重命名。

单击下拉菜单“格式→图层”命令或单击特性工具栏的“图层”图标，弹出如图 3-4 所示的对话框。

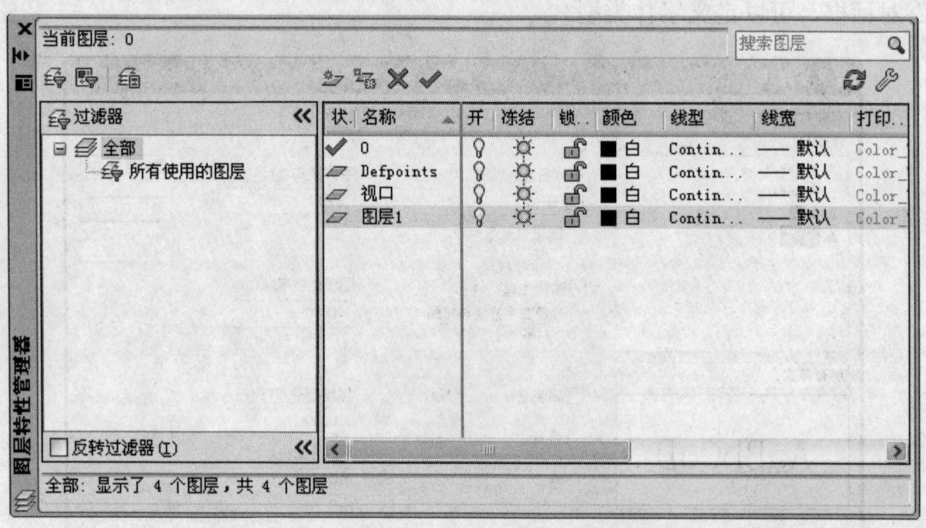

图 3-4　“图层特性管理器”对话框

（1）建立新图层。在“图层特性管理器”对话框中单击按钮，新图层将以临时名称“图层 1”显示在列表中，输入新的名称，按回车键。若要创建多个图层，再次单击按钮，输入新的图层名，按回车键。

（2）设置当前层。绘图操作总是在当前图层上进行的。将某个图层设置为当前图层后，创建的对象都将“随层”（默认值）。不能将被冻结的图层设置为当前图层。新对象在新的当前图层上面，并使用它的颜色、线型、线宽和打印样式（此时所有对象特性保留）。

在对话框中选择一个图层名，然后单击按钮，就可以将该层设置为当前层；或在“图层特性管理器”对话框中双击一个图层名也可以将其设置为当前图层；或在“图层特性管理器”的一个图层名上右击，选择“置为当前”命令。

在绘图过程中改变当前层，最好从特性工具栏的层名列表框中用鼠标直接选取当前层，。

（3）控制图层的可见性。

1）打开和关闭图层。在如图 3-4 所示的“图层特性管理器”对话框中，单击“开/关”图标可以将图层关闭或打开。图层上的图形随着图层的关闭，则不能在屏幕上显示。打开已关闭的图层时，AutoCAD 将重画该图层上的图形，并显示出来。

注意：①如果图层被关闭，则该图层上的图形虽然不能在屏幕上显示，但随其他未关闭图层上的图形一起重生成。②当前层不能被关闭，否则所有的图形操作都不能显示。

2）冻结和解冻图层。在如图3-4所示的“图层特性管理器”对话框中，单击“冻结/解冻”图标可以将图层冻结或解冻。冻结图层可以加速ZOOM、PAN和VPOINT命令的执行，提高对象选择的性能，减少复杂图形的重生成时间。AutoCAD不能在被冻结的图层上显示、打印或重生成对象。所以可将长期不需要显示的图层冻结。解冻已冻结的图层时，AutoCAD将重生成图形并显示该图层上的图形。

注意：当前层不能被冻结，否则所有的图形操作都不能显示。

3）打开或关闭图层打印。在如图3-4所示的“图层特性管理器”对话框中，单击“打印”图标可打开或关闭图层的打印。如果关闭了图层的打印，则该图层只能显示但不能打印。

（4）锁定和解锁图层。在如图3-4所示的“图层特性管理器”对话框中，单击“锁定/解锁”图标可打开或关闭图层的锁定。锁定图层上的图形不能被编辑或选择，如果该图层处于打开状态并被解冻，上面的图形仍是可见的。可以使被锁定的图层作为当前图层并在其中绘制新图形，但已有图形不能被编辑。

（5）设定图层颜色。图层中的每一层都有一个颜色号，该编号是1～255之间的一个整数。但为了便于在不同计算机系统之间交换图形或便于打印，在1～255中，常使用前7个标准颜色，它们是：

1　Red　红色　　2　Yellow　黄色　　3　Green　绿色　　4　Cyan　青色
5　Blue　蓝色　　6　Magenta　洋红色　　7　White　白色

如果要改变图层的颜色，在如图3-4所示的“图层特性管理器”对话框中，单击“颜色”图标，弹出如图3-5所示的“选择颜色”对话框，在此对话框中选取需要的颜色，单击“确定”按钮，就可以将该层设置为所需要的颜色。

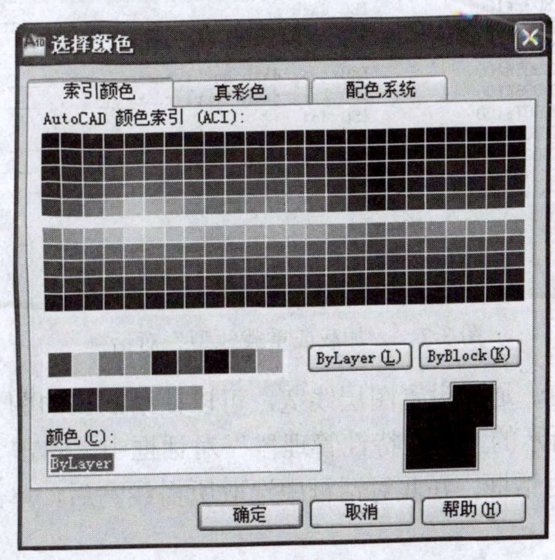

图3-5　“选择颜色”对话框

（6）设定图层的线型。每一个图层可以设置一个具体的线型，不同图层的线型可以相同，也可以不同。每一种线型都有自己的名字，线型名最长不超过31个字符。所有新生成图层上的线型都按默认方式定为Continuous（连续）。

如果要改变图层的线型，在如图 3-4 所示的“图层特性管理器”对话框中，单击“线型”图标，弹出如图 3-6 所示的“线型管理器”对话框，在此对话框中选取需要的线型，单击“确定”按钮，就可以将该层设置为所需要的线型。如果在“线型管理器”对话框中没有所需要的线型，则单击“加载”按钮，弹出如图 3-7 所示的“加载或重载线型”对话框，在“可用线型”列表框中选取所需线型，单击“确定”按钮即可。

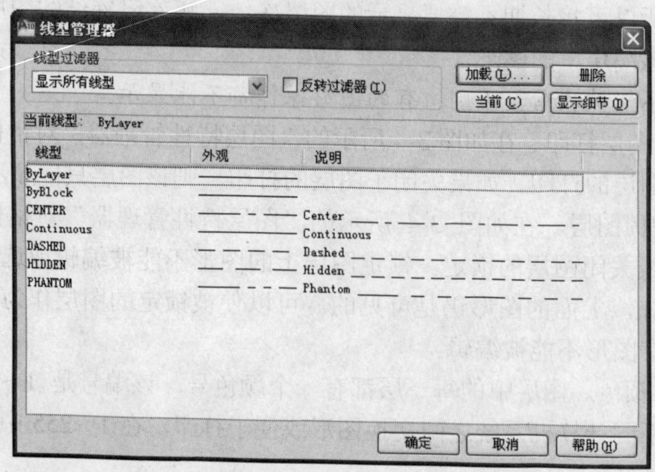

图 3-6 “线型管理器”对话框

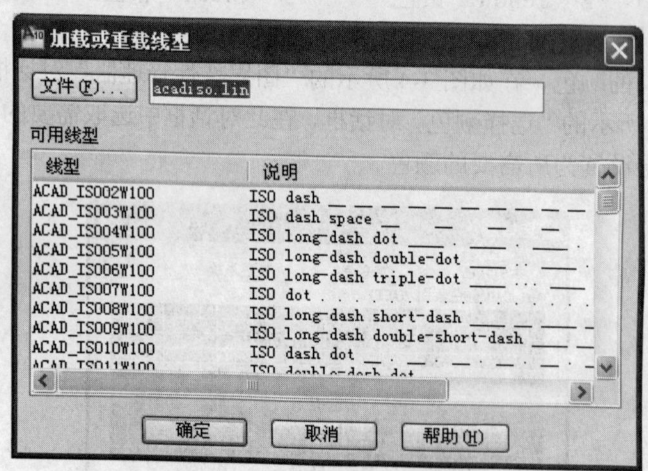

图 3-7 “加载或重载线型”对话框

（7）图层线宽的设置。通过设置图层线宽，可以使绘制出的图形更直观。如果要改变图层的线宽，在如图 3-4 所示的“图层特性管理器”对话框中，单击“线宽”图标，出现如图 3-8 所示的“线宽设置”对话框，在此对话框中选取所需线宽后，单击“确定”按钮，就可以将该层设置为所需线宽。

（8）删除图层。在如图 3-4 所示的“图层特性管理器”对话框中，选择一个或多个图层，然后单击✕按钮。

注意：在绘图期间随时都能删除图层。但不能删除当前图层、图层 0、依赖外部参照的图层或包含图形的图层。

被块定义参照的图层和名为 DEFPOINTS 的特殊图层也不能被删除，即使它们不包含可见图形。

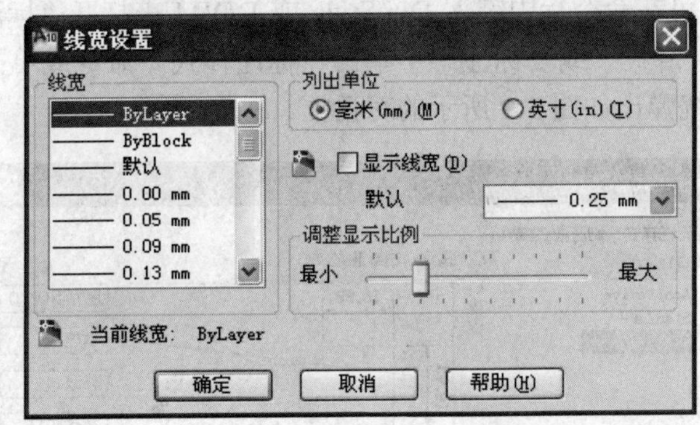

图 3-8 “线宽设置”对话框

3.1.3.2 图层特性

在图层上绘图时，新对象的默认设置是“随层”的颜色、线型、线宽和打印样式。以“随层”设置绘制的对象都将采用所在图层的特性。例如，如果在一个颜色为绿色、线型为 Continuous（连续）、线宽为 0.25 mm、打印样式为“普通”的图层上绘图，绘制的所有对象都具有这些特性。将颜色、线型、线宽和打印样式设置为“随层”默认对象特性，可以把图形组织得井井有条。如果要使特定的对象具有与其所在的图层不同的颜色、线型、线宽或打印样式，可以修改对象特性设置。一个对象特性可以被设置为特定的特性值（如颜色为红色）或被设置为“随块”。对象特有的特性设置将替代图层特性设置，除非将其值设置为“随层”。

（1）使用颜色。可以给图层指定颜色，为新建的对象设置当前颜色（包括“随层”或“随块”），或者改变图形中现有对象的颜色。若要使用一种颜色绘图，必须选择一种颜色并将其设置为当前色，则所有新创建的对象都将使用当前色。

操作方法：选取下拉菜单“格式→颜色”或单击工具条 红色 按钮选择所需要的颜色。

（2）使用线型。可以给图层指定线型，为新建的对象设置当前线型（包括“随层”或“随块”），或者改变图形中现有对象的线型。若要使用一种线型绘图，必须选择一种线型并将其设置为当前线型，则所有新创建的对象都将使用当前线型。

操作方法：选取下拉菜单“格式→线型”或单击工具条 Continuous 按钮选择所需要的线型。

（3）使用线宽。可以给图层指定线宽，为新建的对象设置当前线宽（包括“随层”或“随块”），或者改变图形中现有对象的线宽。若要使用一种线宽绘图，必须选择一种线宽并将其设置为当前线宽，则所有新创建的对象都将使用当前线宽。

操作方法：选取下拉菜单“格式→线宽”或单击工具条 0.25毫米 按钮选择所需要的线宽。

3.1.4 设置尺寸标注样式

在标注尺寸时，根据要标注尺寸的类型和方式的不同，有时需要对尺寸样式设置进行修改。AutoCAD 提供了利用标注样式管理器设置尺寸标注方式的功能，可以形象直观地设置尺寸变量，建立尺寸标注样式。

在 AutoCAD 中，可在命令行中键入 DimStyle 或 DDIM 来打开“标注样式管理器”对话框。也可从下拉菜单“格式”或“标注”下单击“标注样式”命令或单击标注工具栏的“标注样式”图标，系统弹出如图 3-9 所示的对话框。

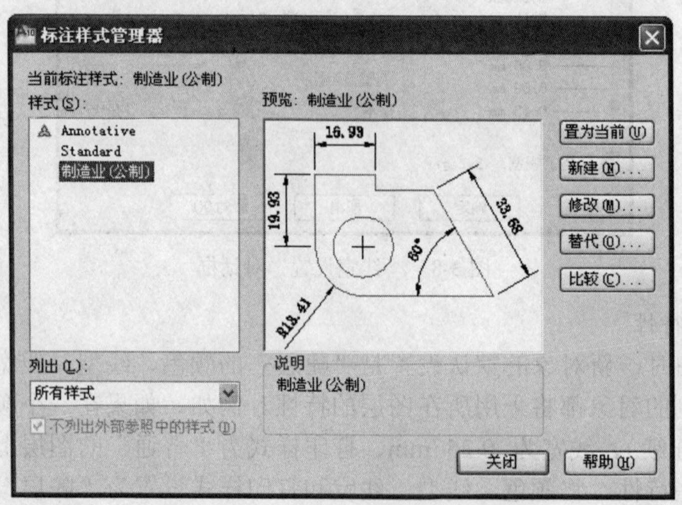

图 3-9 “标注样式管理器”对话框

下面介绍该对话框中主要选项的功能。

（1）样式。该选项列出当前已定义好的尺寸类型名称，如果要改变当前尺寸标注类型，可在此区内选取一个，然后单击右边的“置为当前”按钮即可。

（2）“置为当前”按钮。该按钮把“样式”列表中选择的尺寸标注类型设置为当前样式。

（3）“新建”按钮。单击该按钮将显示“创建新标注样式”对话框，如图 3-10 所示。在“新样式名”框中输入新建的尺寸标注样式名称。在“基础样式”框中可以指定新建的尺寸标注样式将以哪个已有的样式为模板。在“用于”框中可以指定新建的尺寸标注样式将用于哪些类型的尺寸标注。然后单击“继续”按钮，显示“新建标注样式”对话框，如图 3-11 所示，在此对话框内可以对组成尺寸的各要素及标注方式按国标进行设置。

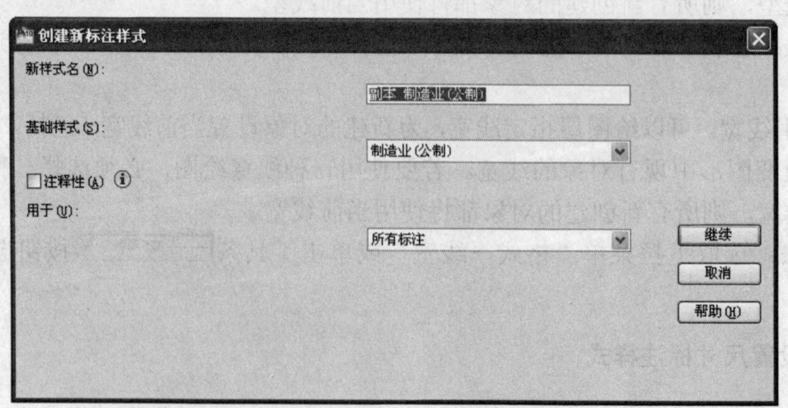

图 3-10 “创建新标注样式”对话框

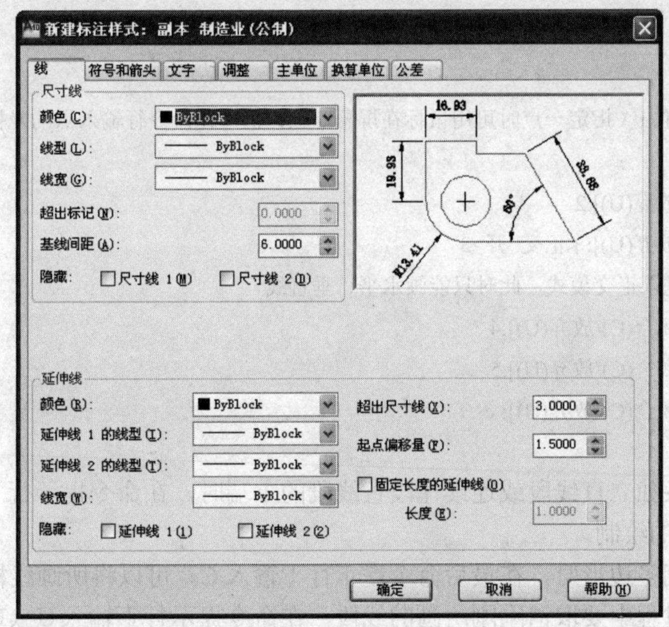

图 3-11　“新建标注样式”对话框

（4）“修改”、“替代”按钮。单击“修改”、“替代”按钮所弹出的对话框与图 3-11 所示的“新建标注样式”对话框的内容完全一样。

3.2　基本绘图命令

下面结合一些简单绘图实例来说明如何使用 AutoCAD 中最基本的绘图命令。

3.2.1　直线（LINE）命令

功能：用直线（LINE）命令能绘制一系列相连的线段，也可以让起点和端点闭合，形成一个封闭的图形，如图 3-12 所示。

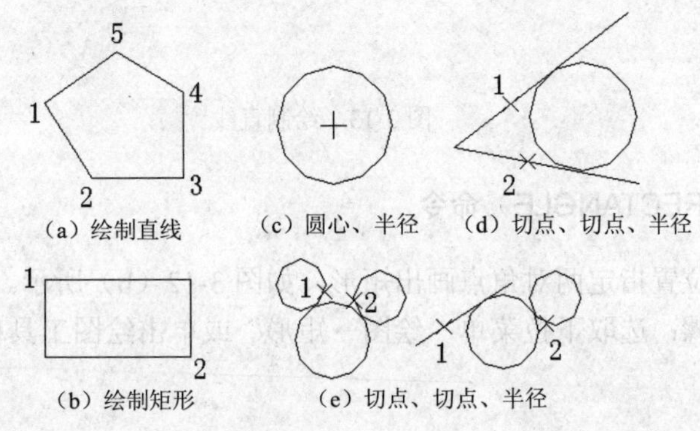

图 3-12　绘制直线、圆弧和圆

绘制直线的步骤：选取下拉菜单“绘图→直线”选项或单击绘图工具栏的图标。

命令行提示：

命令: _line

指定第一点：点取 1（指定一点时可用鼠标在屏幕点取，也可在命令行输入点的坐标，如图 3-12（a）所示的 1 点）

指定下一点或 [放弃(U)]:2

指定下一点或 [放弃(U)]: <正交 开>3

（按 F8 键表示进入正交模式，此时只能画水平、垂直线）

指定下一点或 [闭合(C)/放弃(U)]:4

指定下一点或 [闭合(C)/放弃(U)]:5

指定下一点或 [闭合(C)/放弃(U)]: c

说明：

（1）画完一条独立直线段或连续几段直线段的末端时，在命令提示行下，按回车键或空格键，结束此直线的绘制。

（2）如画封闭多边形时，在最后命令提示行下输入 C，可以将所画线框封闭。

（3）在画线过程中要取消刚刚所画的线段，在命令提示行下输入 U（Undo 取消），可以将最后画的线段取消。

（4）若要画水平和垂直方向的线段，应按下 F8 键或激活图标，进入正交模式（ORTHO）。

使用输入线段端点坐标值的方法画线时有四种方式。

（1）用绝对 X、Y 坐标值，如 80,60。

（2）用极坐标（@距离<方向），如@100<90，表示长度为 100，方向为 90°。

（3）用相对坐标(@△X,△Y)，如@50, 40，表示相对参考点△X=50，△Y=40。

（4）用鼠标移动光标在屏幕中点取，如图 3-13 所示。

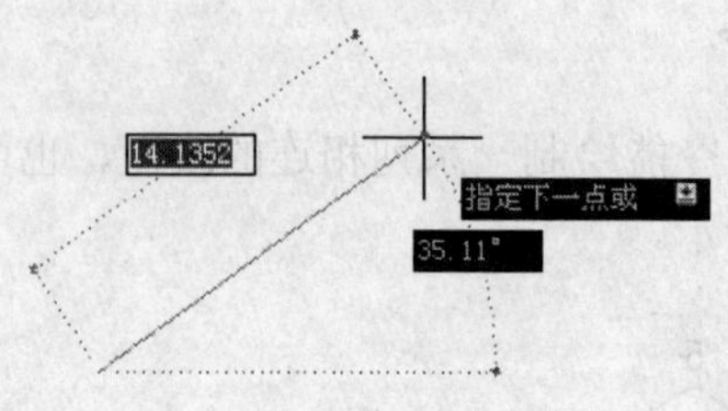

图 3-13　绘制直线

3.2.2　矩形（RECTANGLE）命令

功能：在任意位置指定两对角点画出矩形，如图 3-12（b）所示。

绘制矩形的步骤：选取下拉菜单“绘图→矩形”或单击绘图工具栏的图标。

命令行提示：

命令: _rectangle

指定第一个角点或 [倒角(C)/标高(E)/圆角(F)/厚度(T)/宽度(W)]:1（如图 3-12（b）所示的 1 点）

指定另一个角点:2

3.2.3　画圆（CIRCLE）命令

功能：在任意位置画任意直径大小的圆。绘制圆的方法有多种，默认方法是指定圆心和半径，如图 3-12（c）所示。

1. 绘制圆命令的拾取

（1）单击绘图工具栏的图标（为默认项，即圆心、半径画圆）。

（2）选取下拉菜单“绘图→圆”，出现级联菜单，有六种绘制圆的方法供选择：①给定圆心、半径画圆；②给定圆心、直径画圆；③给定两点画圆；④给定三点画圆；⑤给定两切线、半径画圆；⑥给定三切点画圆。

2. 绘制圆的步骤

（1）圆心、半径画圆（该项为默认）。

命令: _circle

指定圆的圆心或 [三点(3P)/两点(2P)/相切、相切、半径(T)]: （输入圆心坐标，如图 3-12（c）所示）

指定圆的半径或 [直径(D)]: 50　（输入半径值）

（2）给定两切线、半径画圆。

命令: _circle

指定圆的圆心或 [三点(3P)/两点(2P)/相切、相切、半径(T)]: _ttr

在对象上指定一点作圆的第一条切线:1　　（拾取如图 3-12（d）所示的第 1 条线）

在对象上指定一点作圆的第二条切线:2　　（拾取如图 3-12（d）所示的第 2 条线）

指定圆的半径 <56.0814>: 50　　（输入半径值）

其他几种方法按上述步骤自己练习，不再赘述。

3.2.4　圆弧（ARC）命令

功能：绘制任意半径和任意长度的圆弧。

画圆弧的方法共有四大类 10 种，最常用的默认方法是“三点定弧法”。

1. 绘制圆弧命令的拾取方式

选取下拉菜单“绘图→圆弧”，出现级联菜单，如图 3-14 所示。

图 3-14　“圆弧”命令级联菜单

2. 绘制圆弧的步骤

作图过程如图 3-15 所示。

（1）给定三点画圆弧。

命令: _arc 指定圆弧的起点或 [圆心(CE)]:

指定圆弧的第二点或 [圆心(CE)/端点(EN)]:

指定圆弧的端点:

图 3-15 绘制圆弧

（2）给定起点、圆心、端点画圆弧。

命令: _arc 指定圆弧的起点或 [圆心(CE)]:

指定圆弧的第二点或 [圆心(CE)/端点(EN)]:

_c 指定圆弧的圆心:

指定圆弧的端点或 [角度(A)/弦长(L)]:

其他几种画圆弧的方法按上述步骤自己练习，不再赘述。

3.3 基本编辑命令

下面结合一些简单绘图实例来说明如何使用 AutoCAD 中最基本的编辑命令。

3.3.1 选择对象

对已绘制的图形进行编辑，先要创建对象的选择集。用鼠标选择对象，然后运行编辑命令。无论用哪一种方法，AutoCAD 都会提示选择对象并用拾取框代替十字光标。

（1）单选。选取编辑命令后，移动鼠标点取要编辑的对象，选中后对象变虚。

（2）用选择窗口来选择对象。选择窗口是绘图区域中的一个矩形区域，在“选择对象”提示下指定两个角点即可定义此区域。角点指定的次序不同，选择的结果也不同。指定了第一个角点以后，从左向右拖动（窗口选择）仅选择完全包含在选择区域内的对象，如图 3-16 所示，从右向左拖动（交叉选择）可选择包含在选择区域内以及与选择区域的边框相交叉的对象，如图 3-17 所示。

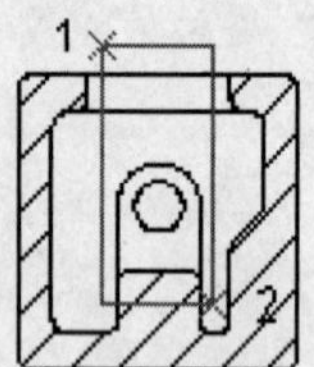

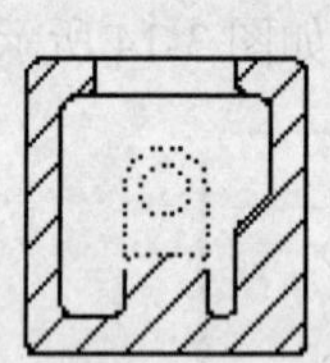
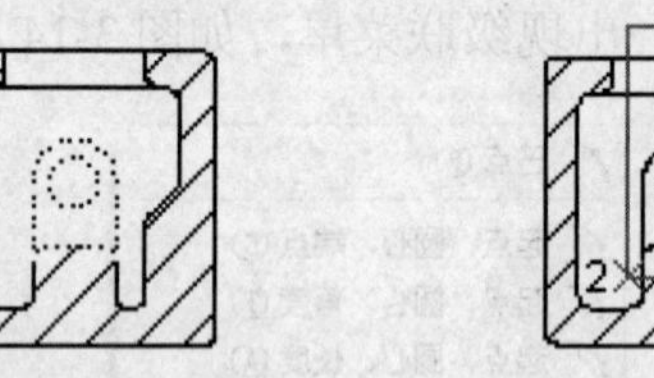
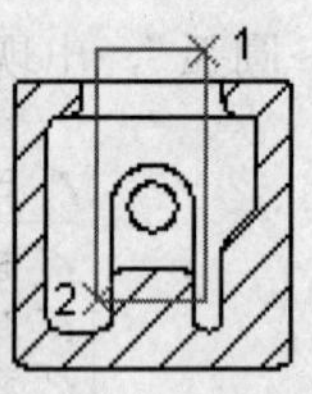

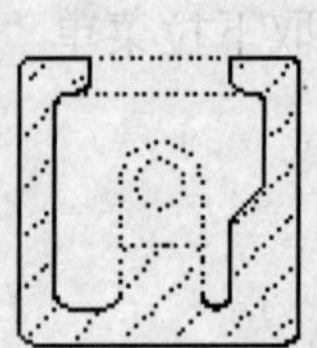

图 3-16 窗口选择对象　　图 3-17 交叉窗口选择

（3）用不规则形状的区域内选择对象。选择窗口是绘图区域中的一个多边形区域。窗口多边形只选择它完全包含的对象，而交叉多边形可选择包含或相交的对象。通过指定点来划定区域，从而创建选择窗口。指定点的次序决定了定义的是窗口多边形还是交叉多边形。

选择不规则形状区域中的对象的步骤:

1）在“选择对象”提示下输入 cp（多边形）。

2）从左至右指定点，定义一块区域，该区域完全包含要选择的线条（窗口多边形）。

3）按回车键闭合多边形并完成选择。

在如图 3-18 所示的图例中，是使用窗口多边形选择完全被包含在不规则形状区域内的所有图形及选择结果。

（4）使用选择栏选择对象。使用选择栏可以很容易地从复杂图形中选择非相邻对象。选择栏是一条直线，可以选择它穿过的所有对象。

用选择栏选择非相邻对象的步骤：

1）在“选择对象”提示下输入 f（栏选）。

2）指定选择栏点。

3）按回车键完成选择。

如图 3-19 所示的图例是显示用选择栏选择多个图形的结果。

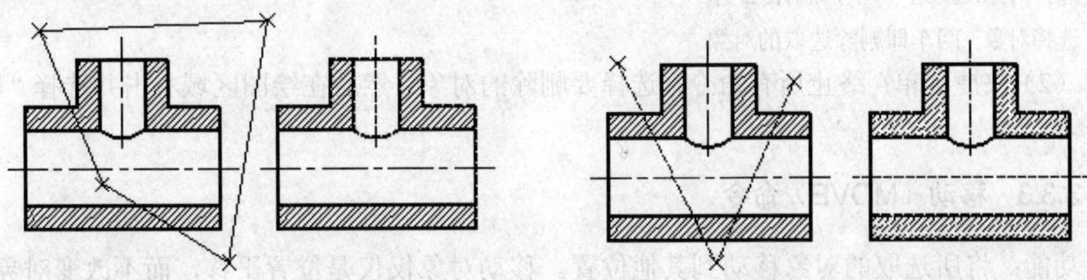

图 3-18　窗口多边形选择对象　　图 3-19　使用选择栏选择对象

（5）选择相邻对象。选择相邻或重叠的对象通常是很困难的。当对象是相邻的时，可以一次次地单击以便在选择的对象间循环切换，直至切换到要选择的对象。

循环切换选择对象的步骤：

1）在“选择对象”提示下，按住 Ctrl 键并选择一个尽可能接近要选择的对象的点。

2）重复单击左键，直到要选择的对象被亮显。

3）按回车键选定对象。

如图 3-20 所示的图例中，有两条直线和一个圆位于选择拾取框的作用域内。

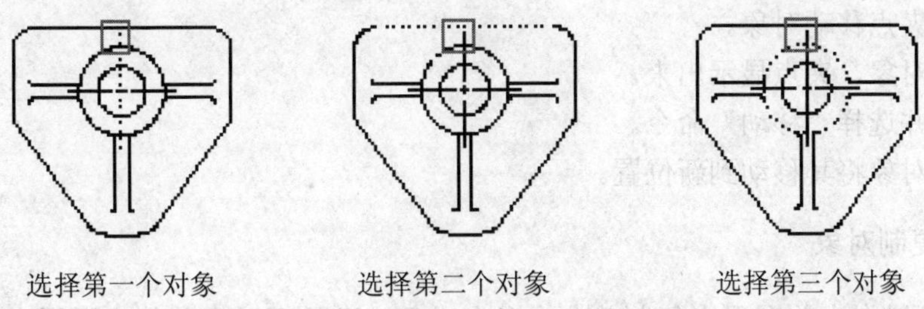

选择第一个对象　　选择第二个对象　　选择第三个对象

图 3-20　选择相邻对象

（6）从选择集中删除对象。创建一个选择集后，可从选择集中删除某个对象。例如，选择图形十分密集的对象，然后在所选择的对象内删除指定对象，只留下应该留的选择对象。

从选择集中删除对象的步骤：

1）选择一些对象。

2）在“选择对象”提示下输入 r（即 Remove）。

3）在“删除对象”提示下，从选择集中选择要删除的对象。

反之，要向选择集中添加对象，则输入 a（即 Add）。

也可以在选择对象时按 Shift 键从选择集中删除多个对象。

3.3.2 删除（ERASE）命令

功能：删除所选图形。

命令的执行：

（1）选取下拉菜单“修改→删除”或单击修改工具栏中的删除图标。命令行提示：

命令: _erase

选择对象: 找到 1 个

选择对象: 找到 1 个，总计 2 个

选择对象: 回车即删除选取的对象

（2）快捷菜单：终止所有命令，选择要删除的对象，然后在绘图区域右击并选择“删除”命令。

3.3.3 移动（MOVE）命令

功能：将所选取的对象移动到其他位置。移动对象仅仅是位置平移，而不改变对象的方向和大小。要非常精确地移动对象，请使用坐标、夹点和对象捕捉模式。

命令的执行：

（1）选取下拉菜单“修改→移动”或单击修改工具栏中的移动图标。命令行提示：

命令: _move

选择对象: 找到 1 个

选择对象: 找到 1 个，总计 2 个

选择对象:（回车）

指定基点或位移:A 点（如图 3-21（a）所示的 A 点）

指定位移的第二点或 <用第一点作位移>: B 点 （如图 3-21（a）所示的 B 点）

（2）用夹点移动对象。

1）选择对象，夹点显示出来。

2）右击并选择“移动”命令。

3）拖动对象将其移动到新位置。

3.3.4 复制对象

功能：可以在当前图形内复制单个或多个对象，而且可以在其他应用程序与图形之间复制。这包括图形内复制、利用夹点多次复制、利用剪贴板复制和粘贴对象。

1. 图形内复制（Copy）命令

功能：将在指定位置上拷贝所选图形，而不改变原图形。

命令的执行：

（1）选取下拉菜单“修改→复制”或单击修改工具栏中的复制图标。命令行提示：

命令: _copy

选择对象: 找到 1 个

选择对象: （不选择，回车）

指定基点或位移，或者 [重复(M)]: A （如图 3-21（b）所示的 A 点）

指定位移的第二点或 <用第一点作位移>:B （如图 3-21（b）所示的 B 点）

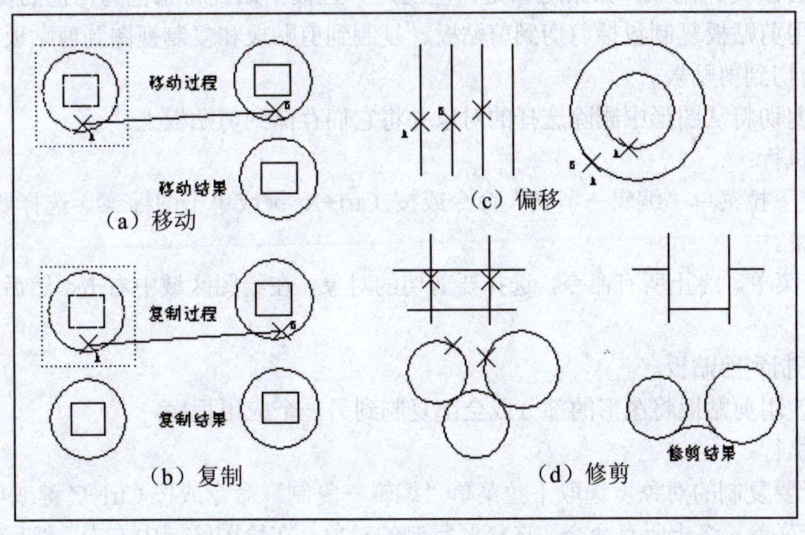

图 3-21　移动、复制、偏移与修剪

（2）快捷菜单。终止所有命令，选择要复制的对象，在绘图区域中右击，然后选择“复制”选项，按系统提示执行。

说明：

（1）在“指定基点或位移，或者[重复(M)]:”提示时，若键入 M，则为连续复制方式。

（2）复制命令与移动命令的不同之处在于原图形不动，而在新的位置上复制一个图形。

2. 利用夹点多次复制

功能；可以在任何夹点模式下复制多个对象。例如，可以通过偏移捕捉，以指定的间距复制多个对象。偏移距离由原始对象和第一个复制对象之间的距离定义。

利用夹点多次复制的步骤：

（1）选择要复制的对象。

（2）选择基夹点（1），如图 3-22 所示。

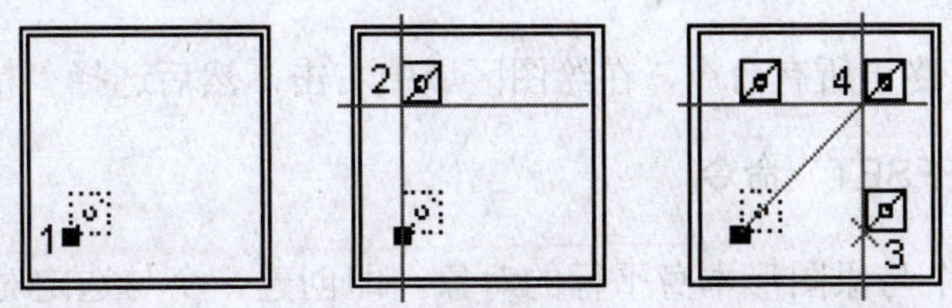

图 3-22　利用夹点多次复制

（3）拾取复制图标或右击拾取“复制”命令。

（4）确定第一个复制对象的偏移距离（2）。偏移距离是点 1 和点 2 之间的距离。

（5）按回车键退出夹点模式。

3. 利用剪贴板复制

使用另一个 AutoCAD 图形中的对象或另一个应用程序创建的文件中的对象时，可以先将这些对象剪切或复制到剪贴板，然后将它们从剪贴板粘贴到图形中。对象的颜色在复制到剪贴板时不会改变。例如，如果对象是白色的，并且被粘贴到背景色为白色的图形，将看不见对象。利用剪贴板复制包括剪切到剪贴板、复制到剪贴板和复制视图到剪贴板。

（1）剪切到剪贴板。

功能：剪切将从图形中删除选择的对象并将它们存储到剪贴板上。

命令的执行：

1）选取下拉菜单“编辑→剪切”命令或按 Ctrl+X 键或单击图标。选择要剪切的对象后，右击结束。

2）快捷菜单。终止所有命令，选择要剪切的对象，在绘图区域中右击，然后选择“剪切”命令。

（2）复制到剪贴板。

功能：使用剪贴板将图形的部分或全部复制到另一个应用程序。

命令的执行：

1）选择要复制的对象。选取下拉菜单“编辑→复制”命令或按 Ctrl+C 键或单击图标。

2）快捷菜单。终止所有命令，选择要复制的对象，在绘图区域中右击，然后选择“复制”命令。

（3）复制视图到剪贴板。

功能：将当前视图复制到剪贴板上，而不复制选定的对象。如果选定了一个视口，AutoCAD 将复制该视口中的内容。否则，它将复制绘图区域。

将视图复制到剪贴板的步骤：

1）选择一个视口或显示想复制的视图。

2）选取下拉菜单“编辑→复制链接”命令。

4. 从剪贴板粘贴对象

功能：当将对象复制到剪贴板时，AutoCAD 存储所有有效格式的信息。当将剪贴板中的内容粘贴到 AutoCAD 图形中时，AutoCAD 使用保留最多信息的格式。

命令的执行：

（1）选取下拉菜单“编辑→粘贴”，或者按 Ctrl+V 键或单击图标，当前剪贴板上的对象被粘贴到图形中。

（2）快捷菜单。终止所有命令，在绘图区域中右击，然后选择“粘贴”命令。

3.3.5 偏移（OFFSET）命令

偏移可以创建一个与原图形本身平行的对象，即创建一个与选定对象类似的新对象，并把它放在离原对象一定距离的位置。可以偏移直线、圆弧、圆、二维多段线、椭圆、椭圆弧、参照线、射线和平面样条曲线。

命令的执行：选取菜单“修改→偏移”命令或单击修改工具栏中偏移图标。

命令行提示：

命令: _offset

指定偏移距离或 [通过(T)] <1.0000>: 20 （如图 3-21（c）所示）

选择要偏移的对象或 <退出>:

3.3.6　修剪（TRIM）命令

修剪命令用指定的修剪边界可以将图形中不要的部分剪去。剪切边可以是直线、圆弧、圆、多段线、椭圆、样条曲线、构造线、射线和图纸空间中的视口。

命令的执行：选取菜单“修改→修剪”命令或单击修改工具栏中修剪图标。

命令行提示：

命令: _trim

当前设置: 投影=UCS 边=无

选择剪切边 ...

选择对象: 找到 1 个　（如图 3-21（d）所示）

选择对象: 找到 1 个，总计 2 个

选择对象: （不选择回车）

选择要修剪的对象或 [投影(P)/边(E)/放弃(U)]:（此时用鼠标点取要修剪的对象）

3.4　精确绘图

利用 AutoCAD 的追踪和对象捕捉工具能够快速、精确地绘图。利用这些工具，无须输入坐标或进行烦琐的计算就可以绘制精确的图形。在绘图过程中，为使绘图和设计过程更简便易行，AutoCAD 提供了栅格、捕捉、正交、对象捕捉及自动追踪等多个绘图工具。这些绘图工具有助于在快速绘图的同时保证绘图的精度。

3.4.1　调整捕捉和栅格对齐方式

捕捉和栅格设置有助于创建和对齐对象。可以调整捕捉和栅格间距，使之更适合进行特定的绘图任务。栅格是按指定间距显示的点，给用户提供直观的距离和位置参照。它类似于可自定义的坐标纸。捕捉使光标只能以指定的间距移动。打开捕捉模式时，光标只能在一定间距的坐标位置上移动。可以旋转捕捉和栅格方向，或将捕捉和栅格设置为等轴测模式，以便在二维空间中模拟三维视图。通常，捕捉和栅格有相同的基点和旋转角度，间距也一样。但间距可以设置为不同的值。包括修改捕捉角度和基点、与极轴追踪一起使用捕捉模式和将捕捉和栅格设置为等轴测模式

1．设置栅格、修改捕捉角度和基点

要沿着特定的方向或角度绘制对象，可以旋转捕捉角，调整十字光标和栅格。如果正交模式是打开的，AutoCAD 把光标的移动限制到新的捕捉角度和与之垂直的角度上。修改捕捉角度将同时改变栅格角度。

在如图 3-23 所示的例子中，捕捉角度调整为与固定支架的角度一致。通过这样的调整，就可以使用栅格非常方便地以 30°方向绘制对象。

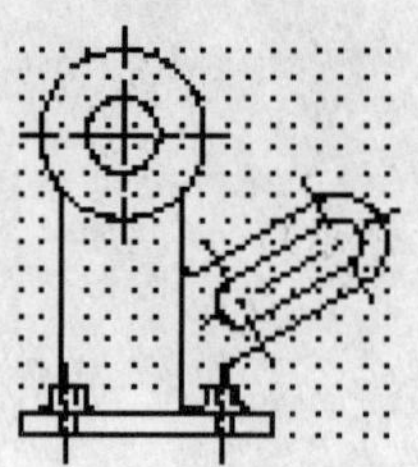

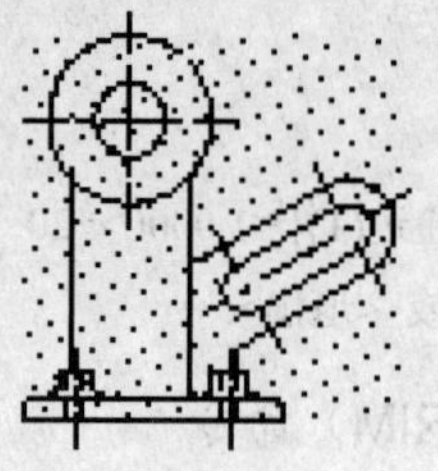

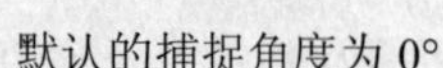

默认的捕捉角度为 0°　　　　旋转的捕捉角度为 30°

图 3-23　栅格

用于旋转捕捉角的原点称为基点。通过修改基点的 X 或 Y 坐标值（默认设置为 0.0000），可以偏移基点。

命令的执行：

（1）选取菜单“工具→草图设置”命令，弹出如图 3-24 所示的对话框。在“草图设置”对话框中，设置“捕捉 X 轴间距”、“捕捉 Y 轴间距”、“角度”、“X 基点”、“Y 基点”、“栅格 X 轴间距”、“栅格 Y 轴间距”等参数，如图 3-24 所示。

（2）快捷菜单。在状态栏按钮或或或或上右击，然后选择“设置”，弹出如图 3-24 所示的“草图设置”对话框。

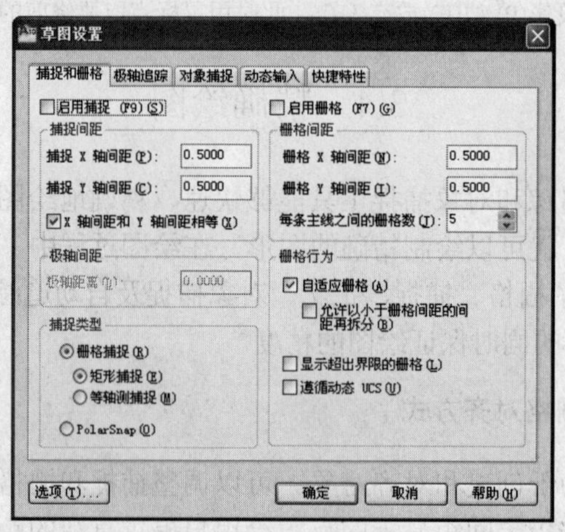

图 3-24　“草图设置”对话框

2. 与极轴追踪一起使用捕捉模式

如果使用极轴追踪，可以改变“捕捉”模式。这样，当在命令中指定点时，“捕捉”模式将沿极轴追踪角进行捕捉，而不是根据栅格进行捕捉。

设置极轴追踪捕捉模式的步骤：在如图 3-24 所示的“草图设置”对话框的“捕捉和栅格”选项卡中，选择“捕捉类型”下的“极轴捕捉”和设置“极轴间距”。

3. 将捕捉和栅格设置为等轴测模式

“等轴测捕捉/栅格”模式有助于建立表示三维对象的二维图形，如图 3-25 所示的立方体等轴测图。等轴测图形不是真正的三维图形，而且沿三根主轴进行对齐，它们可以模拟

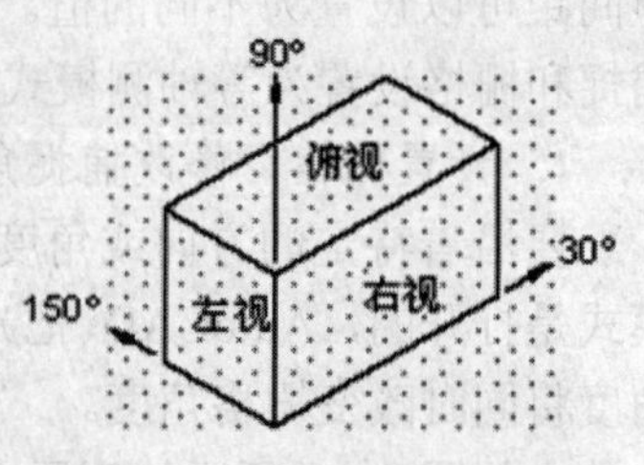

图 3-25　等轴测

从特定视点观察到的三维对象。如果将"捕捉"模式设置为等轴测，可以使用 F5 键（或 Ctrl+E）将等轴测平面改变为左视、右视或俯视方向。

左视：捕捉和栅格沿 90°和 150°轴对齐。

右视：捕捉和栅格沿 90°和 30°轴对齐。

俯视：捕捉和栅格沿 30°和 150°轴对齐。

打开等轴测平面的步骤：在如图 3-24 所示的"草图设置"对话框的"捕捉和栅格"选项卡中，选择"捕捉类型"下的"等轴测捕捉"。

注意：在正交模式方式下，可以绘制等轴测图。

3.4.2　捕捉对象上的几何点

在绘图命令运行期间，可用光标捕捉对象上的几何点，如端点、中点、圆心、交点等。

1. 单点对象捕捉

可以设置一次使用的对象捕捉，要求指定一个点时，在对象捕捉工具栏拾取相应的对象捕捉模式来响应。各项选择如图 3-26 所示。

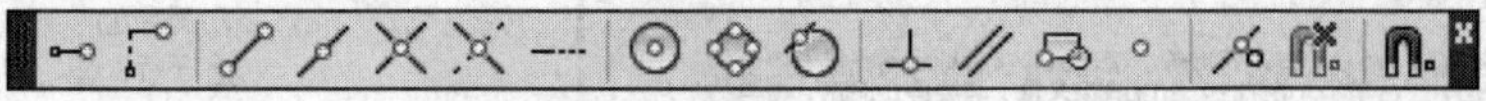

图 3-26　对象捕捉工具栏

各选项的名称、按钮、命令缩写和含义如下：

对象捕捉的名称	工具栏按钮	命令缩写	含义
端点		END	对象端点
中点		MID	对象中点
交点		INT	对象交点
外观交点		APP	对象的外观交点
延伸		EXT	对象的延伸路径
中心点		CEN	圆、圆弧及椭圆的中心点
节点		NOD	用 POINT 命令绘制的点对象
象限点		QUA	圆弧、圆或椭圆的最近象限
插入点		INS	块、形、文字、属性或属性定义的插入点
垂足		PER	对象上的点，构造垂足（法线）对齐
平行		PAR	对齐路径上一点，与选定对象平行
切点		TAN	捕捉到圆或圆弧上切点
最近点		NEA	与选择点最近的对象捕捉点
无		NON	下一次选择点时关闭对象捕捉

2. 运行中的对象捕捉

可以一直运行对象捕捉，直至将其关闭。

运行中的对象捕捉的设置：在"草图设置"对话框中，选取"对象捕捉"选项卡，在此对话框中可以设置自己需要的对象捕捉目标，如图 3-27 所示。

对象捕捉的快捷方式：

（1）按下功能键 F3。

（2）在状态栏单击“对象捕捉”按钮□。

（3）按 Shift 键并在绘图区域中右击，然后从快捷菜单中选择一种对象捕捉，如图 3-28 所示。

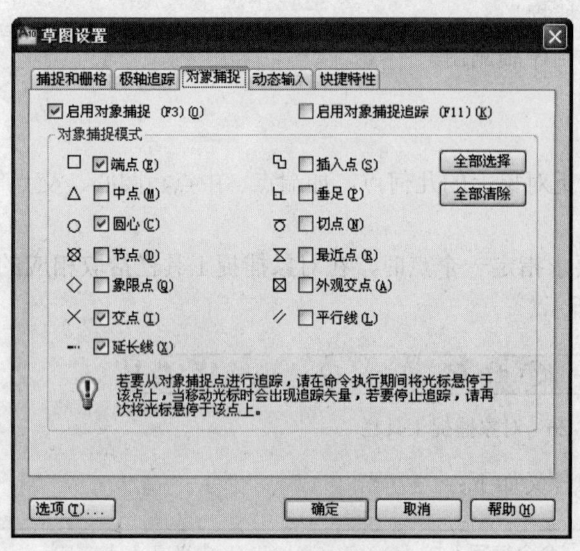

图 3-27 “对象捕捉”选项卡

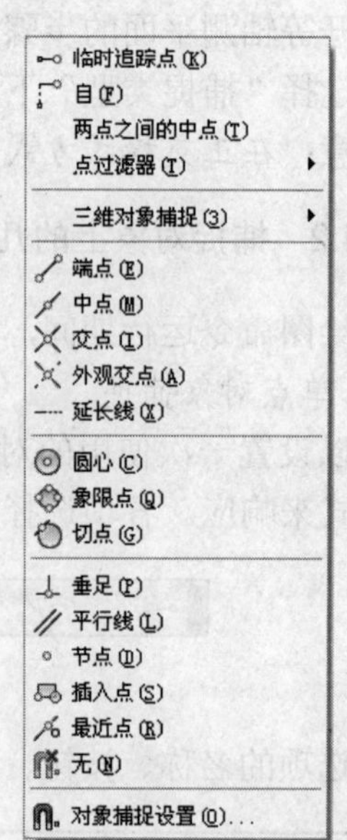

图 3-28 对象捕捉快捷菜单

（4）在命令行中输入一种对象捕捉的缩写。

3.4.3 使用自动追踪

“自动追踪”可以用指定的角度绘制对象，或者绘制与其他对象有特定关系的对象。当自动追踪打开时，临时的对齐路径有助于以精确的位置和角度创建对象。可以通过状态栏上的“极轴”或“对象追踪”按钮打开或关闭自动追踪。对象捕捉追踪应与对象捕捉配合使用，从对象的捕捉点开始追踪之前，必须先设置对象捕捉。自动追踪包含两种追踪选项：极轴追踪和对象捕捉追踪。

1. 极轴追踪

使用极轴追踪进行追踪时，对齐路径是由相对于命令起点和端点的极轴角定义的。例如，在如图 3-29 所示的图中绘制一条从点 1 到点 2 长 15 的直线，然后绘制一条到点 3 的长 15，角度 45°的直线。如果打开了 45°极轴角增量，当光标划过 0°或 45°时，AutoCAD 将显示对齐路径和工具栏提示。当光标从该角度移开时，对齐路径和工具栏提示消失。

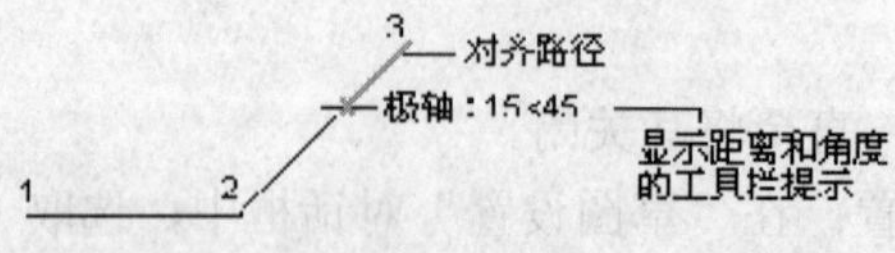

图 3-29 极轴追踪

一般使用极轴追踪沿着 90°、60°、45°、30°和 15°的极轴角增量进行追踪，也可以指定其他角度。

极轴追踪的参数设置：根据前面介绍的拾取出现“草图设置” 对话框，如图 3-30 所示，然后选取“极轴追踪”选项卡，在此对话框中可以设置自己需要的参数。

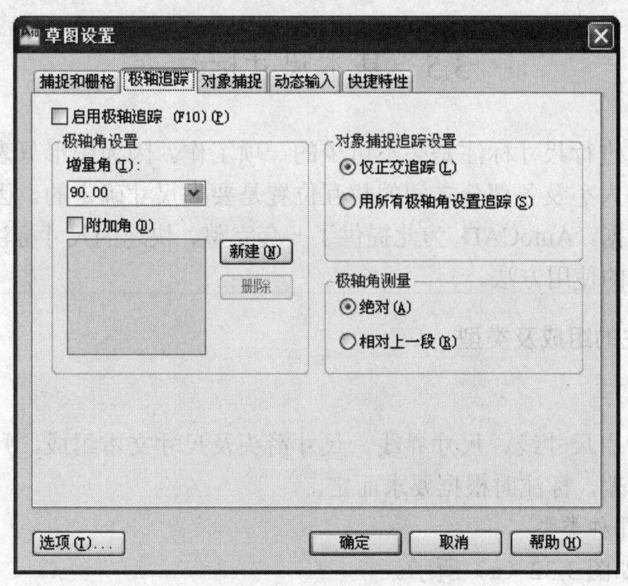

图 3-30　“极轴追踪”选项卡

打开极轴追踪的步骤：按 F10 键或单击状态栏上的按钮。

2. 正交模式

正交模式可以将光标限制在水平或垂直（正交）方向。因为不能同时打开正交模式和极轴追踪，因此在正交模式打开时 AutoCAD 会关闭极轴追踪。如果打开了极轴追踪，AutoCAD 将关闭正交模式。

打开正交模式的步骤：单击状态栏上的按钮或按 F8 键。

3. 追踪对象上的几何点

可以使用对象捕捉追踪沿着对齐路径进行追踪。对齐路径是基于对象捕捉点的。例如，可以基于对象端点、中点或者对象的交点，沿着某个路径选择一点。

打开对象捕捉追踪的步骤：按 F3 键，或单击状态栏上的按钮。

使用对象捕捉追踪的步骤：

（1）启动一个绘图命令（还可以将对象捕捉追踪与编辑命令一同使用，如 COPY 或 MOVE）。

（2）将光标移动到一个对象捕捉点处以临时获取点。不要单击它，只是暂时停顿即可获取。已获取的点显示一个小加号（+），可以获取多个点。获取点之后，当在绘图路径上移动光标时，相对点的水平、垂直或极轴对齐路径将显示出来。

在如图 3-31 所示的图例中，开启了端点对象捕捉。单击直线的起点（1）开始绘制直线，将光标移动到另一条直线的端点（2）处获取该点，然后沿着水平对齐路径移动光标，定位要绘制的直线的端点（3）。

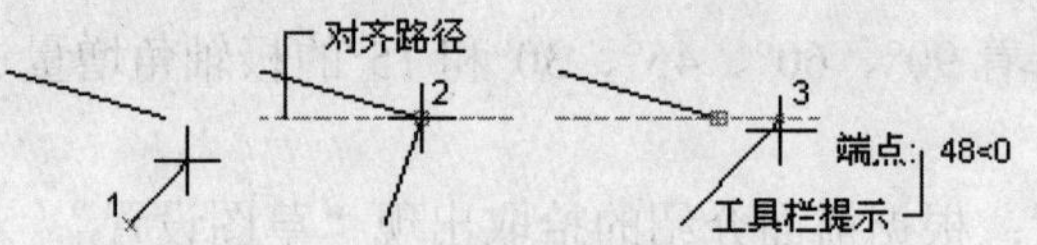

图 3-31　对象捕捉追踪

3.5　基本尺寸标注

在工程制图中，进行尺寸标注是必不可少的一项工作。因为图形只表示零部件的形状和位置关系，而零件和大小及各部分之间的相互位置是要靠尺寸确定的。因此，尺寸是制造、安装及检验的重要依据。AutoCAD 为此提供了一套完整、快速的尺寸标注方式和命令。本节将介绍尺寸标注命令的使用方法。

3.5.1　尺寸标注的组成及类型

1. 尺寸的组成

一个完整的尺寸由尺寸线、尺寸界线、尺寸箭头及尺寸文本组成。尺寸文本既包含基本尺寸，也包含尺寸公差，标注时根据要求而定。

2. 尺寸标注的几种类型

（1）长度型，如图 3-32（a）所示。

1）水平、垂直标注方式；

2）对齐标注方式；

3）基准线标注方式；

4）连续标注方式。

（2）角度型标注方式（Angular），如图 3-32（b）所示。

（3）半径、直径型标注方式，如图 3-32（b）所示。

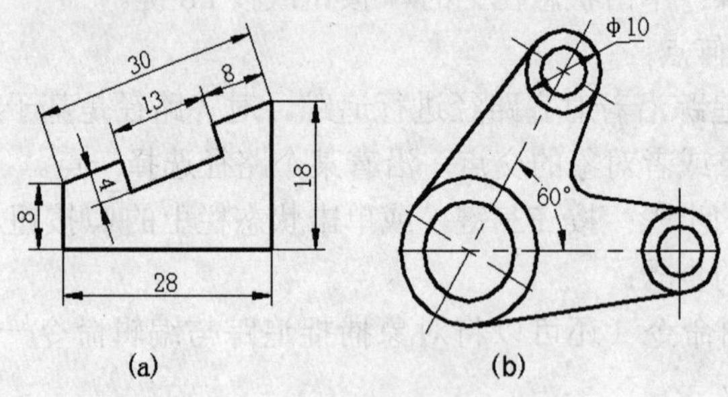

图 3-32　尺寸标注的形式

（4）指引线标注方式（Leader）。

3.5.2　基本尺寸标注命令

命令的执行：选取菜单“标注”下的对应标注命令选项或点取尺寸标注工具栏中的尺寸标注按钮，如图 3-33 所示。

图 3-33　标注工具栏

1. 标注水平、垂直尺寸

功能：标注水平、垂直的长度型尺寸。

命令的执行：选取菜单“标注→线性”命令或单击尺寸标注工具栏的图标。

命令操作：

（1）第一种标注方法。

命令: _dimlinear

指定第一条尺寸界线起点或 <选择对象>:　（A 点，如图 3-34（a）所示）

指定第二条尺寸界线起点:　（B 点）

指定尺寸线位置或[多行文字(M)/文字(T)/角度(A)/水平(H)/垂直(V)/旋转(R)]: （C 点）

标注文字 =45

（2）第二种标注方法。

命令: _dimlinear

指定第一条尺寸界线起点或 <选择对象>: 回车

选择标注对象: （选择线、圆弧或圆，1 点，如图 3-34（a）所示）

指定尺寸线位置或[多行文字(M)/文字(T)/角度(A)/水平(H)/垂直(V)/旋转(R)]:（2 点）

标注文字 =45

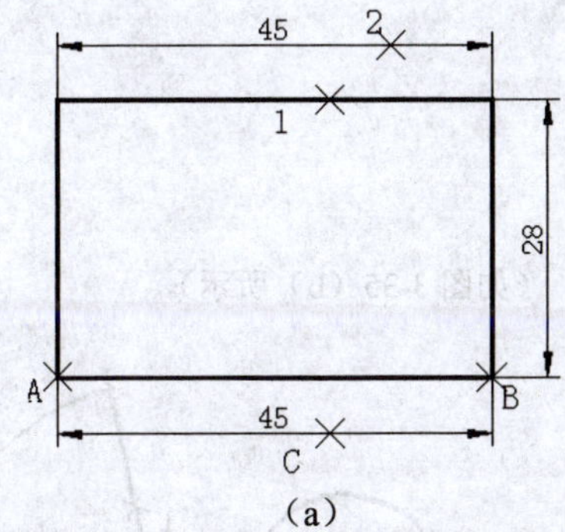

（a）

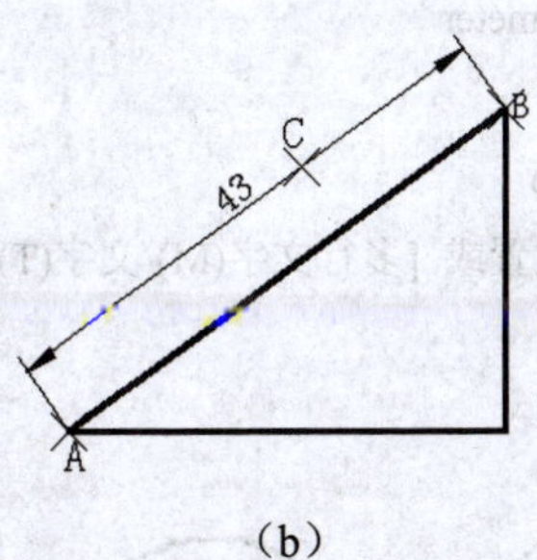

（b）

图 3-34　线性标注

2. 倾斜标注方式

功能：标注倾斜的长度型尺寸。

命令的执行：选取菜单“标注→对齐”命令或单击尺寸标注工具栏的图标。

命令操作：

（1）第一种标注方法。

命令: _dimaligned（如图 3-34（b）所示）

指定第一条尺寸界线起点或 <选择对象>:（A 点）

指定第二条尺寸界线起点: （B 点）

指定尺寸线位置或[多行文字(M)/文字(T)/角度(A)]: （C 点）

标注文字 =43

（2）第二种标注方法。

命令: _dimaligned

指定第一条尺寸界线起点或 <选择对象>:回车

选择标注对象: （选择线、圆弧或圆）

指定尺寸线位置或[多行文字(M)/文字(T)/角度(A)]:

标注文字 =43

3. 半径、直径型标注方式

（1）半径标注方式 Radius 命令。

功能：标注圆或圆弧的半径。

命令的执行：选取菜单“标注→半径”命令或单击尺寸标注工具栏的 。

命令操作：

命令: _dimradius

选择圆弧或圆:

标注文字 =23

指定尺寸线位置或 [多行文字(M)/文字(T)/角度(A)]:（如图 3-35（a）所示）

（2）直径标注方式 Diameter 命令。

功能：标注圆或圆弧的直径。

命令的执行：选取菜单“标注→直径”命令或单击尺寸标注工具栏的 。

命令操作：

命令:·_dimdiameter

选择圆弧或圆:

标注文字 =46

指定尺寸线位置或 [多行文字(M)/文字(T)/角度(A)]: （如图 3-35（b）所示）

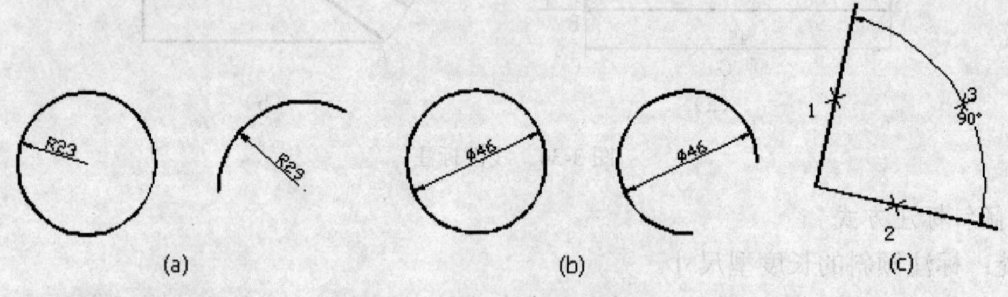

图 3-35 圆或圆弧和角度标注

4. 角度型标注方式

功能：标注两条线之间的夹角。

命令的执行：选取菜单“标注→角度”命令或单击尺寸标注工具栏的 。

命令操作：

命令: _dimangular

选择圆弧、圆、直线或 <指定顶点>: （如选取一条直线 1）

选择第二条直线：（选取第二条直线 2）

指定标注弧线位置或 [多行文字(M)/文字(T)/角度(A)]：（选择尺寸圆弧线位置，3 点）

标注文字 =90（如图 3-34（c）所示）

3.6　屏幕显示

AutoCAD 提供了多种显示图形视图的方式。在编辑图形时，如果想查看所作修改的整体效果，可以控制图形显示并快速移动到图形的不同区域。可以通过缩放图形显示来改变大小或通过平移重新定位视图在绘图区域中的位置。

按一定比例、观察位置和角度显示图形称为视图。增大图像以便更详细地查看细节称为放大。收缩图像以便在更大范围内查看图形称为缩小。缩放并没有改变图形的绝对大小。它仅仅改变了绘图区域中视图的大小。AutoCAD 提供了几种方法来改变视图：指定显示窗口、按指定比例缩放以及显示整个图形。

3.6.1　实时缩放和平移

为了提高平移和缩放图像的能力，AutoCAD 提供了“实时”选项来实现交互式缩放和平移。在“实时缩放”模式下，单击图像，然后按住鼠标左键的同时，通过垂直向上或向下移动光标即可放大或缩小图形。在“实时平移”模式下，单击图像，然后按住鼠标左键的同时移动光标就可以将图形图像平移到新的位置。

1. 使用实时缩放

在绘图区域的中心点处按住鼠标左键然后垂直向上（正向）移动光标到窗口顶部，可以使窗口放大 100%（图形显示变为原来的两倍）。在图形中点处按住鼠标左键然后垂直向下（反向）移动光标到窗口底部，可以使窗口缩小 100%（图形显示变为原来的一半）。放开鼠标左键，缩放就会停止。移动光标到图形中的另一个位置，然后按下鼠标左键，仍以图形区中点为不动点继续进行缩放。

当放大到当前视图的最大极限时，加号（+）将会消失，表明不能再放大了。当缩小到当前视图的最小极限时，减号（-）将会消失，表明不能再缩小了。

在实时模式下缩放的步骤：

（1）从“视图”菜单中选择“缩放→实时”命令或单击图标🔍或不选中任何对象，在绘图区域中右击，然后在快捷菜单中选择“缩放”。

（2）要放大或缩小到不同尺寸，按住鼠标的左键然后垂直移动光标。从绘图区域的中点向上移动光标可以放大图像，向下移动光标则可以缩小图像。

用快捷菜单还可退出“实时缩放”或“打印”，或进入“平移”模式、“三维动态观察器”模式、“窗口缩放”、“缩放为上一个”或“范围缩放”。要退出“实时”模式，请按回车键或 Esc 键。

2. 使用实时平移

按住鼠标的左键并移动光标即可以平移图形。

在实时模式下平移的步骤：

（1）从“视图”菜单中选择“平移→实时”命令或单击图标或不选择任何对象，在绘图区域中右击，然后在快捷菜单中选择“平移”。

（2）按住鼠标左键并移动光标。

如果正在使用智能鼠标，可用旋转滑轮移动图形。

用快捷菜单还可退出“实时平移”，或进入“实时缩放”模式、“三维动态观察器”模式、“窗口缩放”、“缩放为上一个”或“范围缩放”。要退出“实时”模式，请按回车键或 Esc 键。

3.6.2 定义缩放窗口

可以通过指定一个区域的两个角点来快速放大该区域。在新的屏幕视图中，所定义的区域居屏幕中心放置。

定义缩放窗口的步骤：

（1）从“视图”菜单中选择“缩放→窗口”命令或单击图标。

（2）指定要观察区域的一个角点（1），再指定要观察区域的另一个角点（2）。

3.6.3 显示前一个视图

单击图标可以快速回到前一个视图。AutoCAD 能依次还原前 10 个视图。这些视图不仅包括缩放视图，而且包括平移视图、还原视图、透视视图或平面视图。

还原前一个视图的步骤：从“视图”菜单中选择“缩放→上一个”或单击图标。

如果正处于实时缩放模式，则右击，从快捷菜单中选择“缩放为上一个”，即可回到最近一次使用实时缩放过的视图。

3.6.4 按比例缩放视图

如果需要按精确的比例缩放图像，可以用三种方法指定缩放比例：相对图形界限、相对当前视图和相对图纸空间单位。

（1）要相对图形界限按比例缩放视图，只需输入一个比例值。例如，输入 1，将在绘图区域中以前一个视图的中点为中点来显示尽可能大的图形界限。要放大或缩小，只需输入大于 1 或小于 1 的数字。如输入 2，以完全尺寸的两倍显示图像；输入 0.5，以完全尺寸的一半显示图像。图形界限由栅格显示。

（2）要相对当前视图按比例缩放视图，只需在输入的比例值后加上 x。如输入 2x，则以两倍的尺寸显示当前视图；输入 0.5x，则以一半的尺寸显示当前视图；而输入 1x 则没有变化。

（3）要相对图纸空间单位按比例缩放视图，只需在输入的比例值后加上 xp。它指定了相对当前图纸空间按比例缩放视图，并且还可以用来在打印前缩放视口。

按比例缩放视图的步骤：

1）从“视图”菜单中选择“缩放→比例”命令或单击图标“→”。

2）输入相对于图形界限、当前视图或图纸空间视图的比例因子。

3.6.5 显示图形界限和范围

可以在图形边界或图形范围的基础上显示视图。“范围”以布满绘图区域或当前视口的最高缩放比例显示包含图形中所有对象的视图。“全部”显示一个包含在设置图形时所定义的图形界限和所有延伸到图形界限外的对象的视图。

显示整个图形或范围的步骤：从“视图”菜单中选择“缩放→全部”命令或选择“缩放→范围”或单击图标“→”或“→”。

3.7 实训

3.7.1 基本操作练习

下面以简单的几何作图为例，说明用 AutoCAD 绘图的主要操作过程，如图 3-36 所示。

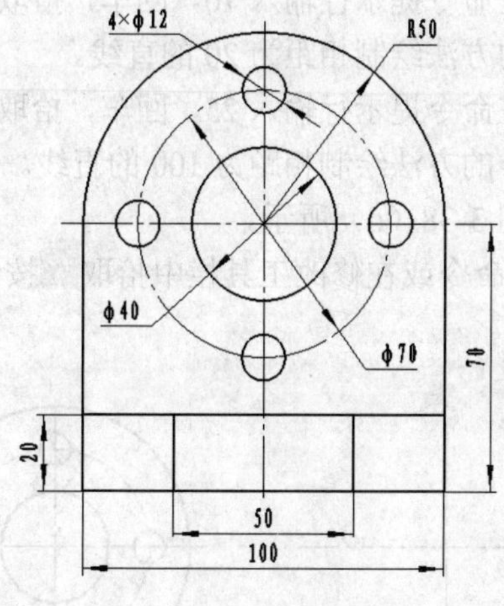

图 3-36　基本图例

1．设置图层。

单击图层工具栏的“图层特性管理器”按钮。建立图层 1 为粗实线，图层 2 为细实线，图层 3 点画线，图层 4 为虚线，图层 5 为尺寸标注，图层 6 为剖面线，如图 3-37 所示。

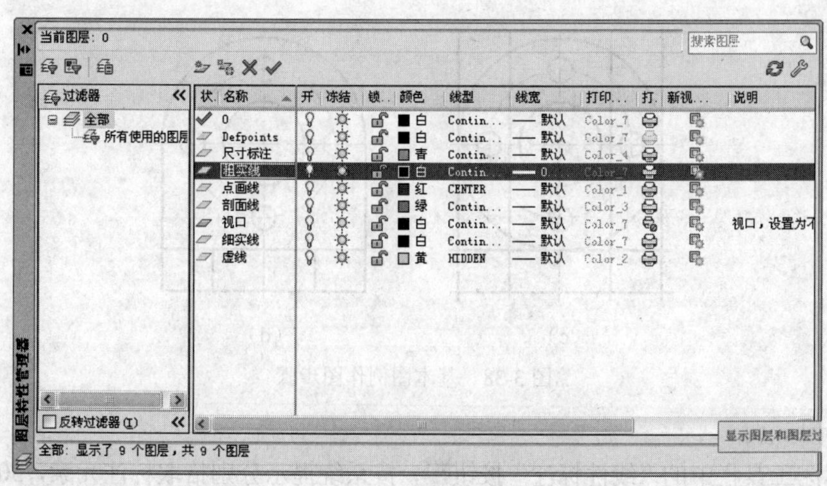

图 3-37　建立图层

2．用直线命令绘制基准线（中心线），如图 3-38（a）所示。

（1）改变图层：将属性工具条中的 0 层改为点画线层[点画线]。

（2）绘制直线：单击状态栏上的按钮或按一次 F8 键。绘制水平和垂直线，如图 3-37（a）所示。

3．用圆命令绘制圆、圆弧，如图 3-38（b）、（c）所示。

（1）鼠标点取按钮，捕捉“交点”，拾取圆心位置（交点），画直径 70 的圆。

（2）改变图层：将属性工具条中的点画线层改为粗实线层[粗实线]。

单击按钮，捕捉“交点”，拾取圆心位置（交点），输入半径 20，回车，画出直径为 40 的圆；用同样的方法绘制半径为 50，直径为 12 的圆即可。

4．绘制平行线，如图 3-38（c）所示。

（1）拾取偏移按钮，在命令提示行输入 70，回车，拾取圆中心线（水平直线）后，选择偏移方向（向下）。用同样的方法绘制相距为 20 的直线。

（2）拾取偏移按钮，在命令提示行输入 25，回车，拾取圆中心线（铅垂直线）后，选择偏移方向（左、右）。用同样的方法绘制相距为 100 的直线。

5．裁剪多余的线段，如图 3-38（d）所示。

单击菜单“修改→修剪”命令或在修改工具栏中拾取按钮，拾取剪切到边，回车后拾取要裁剪的多余线段。

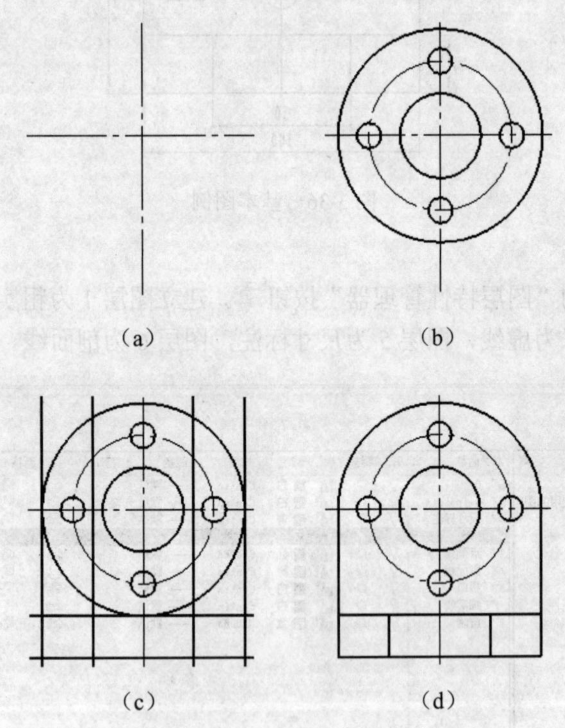

图 3-38　基本图例作图步骤

6．尺寸标注。

单击标注工具栏中的“线性标注”按钮，按系统提示分别拾取标注元素，50、100、20、70，拾取“圆标注”按钮，标注 φ40、φ70、4×φ12，再拾取“圆弧标注”按钮，标注 R50。完成全图，如图 3-36 所示。

3.7.2　简单平面图形作图

绘制如图 3-39 所示的平面图形，作图步骤如下：

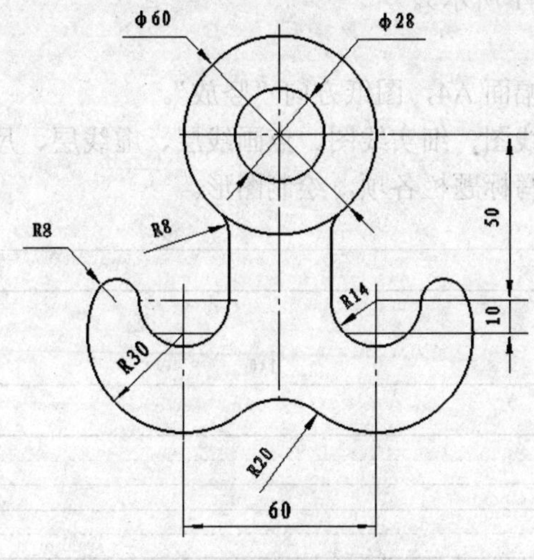

图 3-39　平面图形

1．用直线命令绘制基准线（中心线），如图 3-40（a）所示。

（1）改变图层：将属性工具条中的 0 层改为点画线层 点画线 。

（2）绘制直线：单击状态栏上的按钮或按一次 F8 键。绘制水平和垂直线，如图 3-40（a）所示。

（3）拾取偏移按钮，在命令提示行输入 30，回车，拾取圆中心线（铅垂直线）后，选择偏移方向（左、右）。用同样的方法绘制相距为 50 和 10 的直线。

2．用圆命令绘制圆、圆弧，如图 3-40（b）所示。

（1）改变图层：将属性工具条中的点画线层改为粗实线层 粗实线 。

（2）单击圆按钮，捕捉“交点”，拾取圆心位置（交点），输入半径 14，回车，画出直径为 28 的圆；用同样的方法绘制直径为 60，半径为 R8、R30、R14、R20 的圆即可。

3．用修剪命令剪去多余的线段，如图 3-40（b）所示。标注尺寸，完成全图。

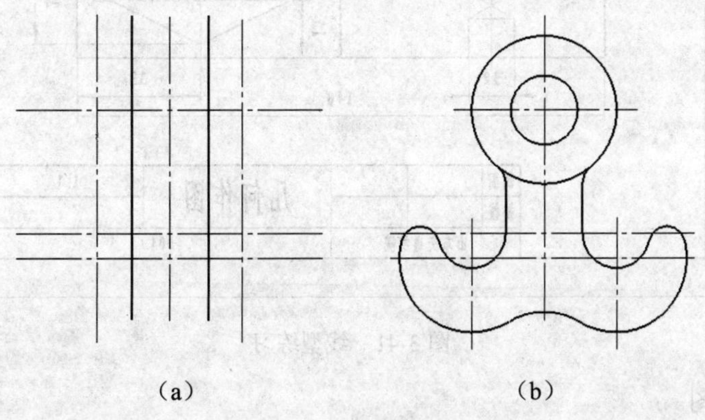

（a）　　（b）

图 3-40　平面图形作图步骤

习 题

1．线型练习（如图 3-41 所示）。

提示：

（1）建立图幅：图纸幅面 A4，图纸方向“竖放”。

（2）建立图层：粗实线图、细实线图、点画线层、虚线层、尺寸标注层、剖面线层。

（3）绘制标题栏，填写标题栏各项，绘制图形。

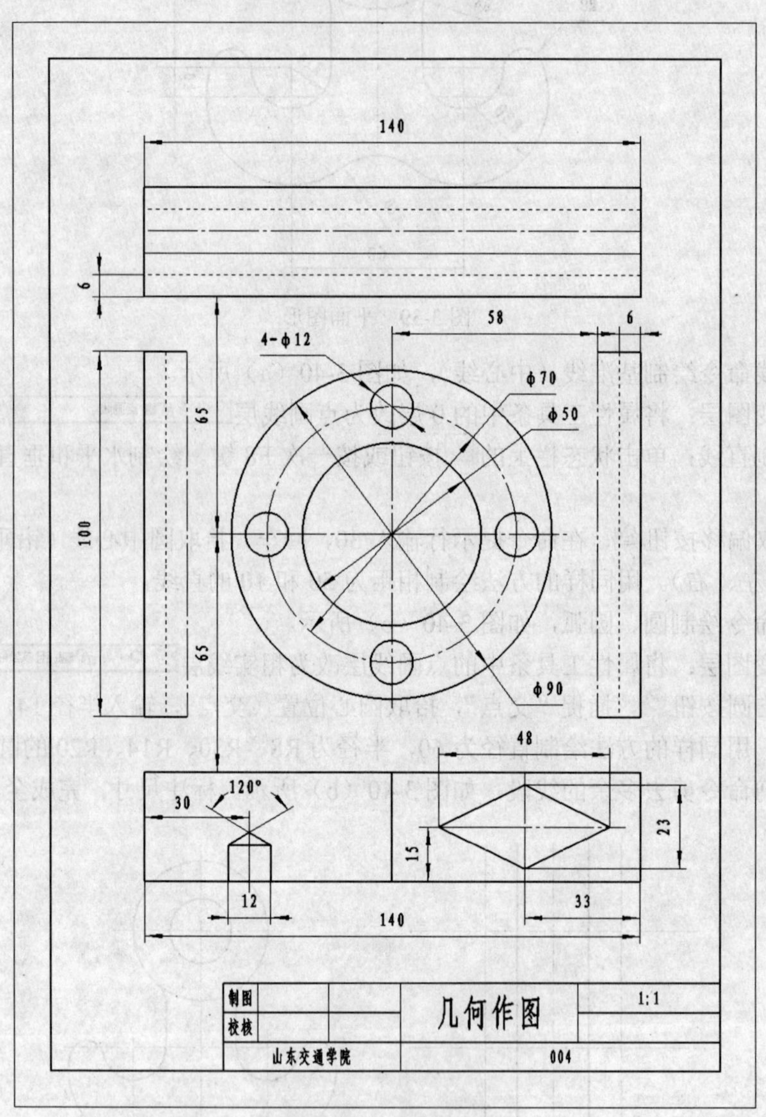

图 3-41 线型练习

2．绘制平面图。

绘制如图 3-42 所示的平面图形。操作步骤如下：

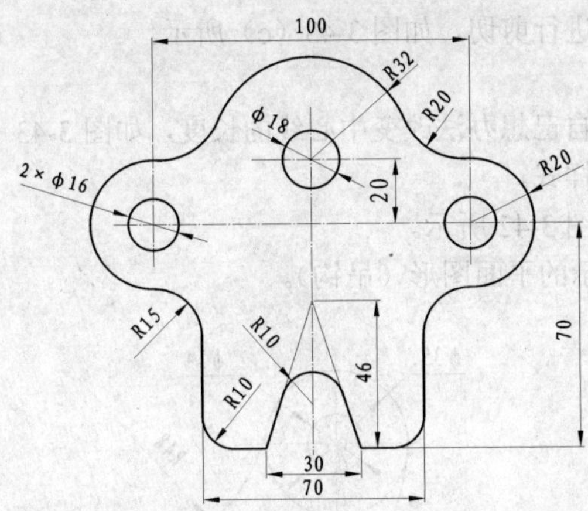

图 3-42　平面图形练习

（1）设定 A4 图幅。

（2）设置图层、线型、颜色、线宽。在以下操作中，随时改变图层，把粗实线、中心线、尺寸标注等放在对应的图层中。

（3）利用直线命令画水平和垂直线，如图 3-43（a）所示。

（4）利用偏移命令进行偏移，50，20，70，15，如图 3-43（b）所示。

（5）利用画圆命令绘制圆，如图 3-43（c）所示。

（6）圆心、半径画圆（圆心的位置利用捕捉交点的方法去找）。

（7）切点、切点、半径画圆。

（8）利用修剪命令进行剪切，如图 3-43（d）所示。

（9）利用偏移命令进行偏移，用直线命令画线，如图 3-43（e）所示（起点与终点利用捕捉交点的方法去找）。

（10）利用切点、切点、半径画圆，如图 3-43（e）所示。

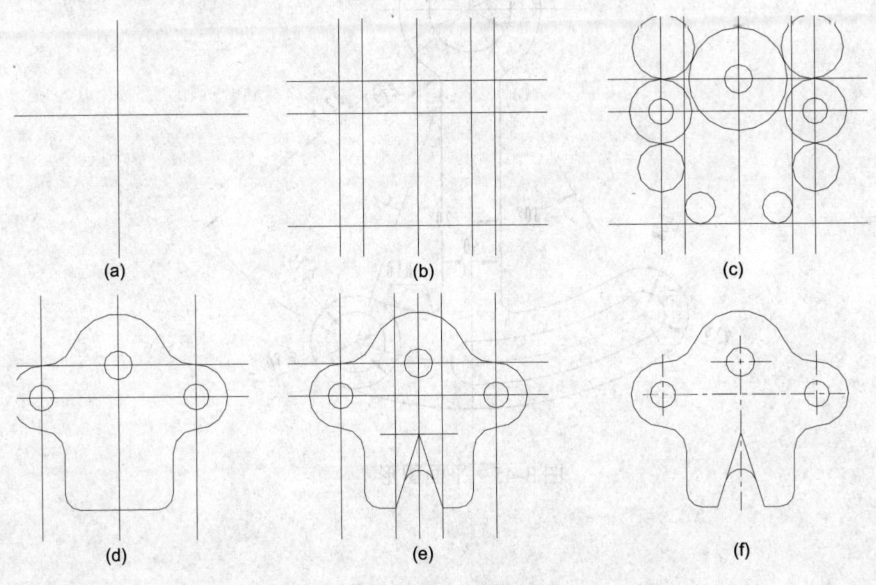

图 3-43　做图步骤

（11）利用修剪命令进行剪切，如图 3-43（e）所示。

（12）删除辅助线。

（13）通过以上学习自己想办法改变中心线的长度，如图 3-43（f）所示。

（14）设置尺寸标注样式。

（15）标注尺寸，如图 3-42 所示。

3．绘制如图 3-44 所示的平面图形（吊钩）。

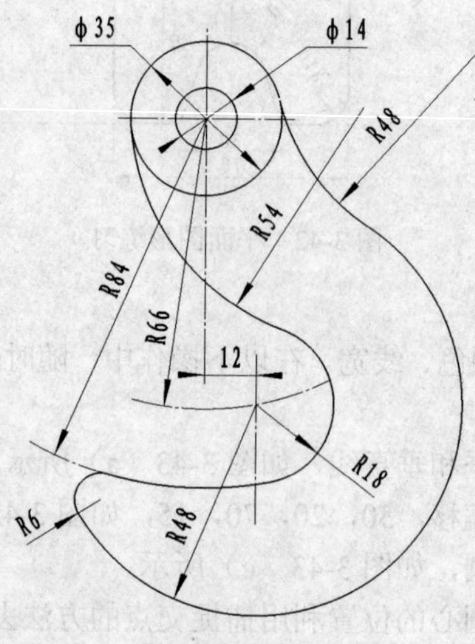

图 3-44　吊钩

4．绘制如图 3-45 所示的平面图形。

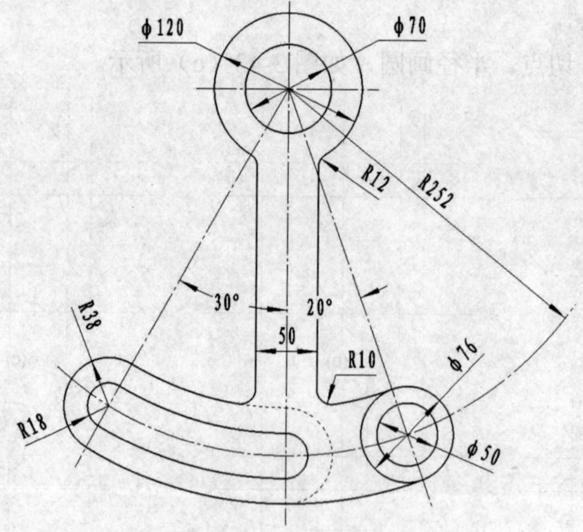

图 3-45　平面图形

第 4 章　绘图命令

在第 3 章介绍了作图过程中常用的几个基本绘图命令，这里将分别介绍其他基本绘图命令的使用。

4.1　绘椭圆和椭圆弧

4.1.1　绘制椭圆

命令：ELLIPSE

下拉菜单：绘图→椭圆

工具栏：绘图→椭圆

功能：绘制椭圆或椭圆弧。

（1）根据椭圆中心坐标、一根轴上的一个端点的位置以及一转角绘制椭圆。

命令：ELLIPSE

指定椭圆的轴端点或 [圆弧(A)/中心点(C)]: C

指定椭圆的中心点:（输入椭圆中心点）

指定轴的端点:（输入椭圆某一轴上的任一端点）

指定另一条半轴长度或 [旋转(R)]

（2）根据椭圆某一轴上的两个端点的位置以及另一轴的半长绘制椭圆。

下拉菜单：绘图→椭圆→轴、端点

命令：ELLIPSE

指定椭圆的轴端点或 [圆弧(A)/中心点(C)]:（输入椭圆某一轴上的端点）

指定轴的另一个端点:（输入该轴上的另一端点）

指定另一条半轴长度或 [旋转(R)]:（输入另一轴的半长）

4.1.2　绘制椭圆弧

下拉菜单：绘图→椭圆→圆弧

命令：ELLIPSE

指定椭圆的轴端点或 [圆弧(A)/中心点(C)]: A

指定椭圆弧的轴端点或 [中心点(C)]:

指定轴的另一个端点:

指定另一条半轴长度或 [旋转(R)]:

指定起始角度或 [参数(P)]:

它的含义如下：起始角度——通过指定椭圆弧的起始角与终止角确定圆弧，为默认项。响应该选项，即输入椭圆弧的起始角，指令提示：

指定终止角度或 [参数(P)/包含角度(I)]:

例 4.1 绘椭圆与椭圆弧。

命令：ELLIPSE

指定椭圆的轴端点或 [圆弧(A)/中心点(C)]: 2,5.5

指定轴的另一个端点: 6.5,2

指定另一条半轴长度或 [旋转(R)]: 5

命令：ELLIPSE

指定椭圆的轴端点或 [圆弧(A)/中心点(C)]:A

指定椭圆弧的轴端点或 [中心点(C)]:15,1.5

指定轴的另一个端点: 10.5,4

指定另一条半轴长度或 [旋转(R)]: 2

指定起始角度或 [参数(P)]: 0

指定终止角度或 [参数(P)/包含角度(I)]: 180

执行结果如图 4-1 所示。

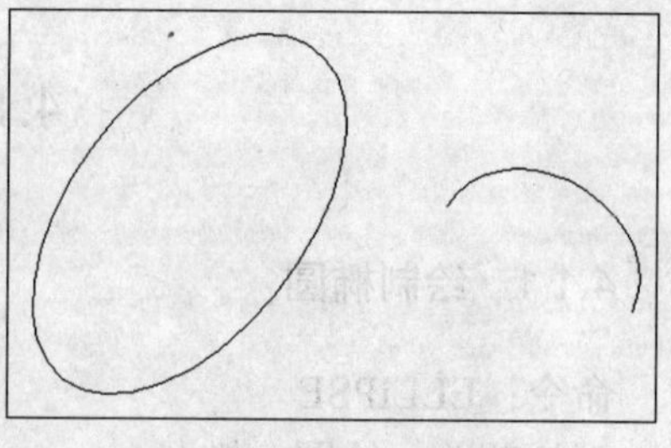

图 4-1 绘制椭圆和椭圆弧

说明：

（1）系统变量 PELLIPSE 决定椭圆的类型。当该变量为 0 时，即为默认值时，所绘椭圆是由 NURBS 曲线表示的真正的椭圆；当该变量为 1 时，所绘椭圆是由多段线近似表示的椭圆。

（2）当系统变量 PELLIPSE 为 1 时，执行 ELLIPSE 命令后没有“圆弧”选项。

4.2 绘制等边多边形

命令：POLYGON

下拉菜单：绘图→多边形

工具栏：绘制→多边形

功能：绘制指定格式的等边多边形。

操作：

命令：POLYGON

输入边的数目 <4>: （输入多边形的边数）

指定多边形的中心点或 [边(E)]:

如果输入 E，则系统提示：

边的第一个端点:（输入多边形上的某一条边的第一个端点位置）

边的第二个端点:（输入多边形上的同一条边的第二个端点位置）

这时就按要求绘出了多边形。

（1）用多边形的外接圆绘制等边多边形，如图 4-2 所示。

命令：POLYGON

输入边的数目 <4>:（输入多边形的边数）

指定多边形的中心点或 [边(E)]:（输入多边形的中心点）

输入选项 [内接于圆(I)/外切于圆(C)] <I>: I

指定圆的半径:（输入圆的半径）

（2）用多边形的内切圆绘制等边多边形，如图 4-3 所示。

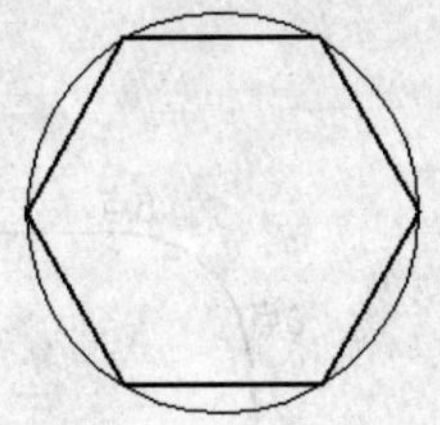

图 4-2　多边形的外接圆

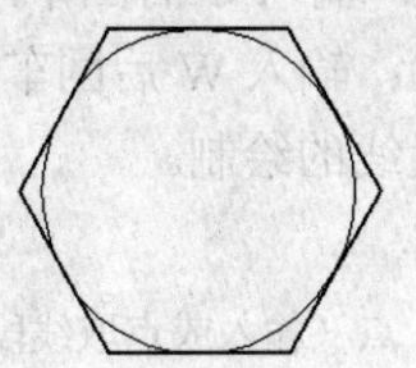

图 4-3　多边形的内切圆

命令：POLYGON

输入边的数目 <4>:（输入多边形的边数）

指定多边形的中心点或 [边(E)]:（输入多边形的中心点）

输入选项 [内接于圆(I)/外切于圆(C)] <I>: C

指定圆的半径:（输入圆的半径）

例 4.2　绘制一个五边形，它的内切圆为 φ20。

命令：POLYGON

输入边的数目 <4>: 5

指定多边形的中心点或 [边(E)]:用鼠标指定多边形的中心点

输入选项 [内接于圆(I)/外切于圆(C)] <I>: C

指定圆的半径:10

结果如图 4-4 所示。

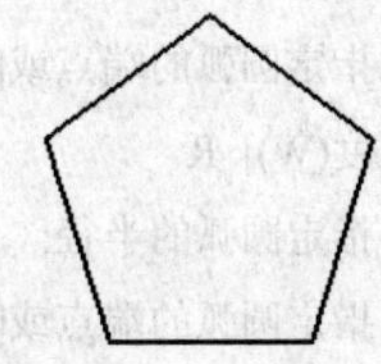

图 4-4　绘制五边形

4.3　多段线和多线

4.3.1　多段线（带宽度的实体）

由多个直线段和圆弧段相连接而构成的一个实体，称为多段线。各段线间共有相同的顶点（VERTEX）坐标，可将其宽度加大或缩小，可以构成一个封闭的多边形或椭圆，可对其进行编辑修改等。

画多段线的操作与画直线段和画弧线段的方法稍有不同，步骤如下：

（1）命令操作。在绘图工具栏或下拉式菜单“绘图”中点取“多段线（P）”命令。

命令: _pline

指定起点:　<输入或点取线段起点>

当前线宽为 0.0000

指定下一点或 [圆弧(A)/闭合(C)/半宽(H)/长度(L)/放弃(U)/宽度(W)]:

各选项说明：

指定下一点：此选项为默认选项，输入或拾取一点完成该线段；

圆弧（A）：输入 A 后回车，开始画圆弧；

闭合（C）：输入 C 后回车，所画线段闭合；

半宽（H）：输入 H 后回车，设定线的半宽；

长度（L）：输入 L 后回车，开始画指定长度的线段；

放弃（U）：输入 U 后回车，取消上次操作；

宽度（W）：输入 W 后回车，设定线段的起始宽度。

（2）多段线的绘制。

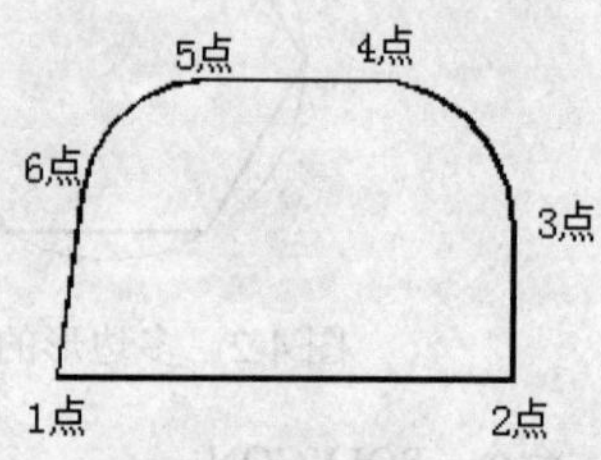

图 4-5　绘制多段线

命令: _pline

指定起点: 1 点（输入或点取线段起点，如图 4-5 所示）

当前线宽为 0.0000

指定下一点或 [圆弧(A)/闭合(C)/半宽(H)/长度(L)/放弃(U)/宽度(W)]: W

指定起点宽度 <0.0000>: .6

指定端点宽度 <0.6000>:

指定下一点或 [圆弧(A)/闭合(C)/半宽(H)/长度(L)/放弃(U)/宽度(W)]: 2 点

指定下一点或 [圆弧(A)/闭合(C)/半宽(H)/长度(L)/放弃(U)/宽度(W)]: 3 点

指定下一点或 [圆弧(A)/闭合(C)/半宽(H)/长度(L)/放弃(U)/宽度(W)]: A

指定圆弧的端点或[角度(A)/圆心(CE)/闭合(CL)/方向(D)/半宽(H)/直线(L)/半径(R)/第二点(S)/放弃(U)/宽度(W)]: R

指定圆弧的半径:

指定圆弧的端点或[角度(A)/圆心(CE)/闭合(CL)/方向(D)/半宽(H)/直线(L)/半径(R)/第二点(S)/放弃(U)/宽度(W)]: 4 点

指定圆弧的端点或[角度(A)/圆心(CE)/闭合(CL)/方向(D)/半宽(H)/直线(L)/半径(R)/第二点(S)/放弃(U)/宽度(W)]: L

指定下一点或 [圆弧(A)/闭合(C)/半宽(H)/长度(L)/放弃(U)/宽度(W)]: 5 点

指定下一点或 [圆弧(A)/闭合(C)/半宽(H)/长度(L)/放弃(U)/宽度(W)]: A

指定圆弧的端点或

[角度(A)/圆心(CE)/闭合(CL)/方向(D)/半宽(H)/直线(L)/半径(R)/第二点(S)/放弃(U)/宽度(W)]: R

指定圆弧的端点或[角度(A)/圆心(CE)/闭合(CL)/方向(D)/半宽(H)/直线(L)/半径(R)/第二点(S)/放弃(U)/宽度(W)]: W

指定起点宽度 <0.6000>:

指定端点宽度 <0.6000>: 0

指定圆弧的端点或[角度(A)/圆心(CE)/闭合(CL)/方向(D)/半宽(H)/直线(L)/半径(R)/第二点(S)/放弃(U)/宽度(W)]: CL

4.3.2　多线

用多线（MLINE）命令可以绘制由多条平行线段组成的复合线，类似于将多段线偏移一次或多次。另外还可以用 MLEDIT 命令编辑多个多线的交点；用 MLSTYLE 命令创建新的多线样式或编辑已有的多线样式。在实际工作中最为典型的应用就是建筑制图中墙体线的绘制。除此以外，在一些电气、化工等涉及到管线的行业也会使用复合线的样式表现各式各样的线槽、管道。由此不难看出，复合线的应用比多段线更专业一些。

（1）多线命令的使用：绘制如图 4-6 所示图线。

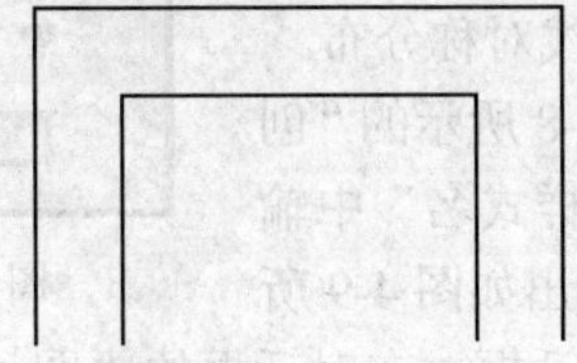

图 4-6　多段线绘制

在绘图工具栏或下拉菜单“绘图”中点取“多线（M）”命令，命令提示行出现：

命令: _mline

当前设置: 对正 ＝ 上，比例 ＝20.00，样式 ＝STANDARD

指定起点或 [对正(J)/比例(S)/样式(ST)]:

指定下一点或 [放弃(U)]:

指定下一点或 [闭合(C)/放弃(U)]:

指定下一点:

（2）设置多线的样式。

单击菜单“格式”→“多线样式”命令或在命令行输入 mlstyle 命令，弹出“多线样式”对话框，如图 4-7 所示。在此对话框可以创建、修改、保存和加载多线样式。

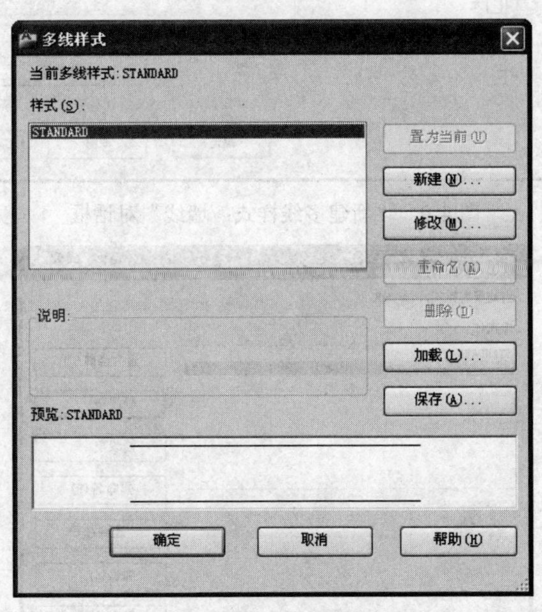

图 4-7　“多线样式”对话框

在“多线样式”对话框中，“样式”文本框用于显示当前多线样式的名称。“新建”、“保存”按钮用于建立新的多线样式，然后保存在当前文件里。可以用“修改”按钮对多线样式进行修改。单击“加载”按钮，可将多线文件中的线型取出并加入到图形文件中。在“多线样式”对话框的下部是对当前多线样式的预览。

下面以新建一个新的多线样式——墙线的完整过程为例，讲解设置多线样式的操作步骤。

要设置的墙厚为 240，该线由三条直线元素组成，它们分别代表外墙线、内墙线和墙线轴线。其中，轴线对中，内、外墙线与轴线对称分布。

单击“新建”按钮，出现如图 4-8 所示的“创建新的多线样式”对话框，在“新样式名”中输入“墙线”，单击“继续”按钮，弹出如图 4-9 所示的“新建新多线样式：墙线”对话框。在对话框的“图元”选项组中，选择第一条线，将偏移改为 120，选择第二条线，将偏移改为-120，再单击“添加”按钮，设置偏移为 0，单击“线型”按钮，在“线型”对话框中选择中心线，单击“确定”按钮，最终设置结果如图 4-10 所示。

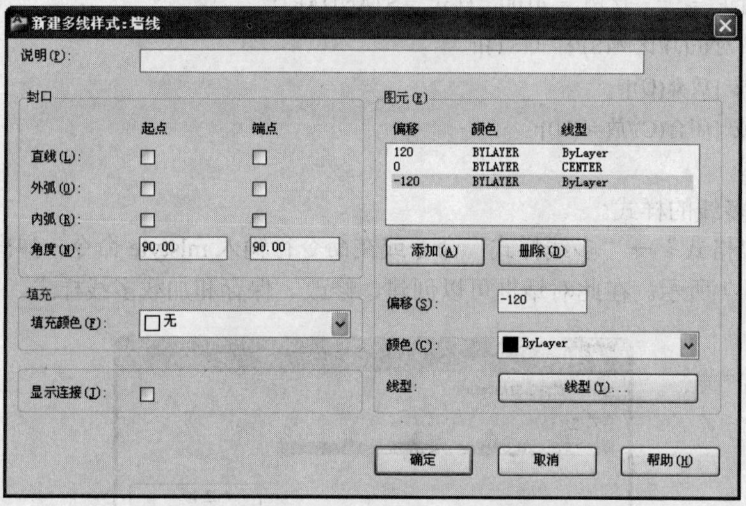

图 4-8　创建新的多线样式对话框

图 4-9　“新建多线样式：墙线”对话框

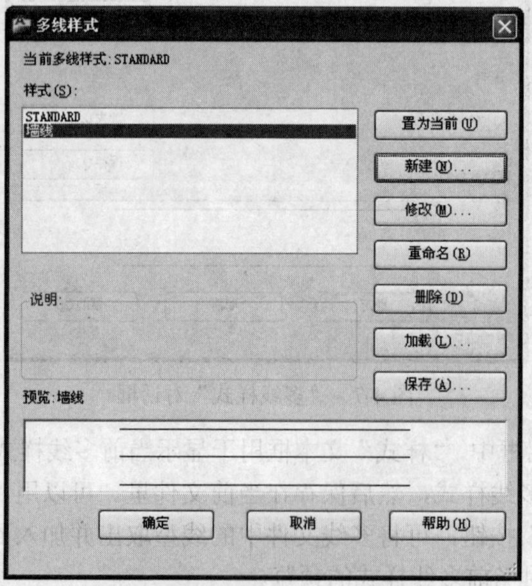

图 4-10　多线样式——墙线的设置结果

4.4　绘制样条曲线

命令：SPLINE

下拉菜单：绘图→样条曲线

工具栏：绘图→样条曲线~

功能：绘二次或三次样条（NURBS）曲线。

操作：

命令: _spline

当前设置: 方式=拟合　　节点=弦

指定第一个点或 [方式(M)/节点(K)/对象(O)]:

输入下一个点或 [起点切向(T)/公差(L)]:

输入下一个点或 [端点相切(T)/公差(L)/放弃(U)/闭合(C)]:

（1）输入第一点。

输入样条曲线上的第一点，AutoCAD 提示：

输入下一个点或 [起点切向(T)/公差(L)]

这时用户有三种选择：输入点、输入起点切向或输入终点切线方向，操作完成。

例 4.3　绘制样条曲线。

命令: SPLINE

指定第一个点或 [对象(O)]: 3,5

指定下一点: 7,9

指定下一点或 [闭合(C)/拟合公差(F)] <起点切向>: 4,7

指定下一点或 [闭合(C)/拟合公差(F)] <起点切向>: 13,6

指定下一点或 [闭合(C)/拟合公差(F)] <起点切向>: 14,7

指定下一点或 [闭合(C)/拟合公差(F)] <起点切向>:

指定起点切向:

指定端点切向:

绘制完成，如图 4-11 所示。

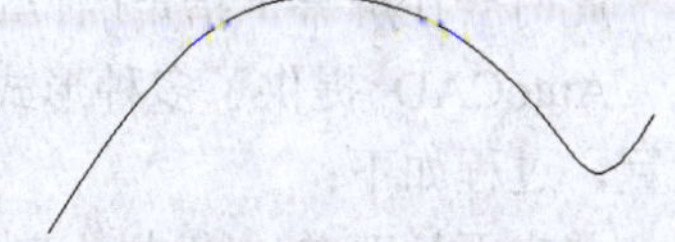

图 4-11　样条曲线

（2）闭合（C）：绘制封闭样条曲线。

当用户选择提示“指定下一点或 [闭合(C)/拟合公差(F)] <起点切向>:”中的“闭合（C）”后，AutoCAD 提示：

输入切向:

此时要求用户确定样条曲线在起始点处（也是终止点）的切线方向。确定切线方向后即可绘出指定条件的封闭样条曲线。

例 4.4　绘制封闭样条曲线。

命令: SPLINE

指定第一个点或 [对象(O)]: 22,156

指定下一点: 134,89

指定下一点或 [闭合(C)/拟合公差(F)] <起点切向>: c

指定切向:75

绘制完成，如图 4-12 所示。

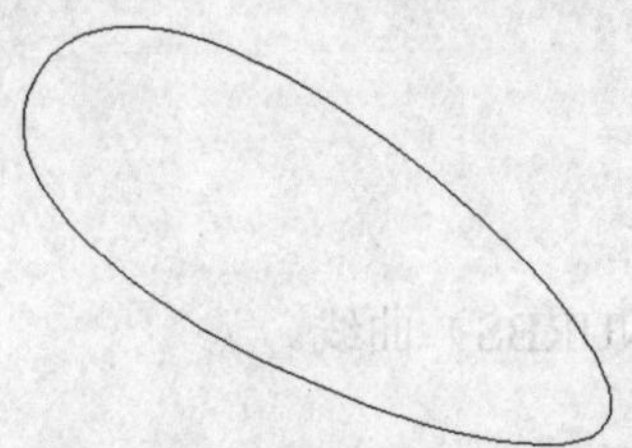

图 4-12　封闭样条曲线

4.5　绘制点

4.5.1　绘制单点或多点

命令：POINT

下拉菜单：绘图→点→单点；绘图→点→多点

工具栏：绘图→点

功能：在指定的位置绘点。

操作：

单击相应的菜单项、按钮或输入 POINT 命令后回车，提示如下：

当前点模式:　PDMODE=0　PDSIZE=0.0000

指定点:（输入点的位置）

此时会在屏幕上指定的位置绘出一点。

AutoCAD 提供了多种形式的点，用户可以根据需要进行设置，过程如下：

单击下拉菜单“格式→点样式”选项，弹出如图 4-13 所示的“点样式”对话框。在该对话框中，可以选取自己所需要的点的形式，还可以利用“点大小”文本框调整点的大小，也可以进行其他的一些设置。

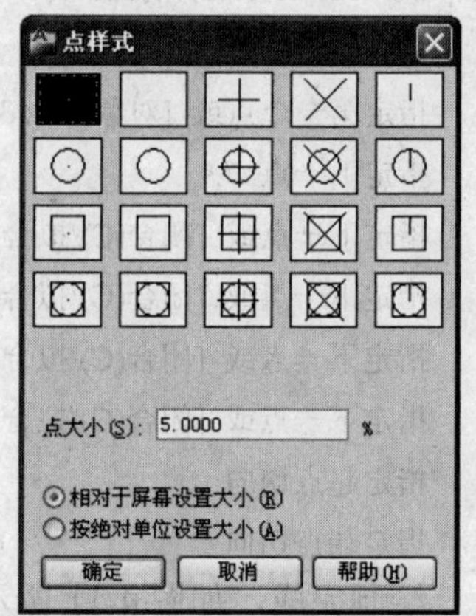

图 4-13　“点样式”对话框

4.5.2　绘制等分点

命令：DIVIDE

下拉菜单：绘图→点→定数等分

功能：在指定的对象上绘制等分点或在等分点处插入块。

操作：

单击相应的菜单项或输入 DIVIDE 命令后回车，提示如下：

选择要定数等分的对象:（选择要等分的对象）

输入线段数目或 [块(B)]:（输入对象的等分数）

注意：执行完操作后好像对象并没有发生变化，这是因为没有对点进行设置的原因。

如果执行“输入线段数目或 [块(B)]: B”则表示在等分点插入块，提示如下：

输入要插入的块名:（输入所插入块的名称）

将块与对象对齐？（“Y”或“N”）

输入线段数目:（输入对象的等分数）

4.5.3　绘制测量点

命令：MEASURE

下拉菜单：绘图→点→定距等分

功能：在指定的对象上按指定的长度在分点处用点做标记或插入块。

操作：

单击相应的菜单项或输入 MEASURE 命令后回车，提示如下：

选择要定距等分的对象:（选择对象）

指定线段长度或 [块(B)]:（输入每段的长度值）

在选定的对象上，将用指定的长度在各个分点处做标记。

如果执行“指定线段长度或 [块(B)]: B”则表示在等分点插入块，提示：

要插入的块名称:（输入所插入块的名称）

将块与对象对齐？（“Y”或“N”）

指定线段长度:（输入线段长度）

4.6　AutoCAD 的图案填充

在工程制图中，为了表达假想被剖切零件的断面，使之与没剖到的部分区分开来，并表达出零件的材料特征，在零件与剖切平面相接触部分的封闭轮廓线内，填充由规律图线构成的图案，我们称之为“剖面线”。AutoCAD 设置了图案填充功能，完成剖面线的绘制。

填充图案一般由许多条图案线构成，AutoCAD 将它构成一个块，在应用时，将整个填充图案作为一个实体进行填充或删除。

4.6.1　定义图案填充边界

进行图案填充时，首先要确定填充的边界。边界可以是直线、圆弧、圆、二维多段线、椭圆、样条曲线、块或图纸空间视口的任意组合。每个边界的组成部分至少应该部分处于当前视图内。使用“拾取点”定义边界时，指定的边界集将决定 AutoCAD 通过指定点定义边界的方式，边界对象应为封闭轮廓线，不可以有任何间隙。对重叠边界在与其他边界相交处被当作终止端。

4.6.2　图案填充的操作

在绘图工具条拾取“图案填充”按钮或在下拉菜单“绘图”下拾取“图案填充（H）”命令，显示如图 4-14 所示的对话框。此对话框提供了“图案填充”和“渐变色”两个选项卡及其他命令的按钮，可以定义边界、图案类型、图案特性。

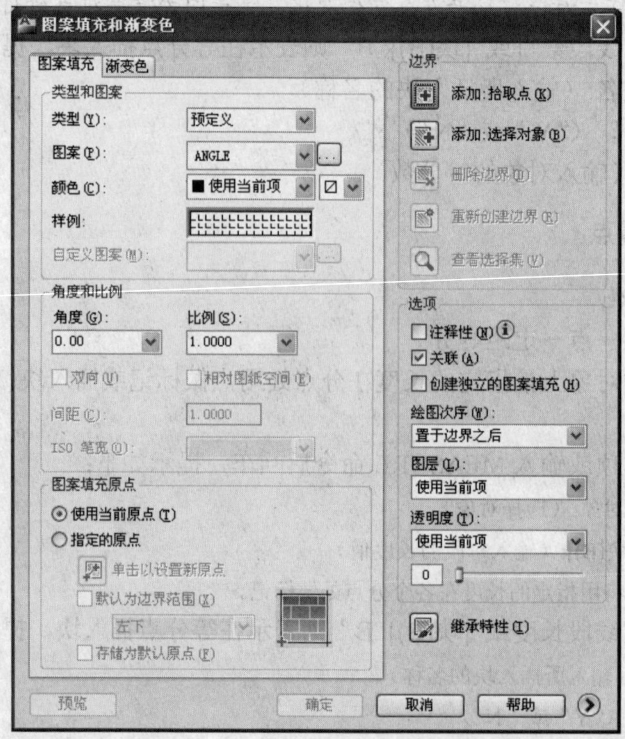

图 4-14　“图案填充和渐变色”对话框

4.6.2.1　图案填充

使用“图案填充”选项卡可以处理图案填充并快速地创建图案填充，可以定义填充图案的外观。它包括以下控制选项：

（1）“类型（Y）”下拉列表框。“类型”下拉列表框可以设置填充图案的类型，它有三个选项：预定义、用户定义和自定义。

预定义：可以指定一个已定义好的填充图案，而且可以控制任何预定义图案的比例系数和角度。

用户定义：可以用当前线型定义一个简单的填充图案。

自定义：可用于从其他定制的.PAT 文件而不是从 ACAD.PAT 文件中指定的图案。

（2）“图案（P）”下拉列表框。“图案”下拉列表框中列出了可用的预定义图案。拾取“图案”下拉列表框后的[…]按钮或连击图样编辑框，将显示如图 4-15 所示的“填充图案调色板”对话框。在该对话框中共有 4 个选项：ANSI、ISO、其他预定义和自定义。

单击每个选项将出现以字母顺序排列的填充图案供用户选择。

（3）“自定义图案（T）”下拉列表框。“自定义图案”下拉列表框中列出了可用的自定义图案。但只有在“类型”下拉列表框中选择了“自定义”时才能使用。

（4）“角度（L）”下拉列表框。“角度”下拉列表框可以让用户指定填充图案的角度。

（5）“比例（S）”下拉列表框。“比例”下拉列表框用于设置填充图案的比例系数，控制图案的疏或密。

（6）“间距（C）”编辑框。“间距”编辑框用于指定用户定义图案中线的间距。此选项只有在“类型”下拉列表框中选择了“用户定义”选项时才可用。

4.6.2.2　渐变色

渐变填充在一种颜色的不同灰度之间或两种颜色之间使用过渡。渐变填充可用于增强演示图形的效果，使其呈现光在对象上的反射效果，也可以用作徽标中的有趣背景。

在“图案填充和渐变色”对话框中选择“渐变色”选项卡后，显示如图 4-16 所示的对话框。可以从工具选项板拖放图案填充或使用具有附加选项的对话框。

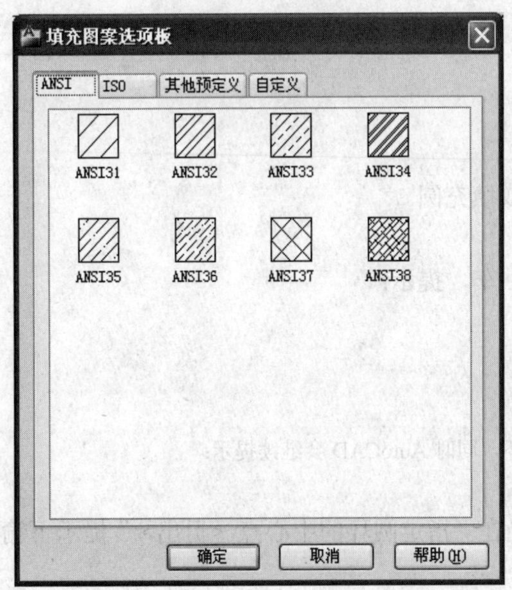

图 4-15　“填充图案选项板”对话框

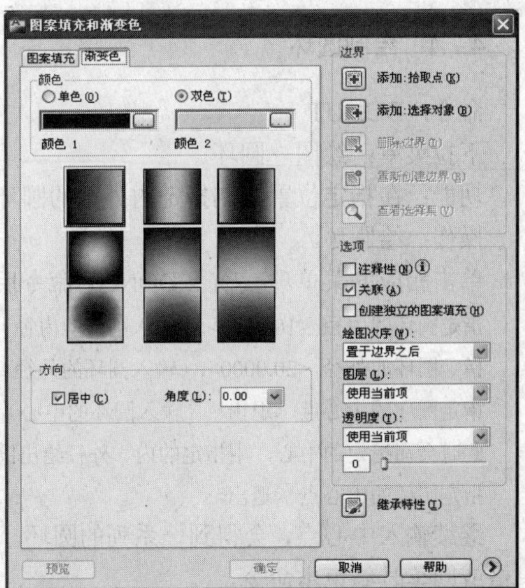

图 4-16　“渐变色”选项卡

在“填充图案和渐变色”对话框中，使用“预览”按钮将显示图案填充的结果。当预览完毕后，按回车键或右击重新显示“填充图案和渐变色”对话框，从而决定图案是否合适。

4.6.3　剖面线填充示例

（1）绘制如图 4-17 所示的图形。

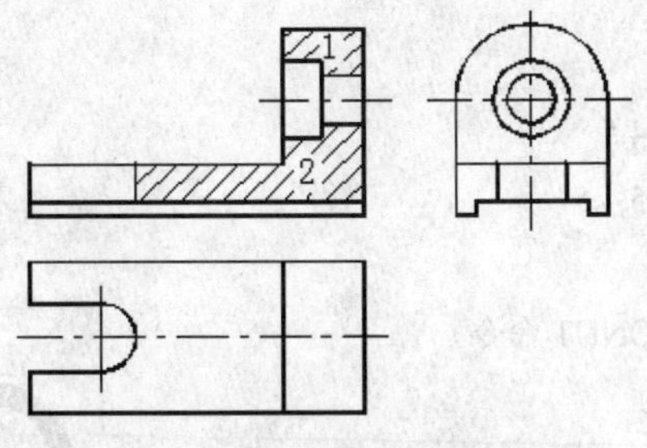

图 4-17　图案填充

（2）从绘图工具栏或菜单“绘图”下拾取“图案填充”命令。

（3）选取“图案”下拉列表框右边[…]按钮，在“填充图案调色板”对话框中选择 ANSI，再点取 ANSI31。

（4）在“填充图案”选项卡中选取“拾取点（K）”按钮。

（5）在所绘制的图形中点取 1、2 两点后回车。

（6）在“填充图案”选项卡中选取“预览（W）”按钮，看图案比例是否合适，进行调整。

（7）选取“确定”按钮结束。

4.7 绘圆环或填充圆

4.7.1 绘制圆环

命令：DONUT

下拉菜单：绘图→圆环

功能：在指定位置绘制指定内外径的圆环或填充圆。

操作：绘圆环。

单击相应的菜单项或输入 DONUT 命令后回车，提示：

指定圆环的内径 <10.0000>:（输入圆环的内径）

指定圆环的外径 <20.0000>:（输入圆环的外径）

指定圆环的中心点 <退出>:（输入圆环的中心）

此时会在指定的中心，用指定的内、外径绘出圆环，同时 AutoCAD 会继续提示：

指定圆环的中心点 <退出>:

继续输入中心点，会得到一系列的圆环。当在“指定圆环的中心点 <退出>:”提示下输入空格或回车时结束本命令。

4.7.2 绘制填充圆

执行 DONUT 命令，当提示“指定圆环的内径”时输入 0，则可绘出填充圆。

例 4.5 在点(4,4.5)、(9.5,4.5)绘制内径为 3、外径为 4 的圆环，在点(15,4.5)处绘制半径是 4 的填充圆。

命令：DONUT

指定圆环的内径 <10.0000>:3

指定圆环的外径 <3.0000>:4

指定圆环的中心点 <退出>:4,4.5

指定圆环的中心点 <退出>:9.5,4.5

指定圆环的中心点 <退出>:

命令：（回车表示重复执行 DONUT 命令）

指定圆环的内径 <10.0000>: 0

指定圆环的外径 <0.0000>: 4

指定圆环的中心点 <退出>:15,4.5

指定圆环的中心点 <退出>:

执行结果如图 4-18 所示。

图 4-18 绘制圆环（填充）

说明：利用命令 FILL 可控制绘出的圆环或圆填充与否。方法是：在“命令:”提示行输入 FILL 并回车，AutoCAD 提示：开（ON）或关（OFF）。

在此提示下，执行“开”，即输入“ON”后回车，则表示执行 FILL 功能，进行填充；若执行“关”，即输入“OFF”后回车，则关闭 FILL 功能，不填充。当 FILL 为“关”时再执行例 4.8，或对图 4-18 执行 REGEN 命令，得到如图 4-19 所示的结果。

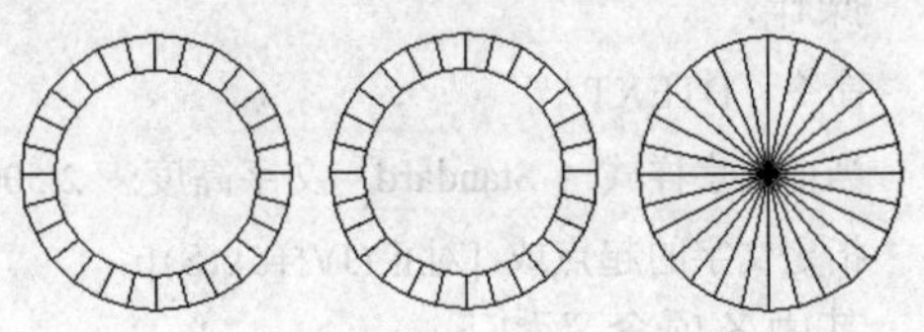

图 4-19　绘制圆环

4.8　文字标注

在进行设计时，不仅要绘出图形，而且要在图纸上标注一些文字说明。本节讨论如何在图纸上加入文本。

4.8.1　设置文字样式

文字样式指定义文字使用的字体，正确设置好文字样式才能得到想要的字体类型。不同名称的文字样式可设置成相同的或不相同的字体。

单击菜单“格式”→“文字样式”命令或单击“文字”工具栏上的“文字样式”按钮。打开“文字样式”对话框，如图 4-20 所示。

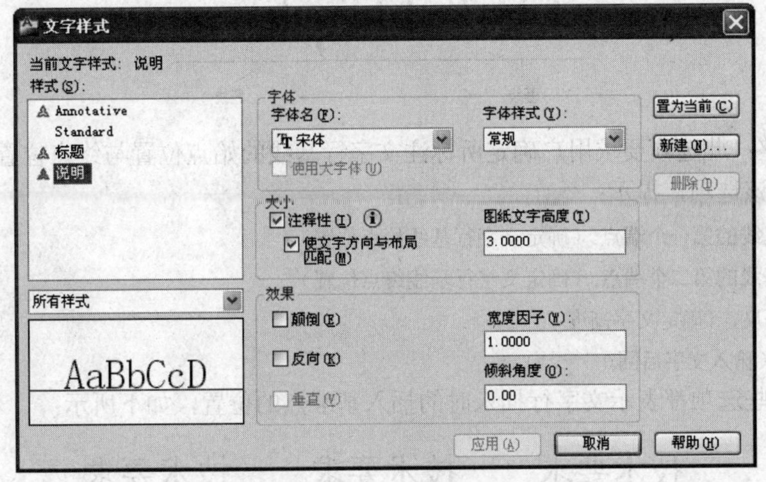

图 4-20　“文字样式”对话框

在该对话框中，“样式”列表框显示了当前使用的文字样式名称。“新建”按钮、“删除”按钮分别用于新建文字样式和删除已有文字样式。设置好文字样式后，单击“确定”按钮即可将设置内容应用于使用该样式的所有文字上。

4.8.2　单行文字的输入

命令：DTEXT 或 TEXT

下拉菜单：绘图→文字→单行文字

功能：在图中标注一行文字。

操作：

命令：DTEXT

当前文字样式: Standard 文字高度: 2.5000

指定文字的起点或 [对正(J)/样式(S)]:

其中各项含义如下：

1. 对正（J）

此选项用来确定所标注文字的排列方式。执行该选项后提示：

[对齐(A)/调整(F)/中心(C)/中间(M)/右(R)/左上(TL)/中上(TC)/右上(TR)/左中(ML)/正中(MC)/右中(MR)/左下(BL)/中下(BC)/右下(BR)]:

上面提示行各项的含义如下：

（1）对齐：此选项要求用户确定所标注文字行基线的始点位置与终点位置。执行该选项，提示：

指定文字基线的第一个端点:（确定文字行基线始点位置）

指定文字基线的第二个端点:（确定文字行基线终点位置）

输入文字:（输入文字后回车）

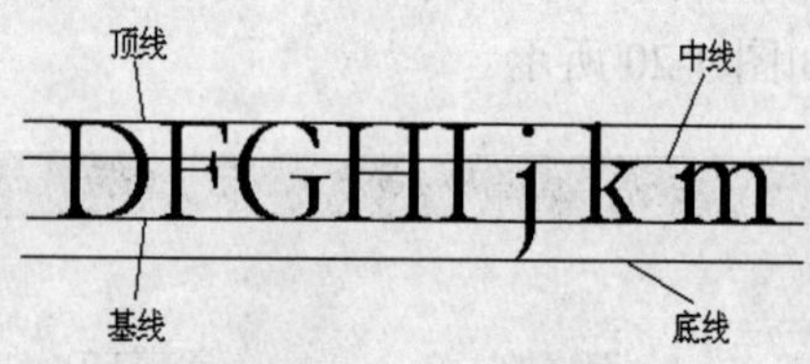

（2）调整：此选项要求用户确定所标注文字行基线的始点位置与终点位置及所标注文字的字高。执行该选项，提示：

指定文字基线的第一个端点:（确定文字行基线始点位置）

指定文字基线的第二个端点:（确定文字行基线终点位置）

输入文字高度:（确定文字高度）

输入文字:（输入文字后回车）

后面的那些选项都表示文字行插入时的插入基准点的位置，如下所示：

技术要求 中心	技术要求 中央	技术要求 右
技术要求 左上	技术要求 中上	技术要求 右上
技术要求 左中	技术要求 正中	技术要求 右中
技术要求 左下	技术要求 中下	技术要求 右下

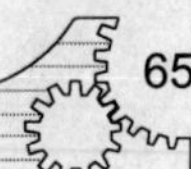

2. 样式（S）

此选项确定标注文字时所使用的字体样式。执行该选项，提示：

输入样式名或 [?]<默认值>:

在提示下用户可以直接输入文字样式名称，也可以输入（？）查询已有的文字样式。

3. 起点

默认项，用户可以直接输入文字行的始点位置，输入后提示：

高度：(输入文字高度)

旋转角度：(输入文字行倾角)

文字：(输入文字)

4. 控制码和特殊字符

在用户实际绘图时，有时经常需要标注一些特殊字符。但是有些字符不能直接从键盘输入，为此 AutoCAD 提供了各种控制码，用来实现这些要求。AutoCAD 的控制码由两个百分号及紧接一个字符构成，用这种方法可以表示特殊字符。

符号	功能
%%O	打开或关闭文字上划线
%%U	打开或关闭文字下划线
%%D	标注“度”符号（°）
%%P	标注“正负公差”符号（±）
%%C	标注“直径”符号（φ）

（1）当用户标注完一行文字后，如果再执行 DTEXT 命令，上一次标注的文字行会以高亮度方式显示。这时若在“对正（J）/样式（S）/<起点>:”提示下直接回车，AutoCAD 会根据上一行文字的排列方式另起一行进行标注。

（2）执行 DTEXT 命令后，当提示“文字”时，屏幕上会出现一小方框，其反映将要输入的字符位置、大小以及倾斜角度等。当输入一个字符时，AutoCAD 会在屏幕上的原小方框内显示该字符，同时小方框向后移动一个字符的位置，其指明下一个字符的位置。

（3）在一个 DTEXT 命令下，可标注若干行文字。当输入完一行后，按回车键，系统自动移动到下一行的起始位置上。

（4）当输入控制符时，控制符也临时显示在屏幕上，结束 DTEXT 命令，重新生成后，控制符才从屏幕上消失。

TEXT 命令与 DTEXT 命令相比，有如下不同之处：

（1）TEXT 命令一次只能标注一行文字，即在标注过程中不能换行，也不能改变标注的位置。

（2）在“文字:”提示下输入文字时，屏幕上不会出现表示文字大小与方向的小方框。

（3）用户在输入文字内容时，不出现在屏幕上，而是出现在命令行中，只有输入完成后回车，所输入的内容才会显示在屏幕上。

4.8.3 多行文字

利用“多行文字”（MTEXT）命令输入多行文字，可以以段落的方式处理所输入的文字，段落的宽度由用户指定的矩形框来决定。

多行文字 MTEXT 命令的操作方法：在绘图工具栏中拾取“多行文字”按钮A或在下拉菜单“绘图”中拾取“文字（X）”，出现级联菜单，再拾取“多行文字”命令。

命令: _mtext

当前文字样式: "Standard"。文字高度: 10

指定第一角点:

指定对角点或 [高度(H)/对正(J)/行距(L)/旋转(R)/样式(S)/宽度(W)]:

指定对角点后出现如图 4-21 所示的“多行文字编辑器”对话框。在此对话框中输入要写的文字，可以对文字进行编辑。单击右边输入文字按钮可以打开其他文字文件。

文字书写后，单击“确定”按钮即可。

图 4-21 “多行文字编辑器”对话框

4.9 表格

在实际工作中，往往需要在 AutoCAD 中制作各种表格，如工程数量表等。如何高效制作表格是一个很实用的问题。在图纸中插入表格与文字及属性，其目的是让图形附带文字数据。

4.9.1 创建表格样式

表格的外观由表格样式控制。可以使用默认表格样式 STANDARD，也可以创建自己的表格样式。

在 AutoCAD 的表格中，可以计算数学表达式，可以快速跨行或列对值进行汇总或计算平均值，可以在单元格中输入公式等表格功能。

创建表格样式的步骤：

（1）单击“常用”标签“注释”面板下的“表格样式”按钮，或在命令提示下，输入 tablestyle，系统出现如图 4-22 所示的“表格样式”对话框。

（2）在“表格样式”对话框中，单击“新建”按钮，出现如图 4-23 所示的“创建新的表格样式”对话框，输入新表格样式的名称。

（3）在“基础样式”下拉列表中，选择一种表格样式作为新表格样式的默认设置。单击“继续”按钮，在如图 4-24 所示的“新建表格样式”对话框中，单击“选择起始表格”按钮，可以在图形中选择一个要应用新表格样式设置的表格。

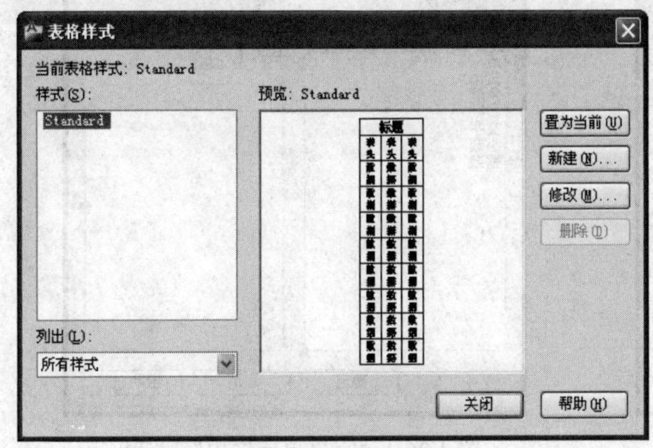

图 4-22　“表格样式”对话框

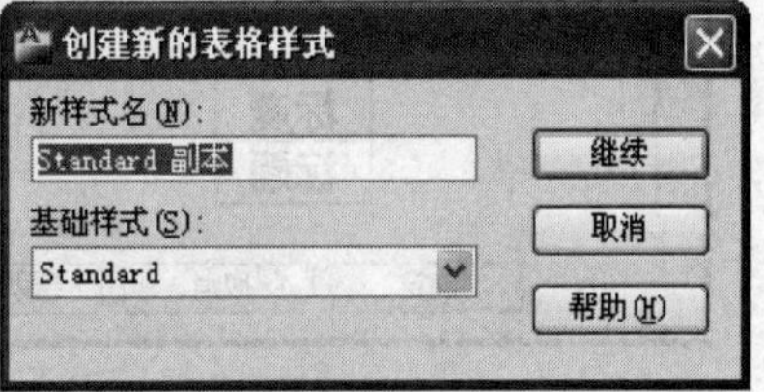

图 4-23　“创建新的表格样式”对话框

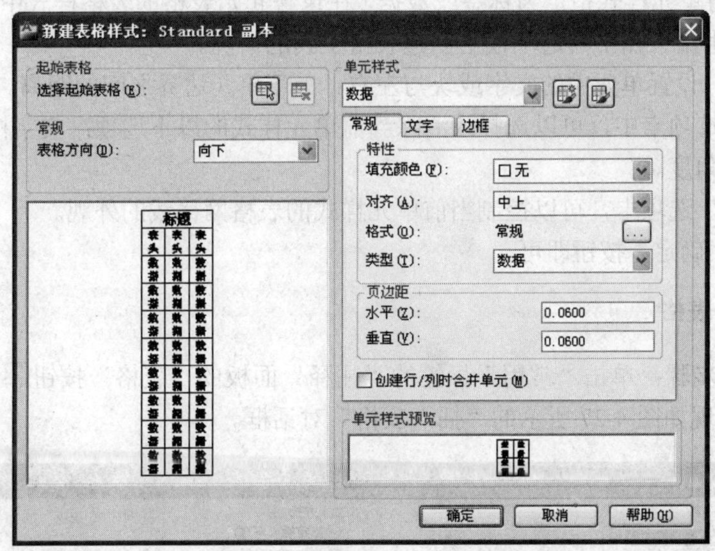

图 4-24　“新建表格样式”对话框

（4）在“表格方向”下拉列表中，选择“向下”或“向上”。“向上”创建由下而上读取的表格；标题行和列标题行都在表格的底部。

（5）在“单元样式”下拉列表中，选择要应用到表格的单元样式，或通过单击该下拉列表右侧的按钮，创建一个新单元样式。单击按钮，出现如图 4-25 所示的“管理单元样式”对话框。

在“常规”选项卡中，可以选择或清除当前单元样式的以下选项：

- 填充颜色：指定填充颜色。选择“无”或选择一种背景色，或者单击“选择颜色”以显示“选择颜色”对话框。
- 对齐：为单元内容指定一种对齐方式。
- 格式：设置表格中各行的数据类型和格式。单击“...”按钮可以显示“表格单元格式”对话框，如图 4-26 所示，从中可以进一步定义格式选项。

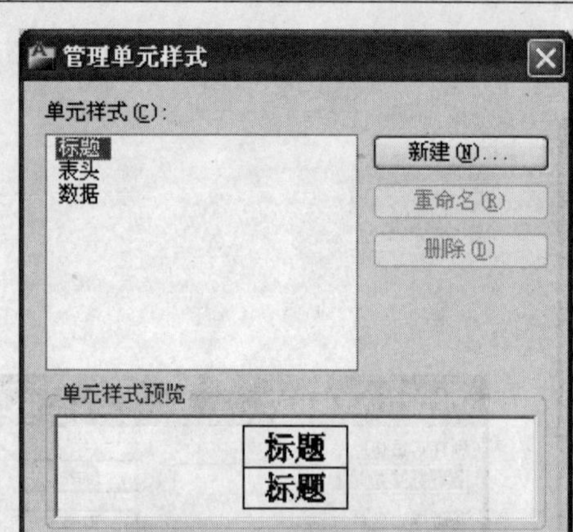

图 4-25 “管理单元样式”对话框

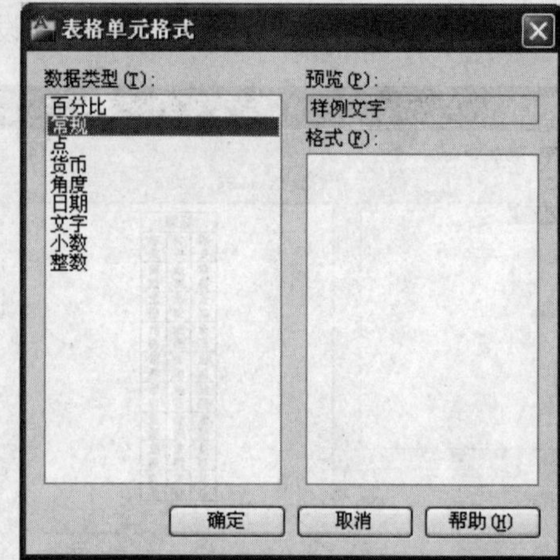

图 4-26 “表格单元格式”对话框

- 类型：将单元样式指定为标签或数据，在包含起始表格的表格样式中插入默认文字时使用。也用于在工具选项板上创建表格工具的情况。
- 页边距：设置单元中的文字或块与左右、上下单元边界之间的距离。

在“文字”选项卡中，可以选择或清除当前单元样式的以下选项：文字样式、文字高度、文字颜色、文字角度。

使用“边框”选项卡，可以控制当前单元样式的表格网格线的外观。

（6）单击“确定”按钮即可。

4.9.2 插入表格

插入表格的步骤：单击“常用”标签的“注释”面板的“表格”按钮或单击绘图工具栏的按钮，出现如图 4-27 所示的“插入表格”对话框。

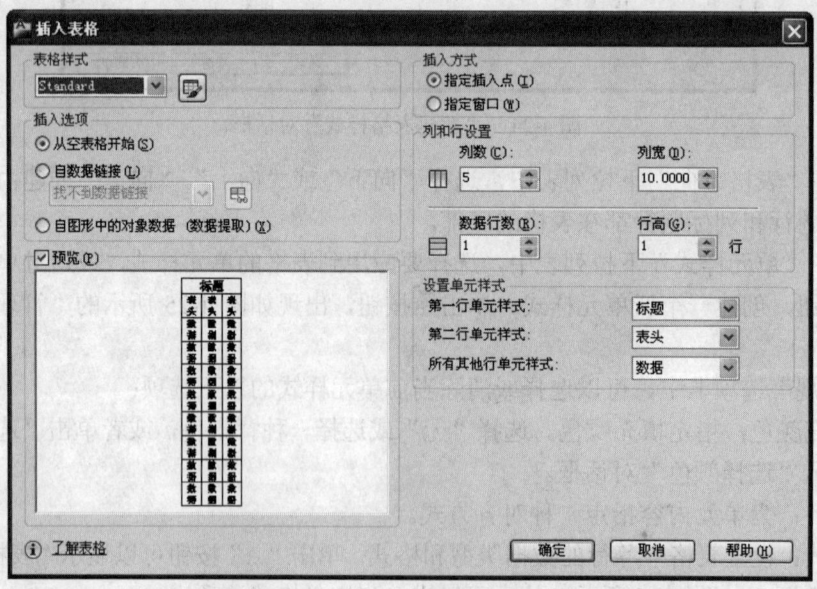

图 4-27 “插入表格”对话框

在“插入表格”对话框中，从列表中选择一个表格样式，或单击下拉列表右侧的按钮创建一个新的表格样式。

单击“从空表格开始”单选按钮，通过执行以下操作之一可以在图形中插入表格：

（1）指定表格的插入点。

（2）指定表格的窗口。

（3）设置列数和列宽。

（4）如果使用窗口插入方法，可以选择列数或列宽，但是不能同时选择两者。

（5）设置行数和行高。

（6）如果使用窗口插入方法，行数由用户指定的窗口尺寸和行高决定。

（7）单击“确定”按钮。

4.10　实训

4.10.1　平面图形作图

绘制如图 4-28 所示的平面图形，作图步骤如下：

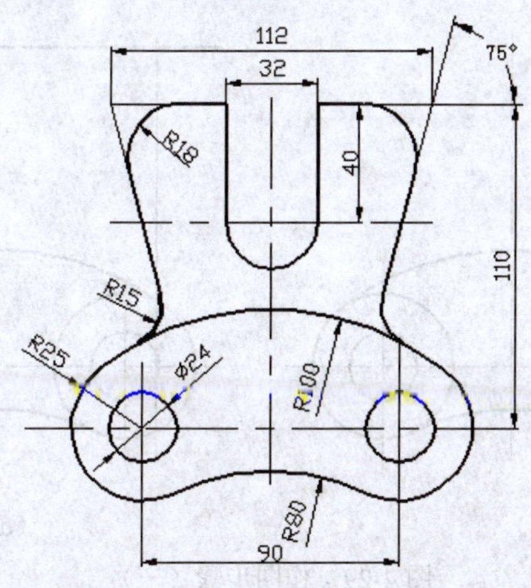

图 4-28　平面图形

1．设置图层。

单击图层工具栏的“图层特性管理器”按钮。建立图层 1 为粗实线，图层 2 为细实线，图层 3 为点画线，图层 4 为虚线，图层 5 为尺寸标注，图层 6 为剖面线，保存图名以便调用。

2．用直线命令绘制基准线（中心线），如图 4-29（a）所示。拾取直线（正交）绘制水平和垂直线。

3．用偏移命令绘制两个圆的中心线，相距 90，如图 4-29（a）所示。

4．绘制圆和圆弧。

（1）绘制圆：选择圆心、半径，捕捉“交点”，拾取圆心位置（交点），画直径 24 和半径 25 的同心圆，如图 4-29（b）所示。

（2）绘制圆弧：选择切点、切点、半径，在适当位置拾取切点，画半径 100 和半径 80 的圆。用修剪命令修剪后，如图 4-29（c）所示。

5．用偏移命令绘制相距 110 和 112 的平行直线，如图 4-29（d）所示。

（1）拾取偏移命令后，输入 110，选择偏移方向。

（2）拾取偏移命令后，输入 112，选择偏移方向。

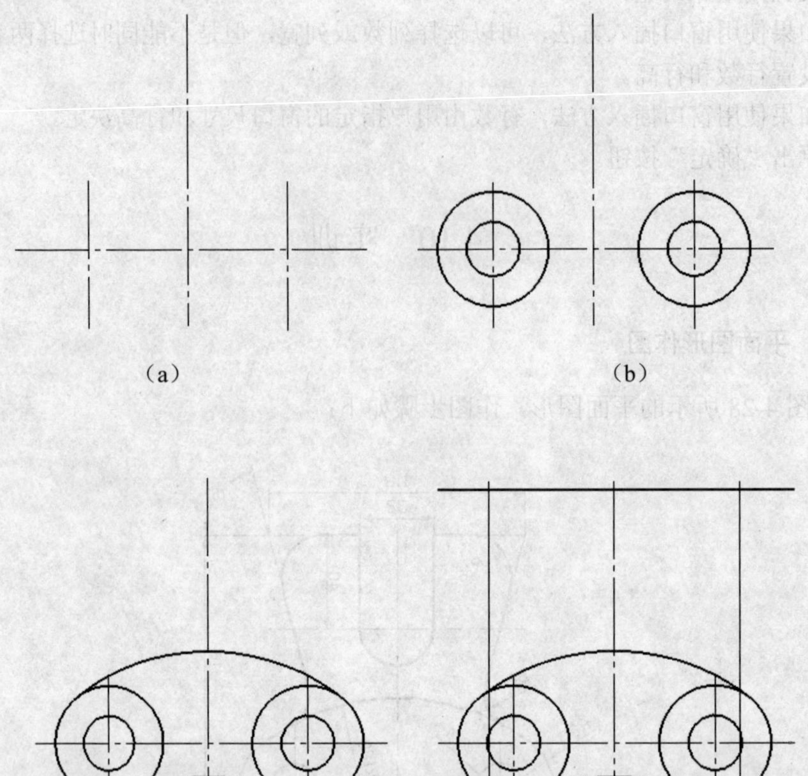

图 4-29　作图步骤（一）

6．用直线命令绘制角度为 75°的倾斜直线，如图 4-30（a）所示。

绘制倾斜线：拾取直线命令，拾取交点后，输入@100<255 即可。

7．绘制圆弧并修剪。

（1）绘制圆弧：选择切点、切点、半径，在适当位置拾取切点，画半径 18 和半径 15 的圆弧，如图 4-30（b）所示。

（2）用修剪命令修剪多余的线段。

8．绘制相距为 32 的两条线段和圆弧，如图 4-30（c）所示。

（1）绘制平行线：拾取偏移命令，输入 40，拾取直线后，进行偏移；拾取偏移命令，输入 16，拾取直线后，进行偏移。

（2）绘制圆：选择圆心、半径，捕捉“交点”，拾取圆心位置（交点），画半径 16 的圆。

（3）用修剪命令修剪多余的线段，如图 4-30（d）所示。

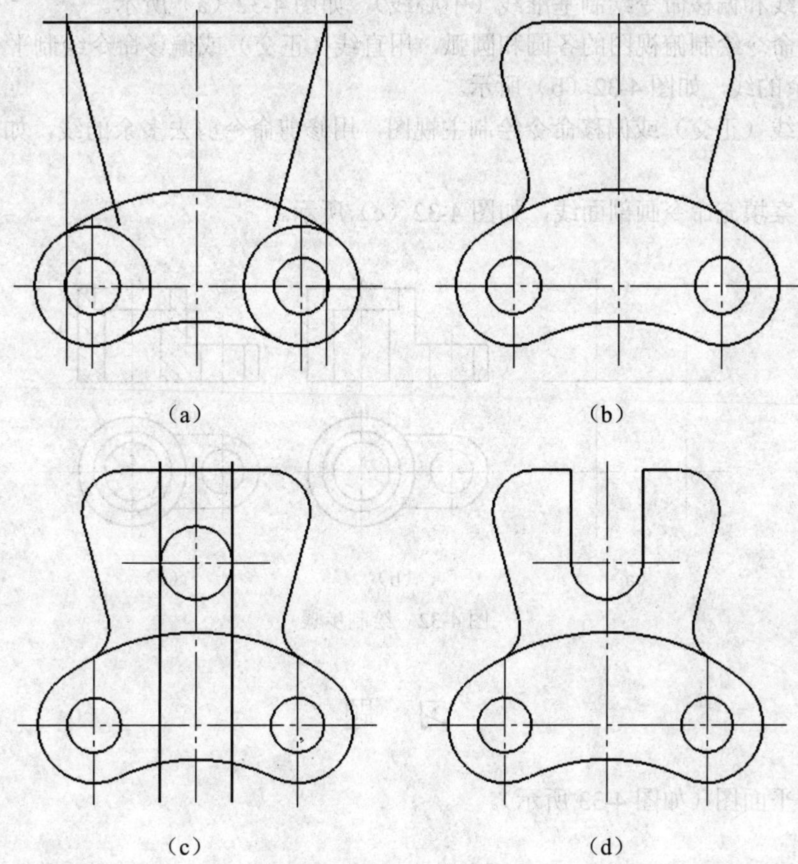

（a） （b） （c） （d）

图 4-30 作图步骤（二）

9．标注尺寸，完成全图，如图 4-28 所示。

4.10.2 绘制剖视图

绘制如图 4-31 所示的图形，并将主视图改画为全剖视图。作图步骤如下：

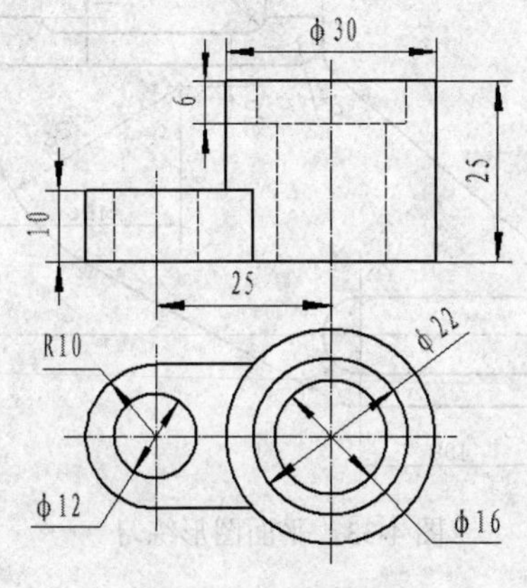

图 4-31 绘制图形

1．设置图纸幅面（打开前面已保存的图幅）。

2．用直线和偏移命令绘制基准线（中心线），如图 4-32（a）所示。

3．用圆命令绘制俯视图的各圆和圆弧，用直线（正交）或偏移命令绘制平行线，用修剪命令剪去多余的线，如图 4-32（b）所示。

4．用直线（正交）或偏移命令绘制主视图，用修剪命令剪去多余的线，如图 4-32（b）所示。

5．用图案填充命令画剖面线，如图 4-32（c）所示。

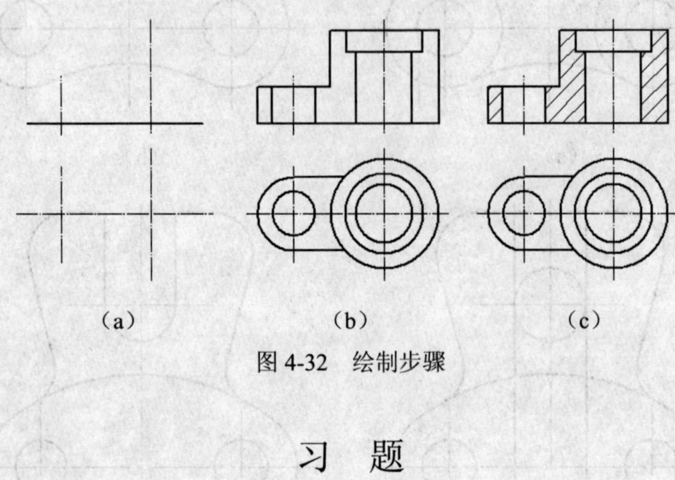

图 4-32　绘制步骤

习　题

1．绘制平面图（如图 4-33 所示）。

提示：

（1）设置图幅：图纸幅面 A3，绘图比例 1:1，图纸方向“横放”。

（2）画基准线。

（3）绘制圆、圆弧和直线。

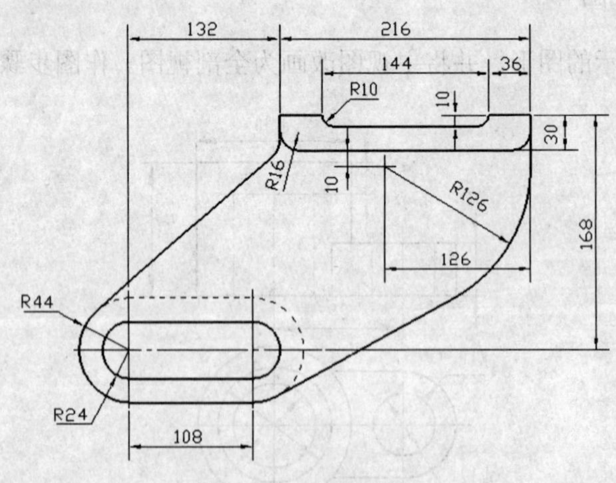

图 4-33　平面图形练习

2．按图 4-34 中尺寸要求完成全图。

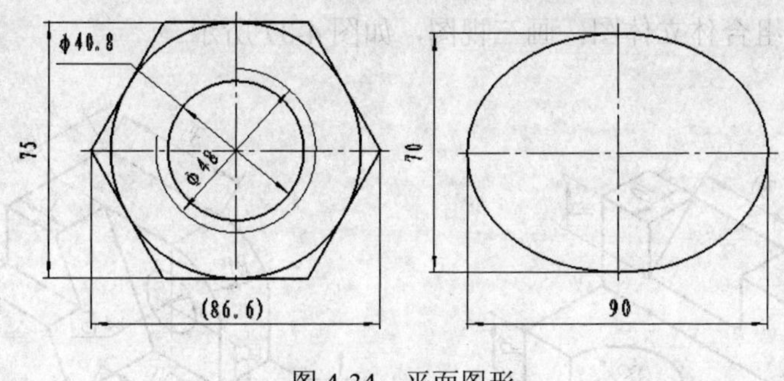

图 4-34　平面图形

3．已知组合体的平面图和 1-1 剖视图，试作 2-2 半剖视图，如图 4-35 所示。

形体分析：该形体左右不对称，故主视图采用全剖表达内形，左视图半剖视。

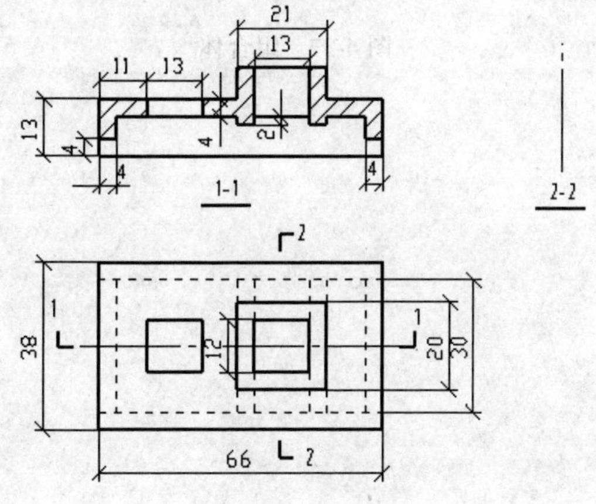

图 4-35　组合体

4．已知两面视图，补画第三视图，如图 4-36 所示。

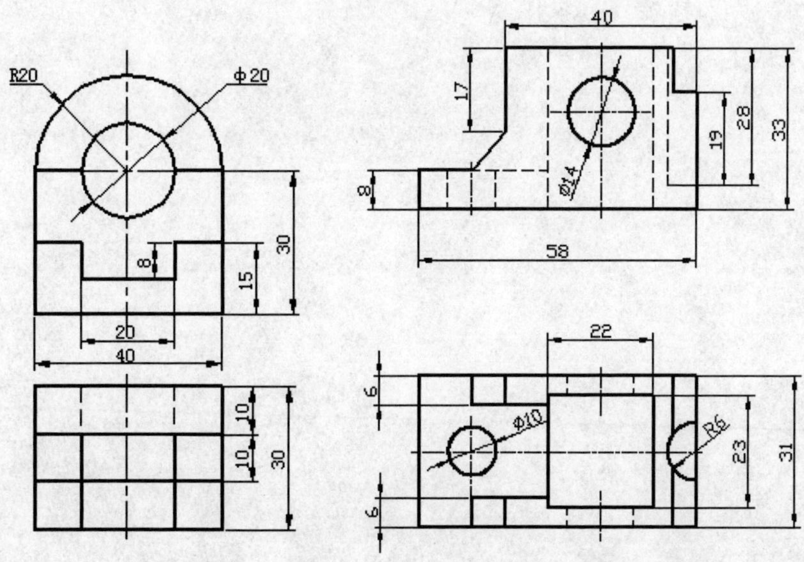

图 4-36　画组合体三视图

5．根据所给的组合体立体图，画三视图，如图 4-37 所示。

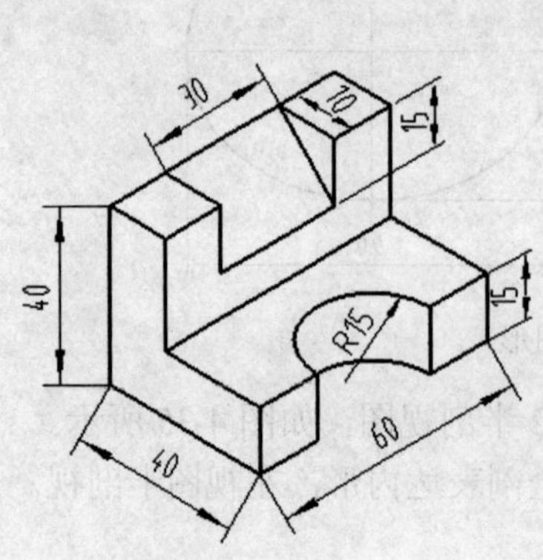

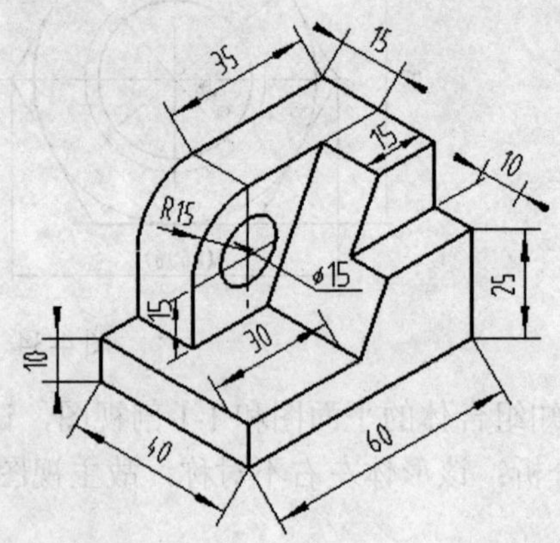

图 4-37　组合体

第 5 章　编辑命令

图形编辑是指对已有图形进行修改、移动、复制和删除等操作。在实际绘图过程中需要经常对某些实体做这方面的操作，而且与绘图命令同时使用，保证作图准确，减少重复的绘图操作，从而提高设计绘图的效率。

5.1　图形编辑的选择方式

在编辑实体时，都是针对图形中的某一输入项，这就意味着如何选择编辑实体的问题，AutoCAD 图形系统中有两种选择方式。

5.1.1　对象选取方法

在对图形进行编辑之前，首先要选择编辑目标，在目标的选择上，当系统变量 PICKFIRST 设置为 1 时，用户可在命令提示下用光标选择目标，然后进行编辑。当系统变量 PICKFIRST 设置为 0 时，先选择编辑命令，而后选择目标方式。

AutoCAD 为用户提供了 16 种目标选择方法。现介绍几种常用的方法：

（1）直接选取（点选）：用光标点去拾取目标。选中目标后，目标变虚，即证明目标已被选中。

（2）窗口方式（Window）：可以选定一个矩形区域中所包含的对象。在选择目标提示下输入 W，然后输入窗口第一点、第二点确定窗口大小，窗口内的实体都是选择的目标。

（3）交叉窗口方式（Crossing）：与窗口方式类似，在选择目标提示下输入 C，与窗口边界相交和窗口内的实体都是选择的目标。

（4）全部方式（All）：选择图中所有实体，在选择目标提示下输入 ALL。

（5）移去方式（Remove）：可以把选中的目标移出，使之恢复原态。

（6）加入方式（Add）：在移去模式下，键入 A 则返回到选择目标方式，把选中实体加入。

5.1.2　对话框确定选择目标

在“选项”对话框的“选择集”选项卡中打开或关闭一种或多种对象选择模式。

在下拉菜单“工具”中拾取“选项”按钮，出现“选项”对话框，在如图 5-1 所示的“显示”选项卡中可选择多种模式并可设置拾取框的大小。

5.2　图形编辑命令

绘图和编辑命令是 AutoCAD 绘图系统的两大重要部分，在使用过程只有灵活运用，才能节省大量的时间。在第 2 章已经介绍了部分编辑命令，接下来介绍其余的编辑命令。

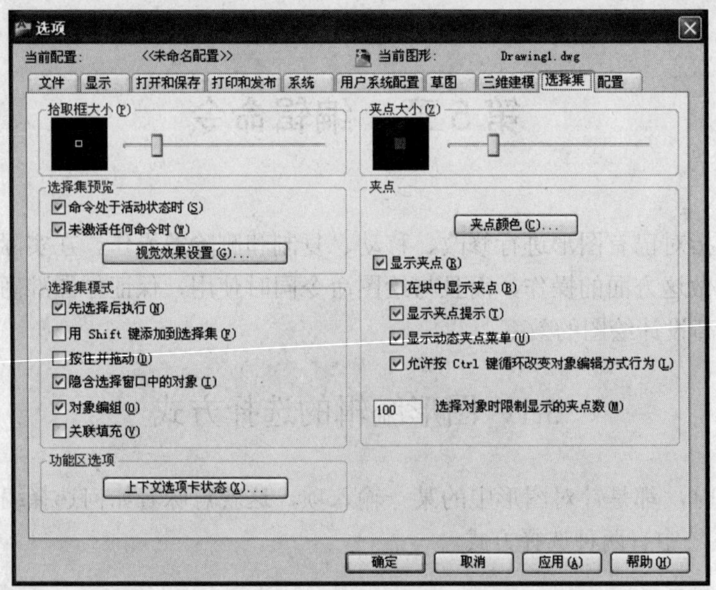

图 5-1 “选项”对话框

5.2.1 旋转（ROTATE）命令

旋转（Rotate）命令通过设置的基准点旋转图形，如图 5-2 所示。

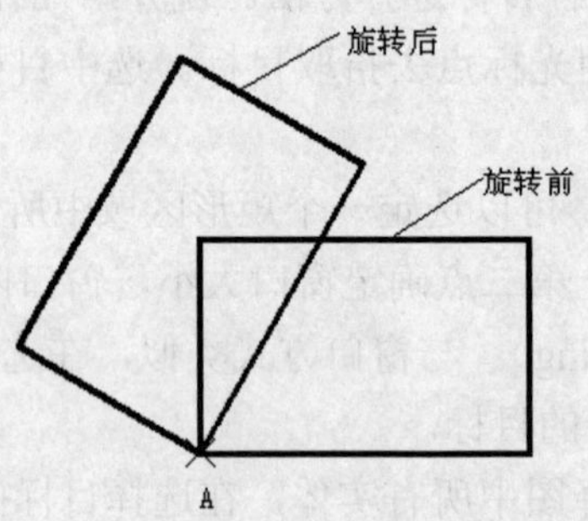

图 5-2 图形旋转

命令操作方法：在修改工具栏拾取按钮或在下拉菜单“修改”中拾取“旋转”命令。命令行提示：

命令: _rotate
选择对象: 找到 1 个
选择对象:
指定基点: 如 A
指定旋转角度或 [参照(R)]: 60

指令说明：

（1）如果在“指定旋转角度或 [参照(R)]:”提示中直接输入角度值，则图形绕基准点旋转，角度大于 0 时逆时针旋转，角度小于 0 时顺时针旋转。

（2）在“指定旋转角度或 [参照(R)]:”提示中键入 R，系统进一步提示：

指定参考角 <0>:参考角　<回车>

指定新角度:

5.2.2　镜像（MIRROR）命令

镜像（Mirror）命令将图形进行镜像变换，可以保留和删除原图形，如图 5-3 所示。

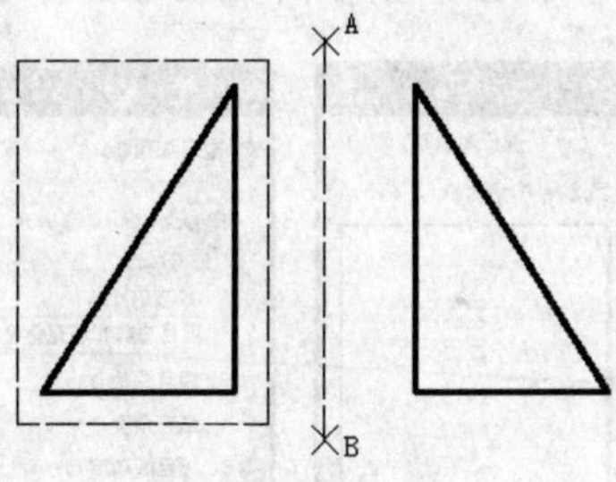

图 5-3　图形镜像

命令操作方法：在修改工具栏中拾取按钮或在下拉菜单“修改”中拾取“镜像”命令。命令行提示：

选择对象: 指定对角点: 找到 3 个

选择对象:

指定镜像线的第一点: 拾取 A 点

指定镜像线的第二点: 拾取 B 点

是否删除源对象？[是(Y)/否(N)] <N>:　　如图 5-3 所示

说明：当选择目标包括文本及属性实体时，镜射后使之反向书写，对此可通过系统变量 MIRTEXT 的设置解决，该变量为 0 时，文本不作反向倒置（MIRTEXT 对插入块内的文本和固定属性不起作用）。

5.2.3　比例（SCALE）命令

比例（Scale）命令按给定的值放大或缩小选定的对象。

放大如图 5-4 所示的图形，操作方法如下：在修改工具栏中拾取按钮或在下拉菜单“修改”中拾取“比例”命令。命令行提示：

图 5-4　比例

命令: _scale

选择对象: 指定对角点: 找到 6 个

选择对象:

指定基点:

指定比例因子或 [参照(R)]: 2 <回车>

说明：如果在“指定比例因子或 [参照(R)]:”提示后输入 R，则输入参考长度值，而不是比例因子。

5.2.4　阵列（ARRAY）命令

阵列（Array）命令将选定的图形拷贝成矩形阵列和环形阵列。

命令操作方法：在修改工具栏中拾取按钮或在下拉菜单“修改”中拾取“阵列”命令，出现如图 5-5 所示的对话框。在此对话框中选择阵列的类型：矩形阵列和环形阵列。

（1）矩形阵列如图 5-5（a）所示。选择矩形阵列后，设定行数、列数、行间距和列间距，然后单击“选择对象”按钮，拾取阵列对象，单击“确定”按钮即可。

（2）环形阵列如图 5-5（b）所示。在选择环形阵列后，选择阵列中心点，设定阵列个数、填充角度，然后单击“选择对象”按钮，拾取阵列对象，单击“确定”按钮即可。

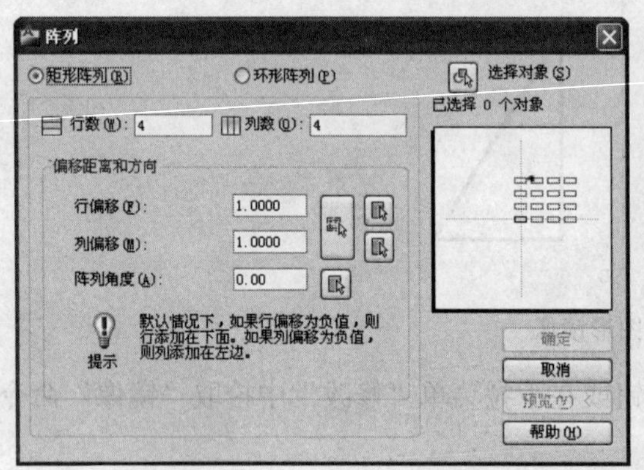

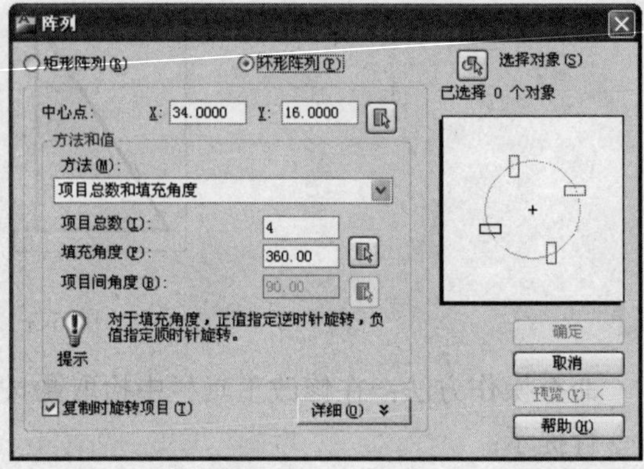

（a）（b）

图 5-5 “阵列”对话框

1. 环形阵列

在修改工具栏中拾取按钮或在下拉菜单“修改”中拾取“阵列”命令，在如图 5-5 所示的对话框中选择“环形阵列”，在“方法和值”选项组中，选择项目总数和填充角度后，“项目总数”输入 8，“填充角度”输入 360，“指定阵列中心点”指定环形阵列中心点位置，单击“选择对象”按钮，拾取阵列对象，选择要阵列的圆。单击“预览”或“确定”按钮即可，阵列结果如图 5-6 所示。

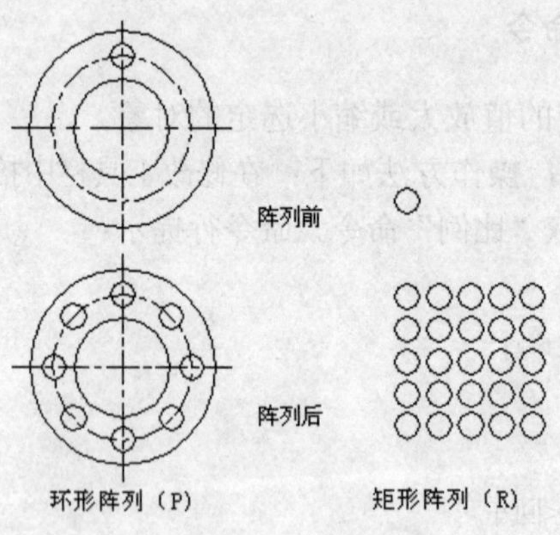

图 5-6 阵列

2. 矩形阵列

在修改工具栏中拾取按钮或在下拉菜单“修改”中拾取“阵列”命令，在如图 5-5 所示的对话框中选择“矩形阵列”，输入阵列的行数和列数。

在“偏移距离和方向”选项组中，选择行间距和列间距，“行偏移”输入 60，“列偏移”

输入 60，“阵列角度”输入 0。单击“选择对象”按钮，拾取阵列对象，选择要阵列的圆。单击“预览”或“确定”按钮即可，阵列结果如图 5-6 所示。

5.2.5　拉伸（STRETCH）命令

拉伸（Stretch）命令将图形的一部分进行拉伸、移动、变形，其余不动。

命令操作方法：在修改工具栏中拾取按钮或在下拉菜单“修改”中拾取“拉伸”命令。

命令行提示：

命令: _stretch

以交叉窗口或交叉多边形选择要拉伸的对象...

选择对象: 指定对角点: 找到 5 个

选择对象:

指定基点或位移:

指定位移的第二点:　　如图 5-7 所示

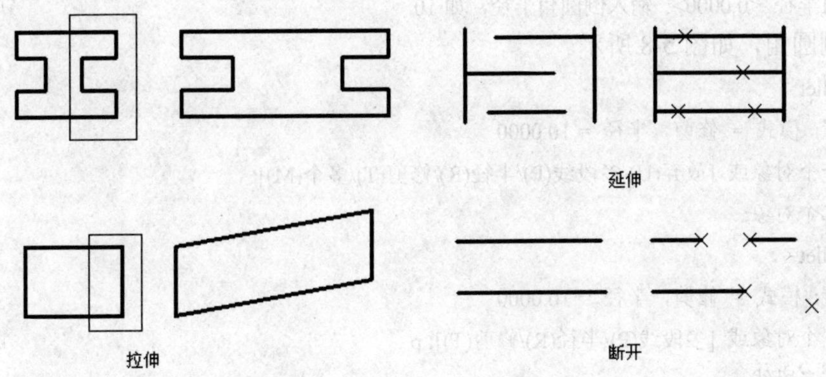

图 5-7　图形拉伸、打断图例

5.2.6　延伸（EXTEND）命令

延伸（Extend）命令将延长选定目标到达指定边界。

命令操作方法：在修改工具栏中拾取按钮或在下拉菜单“修改”中拾取“延伸”命令。

命令: _extend

选择边界的边 ...

选择对象: 找到 1 个

选择对象: 找到 1 个，总计 2 个

选择对象:

选择要延伸的对象或 [投影(P)/边(E)/放弃(U)]:如图 5-7 所示

5.2.7　断开（BREAK）命令

断开（Break）命令可以将直线、圆、圆弧和多段线作部分删除或将它们断开成为两个实体。

命令操作方法：在修改工具栏中拾取按钮或在下拉菜单“修改”中拾取“断开”。

命令行提示：

选择对象:

指定第二个打断点 或 [第一点(F)]:

根据提示有如下操作：

（1）选择第二点，则从目标点到第二点之间的线段被删除。

（2）键入 F，重选断开的第一点，再选择第二点，实现线段删除，如图 5-7 所示。

5.2.8 圆角（FILLET）命令

圆角（FILLET）命令是用指定半径的圆弧连接两直线或圆弧，如图 5-8 所示。

命令操作方法：在修改工具栏中拾取按钮或在下拉菜单“修改”中拾取“圆角”命令。

（1）设定倒圆角的半径。

命令: _fillet

当前设置: 模式 = 修剪，半径 = 0.0000

选择第一个对象或 [放弃(U)/多段线(P)/半径(R)/修剪(T)/多个(M)]: r

指定圆角半径 <0.0000>: 输入倒圆角半径，如 10

（2）倒圆角，如图 5-8 所示。

命令: _fillet

当前设置: 模式 = 修剪，半径 = 10.0000

选择第一个对象或 [放弃(U)/多段线(P)/半径(R)/修剪(T)/多个(M)]:

选择第二个对象:

命令: _fillet

当前设置: 模式 = 修剪，半径 = 10.0000

选择第一个对象或 [多段线(P)/半径(R)/修剪(T)]: p

选择二维多段线:

说明：① 当设定半径 R=0 时，可使两线相交。②当设定半径太大无法连接时，出现错误信息提示。③ 当选用多段线倒圆角时，图形必须封闭才能全部倒圆角。

5.2.9 倒角（CHAMFER）命令

倒角（CHAMFER）命令是用指定的截距对两直线进行倒角，如图 5-8 所示。

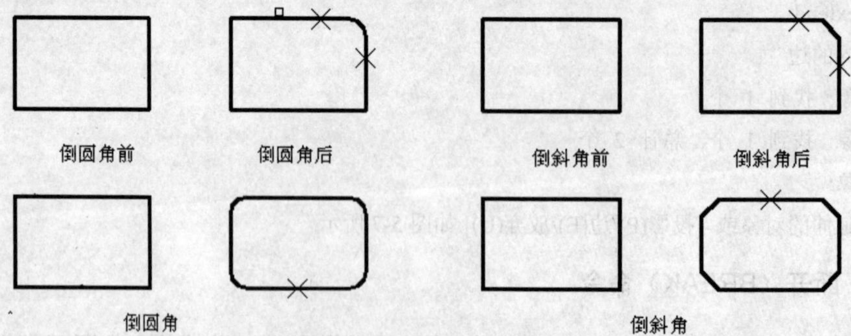

图 5-8 图形倒角

命令操作方法：在修改工具栏拾取按钮或在下拉菜单“修改”中拾取“倒角”命令。

（1）设定倒角的截距。

命令: _chamfer

选择第一条直线或 [多段线(P)/距离(D)/角度(A)/修剪(T)/方法(M)]: d

指定第一个倒角距离 <10.0000>:

指定第二个倒角距离 <10.0000>:

（2）倒斜角。

命令: _chamfer

("修剪"模式) 当前倒角距离 1 = 10.0000，距离 2 = 10.0000

选择第一条直线或 [多段线(P)/距离(D)/角度(A)/修剪(T)/方法(M)]:

选择第二条直线:

命令: CHAMFER

("修剪"模式) 当前倒角距离 1 = 10.0000，距离 2 = 10.0000

选择第一条直线或 [多段线(P)/距离(D)/角度(A)/修剪(T)/方法(M)]: p

选择二维多段线:

5.2.10　打散（EXPLODE）命令

打散（EXPLODE）命令把复杂的实体（插入的块、多段线、尺寸标注）分解成简单的单元体，以便于编辑。

命令操作方法：在修改工具栏或下拉菜单"修改"中拾取"打散"命令。

命令行提示：

命令: _explode

选择对象: 找到 1 个

选择对象:

5.2.11　多段线编辑（PEDIT）命令

多段线编辑（PEDIT）命令用来编辑多段线，根据操作不同，可以完成多种编辑工作。

命令操作方法：

下拉菜单：修改→对象→多段线

工具栏：修改Ⅱ→多段线

在下拉菜单"修改"中拾取"多段线"命令。

命令行提示：

命令: _pedit

选择多段线: 选择多段线目标

所选对象不是多段线是否将其转换为多段线? <Y>回车

输入选项 [闭合(C)/合并(J)/宽度(W)/编辑顶点(E)/拟合(F)/样条曲线(S)/非曲线化(D)/线型生成(L)/放弃(U)]: j

各选项意义如下：

- 闭合（C）：使多段线封闭或开启。
- 合并（J）：用于多段线连接，两条线必须首尾相交。

- 宽度（W）：改变多段线的线宽。
- 编辑顶点（E）：编辑多段线顶点。
- 拟合（F）：将多段线拟合成光滑曲线（过顶点）。
- 样条曲线（S）：将多段线拟合成三次 B 样条曲线（不过顶点）。
- 非曲线化（D）：将光滑曲线还原成多段线。
- 线型生成（L）：设置非连续线的线型是否要配合线长显示。
- 放弃（U）：取消上次动作。

绘制如图 5-9 所示的图形，用多段线编辑命令进行编辑，输入各选项观察线段的变化。

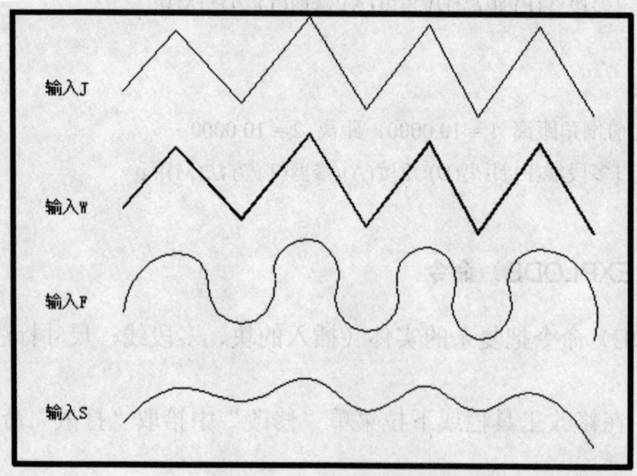

图 5-9　多段线图例

在 AutoCAD 2011 中提供了丰富的图形编辑与修改功能，这些功能提高了绘图效率与质量。

用 AutoCAD 2011 进行对象的编辑与修改，可以采用四种方法之一进行操作：

（1）通过输入命令实现编辑与修改（即在命令提示行输入响应的命令）。

（2）通过下拉菜单实现编辑与修改（“修改”菜单）。

（3）利用工具栏实现编辑与修改（工具栏“修改”和“修改Ⅱ”）。

（4）利用屏幕菜单实现编辑与修改（屏幕菜单中“修改”和“修改Ⅱ”）。

5.2.12　文字编辑（DDEDIT）命令

命令：DDEDIT

下拉菜单：修改→对象→文字

功能：修改文字。

操作格式：

命令：DDEDIT

<选择注释对象>/放弃（U）：（选取打算编辑的文字）

如果选取的文字是使用 TEXT 或 DTEXT 命令标注的，则会弹出如图 5-10 所示的工具栏，可以对所选取的文字进行修改。

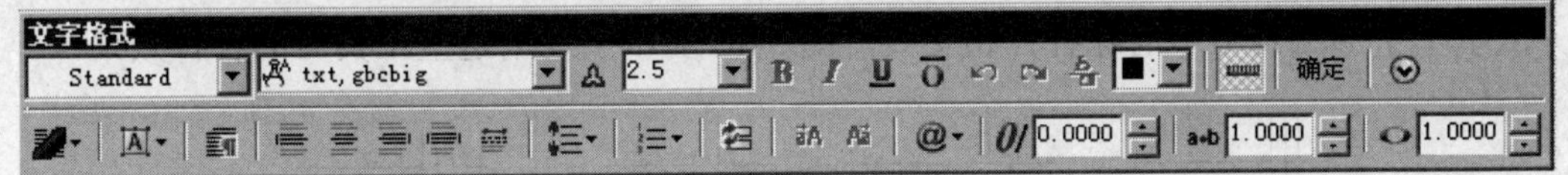

图 5-10　编辑文字

5.2.13　多线编辑（MLEDIT）命令

命令：MLEDIT

下拉菜单：修改→对象→多线

工具栏：修改Ⅱ→多线

功能：修改由 MLINE 命令绘出的多线。

操作：拾取“多线编辑”命令，系统将弹出“多线编辑工具”对话框，如图 5-11 所示。

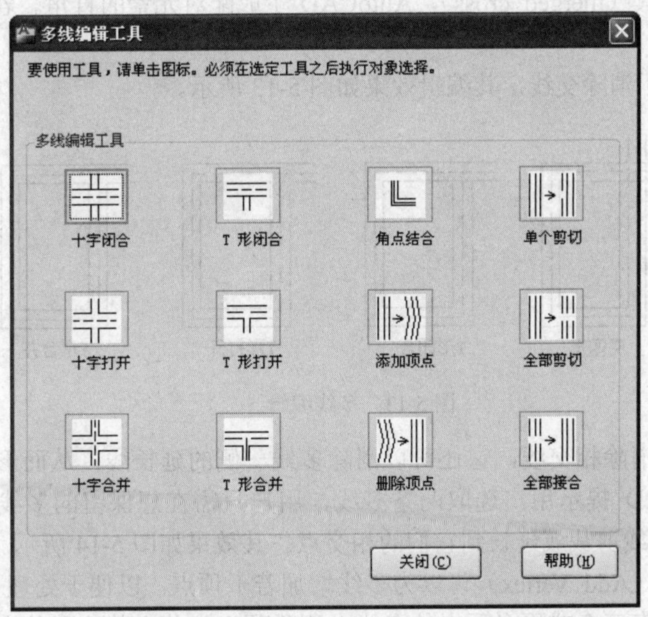

图 5-11　“多线编辑工具”对话框

在这个对话框中，各个工具按钮形象地说明了 MLEDIT 所具有的功能，选择需要的接头形式，单击“确定”按钮，系统提示：

选择第一条多线：(拾取第一条多线)

选择第二条多线：(拾取第二条多线)

……

当全部修改完成后回车，编辑命令结束。

这里需要注意的是，如果选择的修改形式与原结构形式差距很大，系统则无法执行。

在编辑多线时应特别注意，MLEDIT 命令并不真正切断多线，只是禁止各个多线段的显示，这就使得用户可重显或修复切断部分。

由图 5-11 可以看出，MLEDIT 提供了 12 种工具，可以将它们分为四类，即十字形、T 形、直角以及切断工具。

三个十字形工具用于消除各种相交线，图 5-12 显示了运用这些工具后的各种效果。

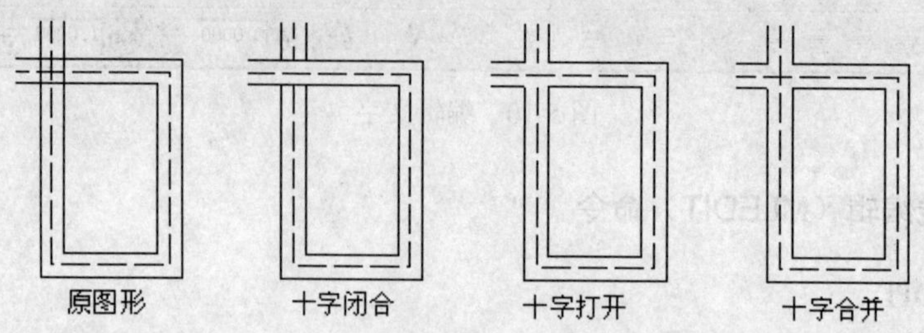

图 5-12　多线编辑（一）

一旦选择十字形中的工具，AutoCAD 提示用户选取两条多线，一般总是切断用户所选的第一条多线，并根据所选工具切断第二条多线。

对十字合并工具（merged cross），AutoCAD 生成配对元素的直角。若有不配对元素，它将不被切断。

T 形工具也用于消除交线，其编辑效果如图 5-13 所示。

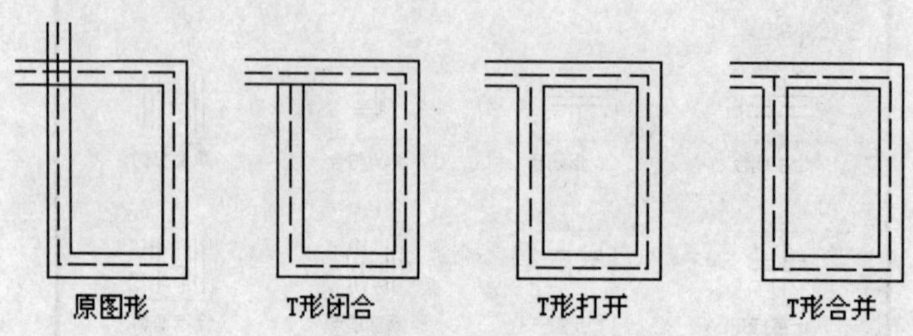

图 5-13　多线编辑（二）

直角工具同样消除相交线，它还可以消除多线一侧的延长线，从而形成直角。用户选用此工具时，AutoCAD 提示用户选取两条多线，用户只需在想保留的多线某部分上拾取点，AutoCAD 就会将多线剪裁或延长到它们的相交点。其效果如图 5-14 所示。

添加顶点工具（Add Vertex）可以为多线增加若干顶点，以便于处理（如简单的伸展）。删除顶点工具则从有三个或更多顶点的多线上删除顶点。若当前选取的多线只有两个顶点，则该工具无效。图 5-14 显示了添加顶点、删除顶点的效果。

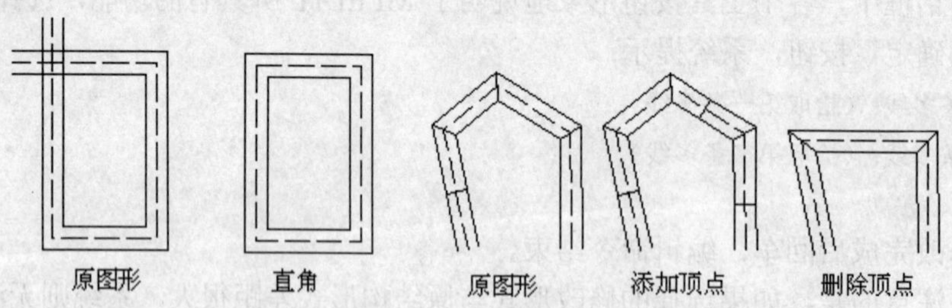

图 5-14　多线编辑（三）

切断工具用于切断多线。单个剪切工具（Cut Single）用于切断多线中一条，只需简单地拾取要切断的多线某一元素（某一条）上的两点，则两点中的连线即被删去（实际上是不显示）。同理，全部剪切工具（Cut All）用于切断整条多线。其效果参见图 5-15。

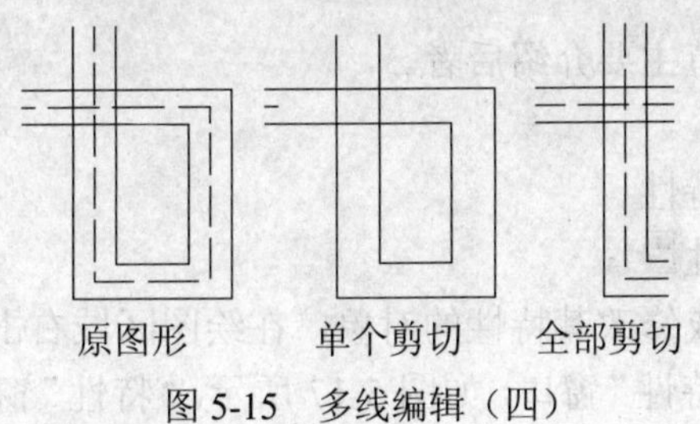

图 5-15　多线编辑（四）

5.2.14　图案填充编辑

功能：修改已填充的图案。

命令：HATCHEDIT

下拉菜单：修改→对象→图案填充

工具栏：修改Ⅱ→图案填充

操作：拾取图案填充编辑按钮，或输入命令 HATCHEDIT。

在提示“选择填充对象”时，点取欲修改的填充图案，弹出“图案填充编辑”对话框，如图 5-16 所示。重新设定图案即可完成图案填充修改的操作。

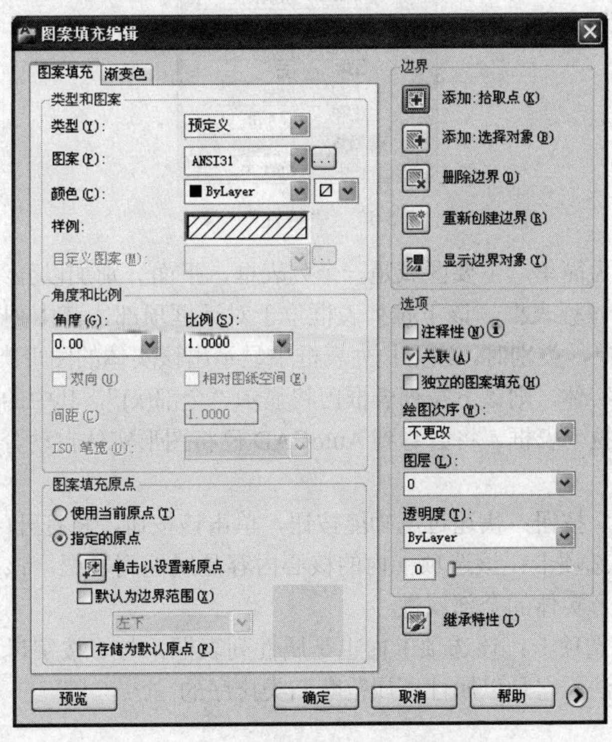

图 5-16　“图案填充编辑”对话框

5.2.15　对象特性

编辑图形，就需要对其属性进行修改，在 AutoCAD 中编辑图形一般通过两种途径：一种是使用 AutoCAD 提供的复制、移动等基本或高级编辑命令；另一种是直接编辑图形实体的属性。两种途径各有利弊，本节主要介绍后者。

命令：properties

下拉菜单：修改→对象特性

工具栏：标准→对象特性

快捷菜单：选择要查看或修改其特性的对象，在绘图区域右击，然后选择“特性”命令。

功能：AutoCAD 显示“特性”窗口，如图 5-17 所示。“特性”窗口是查看和修改 AutoCAD 对象特性的主要方式。可以查看或修改任何基于 AutoCAD 应用程序编程接口 (API) 标准的第三方应用程序对象。

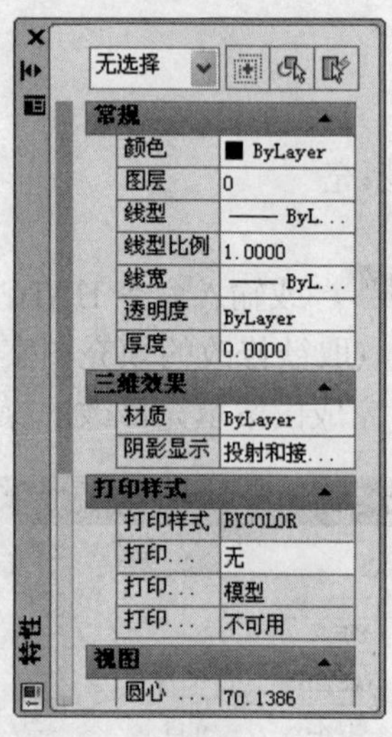

图 5-17 “特性”窗口

“特性”窗口较为简单，主要区域是一个列表框，下面分别加以介绍。

（1）“常规”下拉列表框。该下拉列表框位于对话框顶部，其中列出了选取目标实体的类别。当选取实体的单一类别时，该下拉列表框中显示出该实体的图形类别（如圆、矩形等）。若一次选取两个以上实体，则该下拉列表框内将显示“全部(x)”，其中的 x 代表选取实体的总数。此时如打开此下拉列表框，将会看到 AutoCAD 已将图形实体自动分类，并归纳出每种实体的数目。

（2）“快速选择”按钮：快速过滤功能按钮，单击该按钮，将打开[快速选择]对话框。

（3）“按字母”选项卡：该选项卡内的核心内容是属性列表框，该列表框依照英文字母州顺序列出了被选图形实体的全部属性。

（4）“按分类”选项卡：该选项卡内也是属性列表框，与“按字母”选项卡所不同的只是排列顺序与分类方法，它是以属性所属范畴归类排序的。

5.3 实训

5.3.1 绘制平面图形

例 5.1 以图 5-18 所示的平面图形为例，说明平面图形的绘制方法和步骤。

（1）平面图形的绘制方法。

1）分析。平面图形通常由各种不同线段（包括直线段、圆弧和圆）组成。要先对平面图形的线段进行分析，弄清楚哪些是可以直接画出的已知线段；哪些是必须根据与相邻线段有连接关系才能画出来的中间线段；最后求出连接圆弧的切点和圆心确定连接线段。如图 5-18 所示，半径为 R18、R67 和直径为 ϕ90、ϕ45 的尺寸为已知圆弧，半径为 R18、R9 的圆弧为中间圆弧，半径为 R20 的圆弧为连接圆弧。

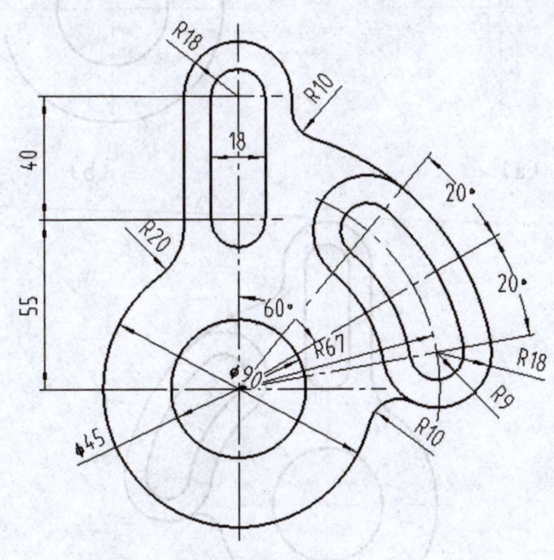

图 5-18　平面图形

2）方法。画图时，应先画已知线段，再画中间线段，最后画连接线段。

（2）平面图形的绘制步骤。

绘制如图 5-18 所示的平面图形，作图步骤如下：

1）确定图幅：A4 竖放，绘制图框和标题栏并保存。

2）用直线命令绘制基准线（中心线），如图 5-19（a）所示。

①改变图层：将属性工具栏中的 0 层改为中心线层；

②绘制直线：拾取直线命令，按下“（正交）”，绘制水平和垂直线；

③拾取偏移命令，绘制相距（55,40）的中心线。

3）用圆命令绘制圆、圆弧，如图 5-19（b）所示。

①绘制圆：选择圆心、半径，捕捉“交点”，拾取圆心位置（交点），画 ϕ45、ϕ90 同心圆和 R18、R67 的圆。

②绘制角度为 20 的直线，用极坐标：@90<10、@90<30、@90<50。

③绘制圆弧：选择切点、切点、半径或圆角命令，绘制 R19 和 R9、R10、R20 的圆弧，如图 5-17（c）所示。

4）用修剪命令剪切多余的线段，如图 5-19（c）所示。

5）尺寸标注。在“标注”工具栏中单击“线性标注”、“圆标注”和“圆弧标注”，按系统提示分别拾取标注元素，如图 5-18 所示。

例 5.2　绘制如图 5-20 所示的平面图形。

作图步骤如下：

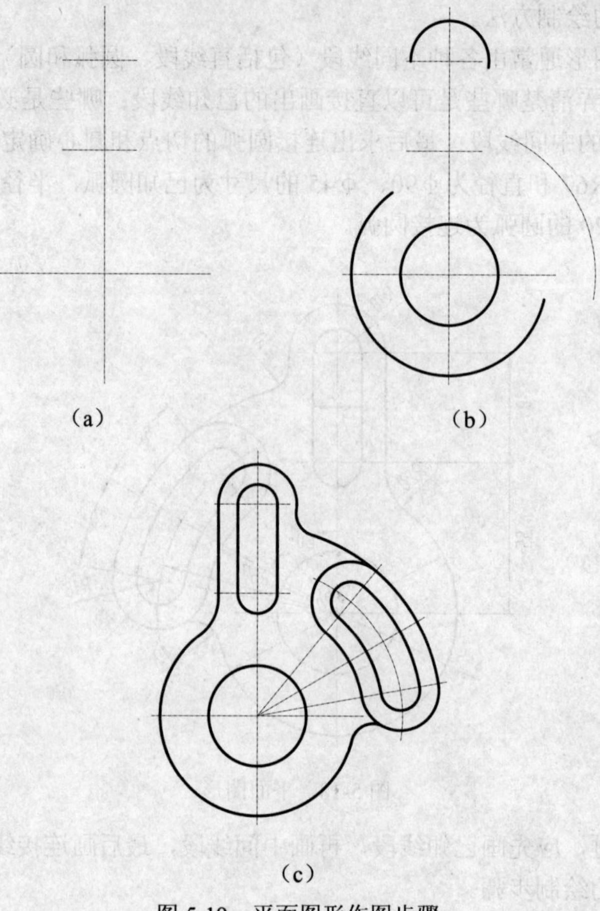

图 5-19　平面图形作图步骤

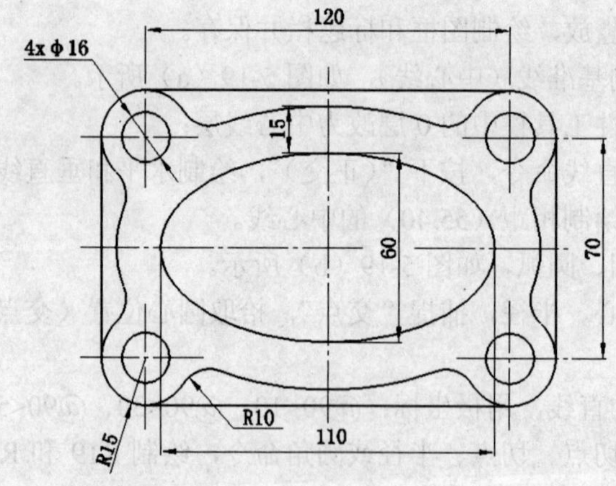

图 5-20　平面图形

1）确定图幅：A4 竖放，绘制图框和标题栏并保存。

2）用直线命令绘制基准线（中心线），如图 5-21（a）所示。

①改变图层：将属性工具栏中的 0 层改为中心线层；

②绘制直线：拾取直线并按下“（正交）”，绘制水平和垂直线；

③拾取偏移命令绘制相距（35，55）的中心线。

3）绘制椭圆和圆，将属性工具栏中的中心线层改为粗线层。

①绘制椭圆：拾取椭圆命令，选择中心，输入基准点（交点），长半轴为 55，短半轴为 30。将长半轴改为 70，短半轴改为 45，输入基准点（交点），如图 5-21（b）所示。

②拾取圆命令，捕捉圆心位置（交点），画半径为 8、15 的圆，如图 5-21（b）所示。也可以用偏移命令，输入偏移距离为 15。

4）用阵列命令绘制圆，如图 5-21（c）所示。在修改工具栏中拾取▦或在下拉菜单“修改”中拾取“阵列”命令，在“阵列”对话框中选择“矩形阵列”，输入行数 2，行间距 70，列数 2，列间距 110，选择对象拾取两个同心圆，单击“确定”按钮即可，如图 5-21（c）所示。

注意：此项也可以用镜像命令进行操作。

5）用圆角命令 R10 圆弧。在修改工具栏中拾取□按钮或在下拉菜单“修改”中拾取“圆角”。设定圆角半径为 10，再设定为不修剪，然后拾取要倒圆角的线段，用修剪命令剪去多余的线段，如图 5-21（d）所示。

6）用直线命令绘制切线。拾取“直线”命令，然后在辅助工具栏中拾取“切点”，再拾取第二个“切点”即可，如图 5-21（d）所示。

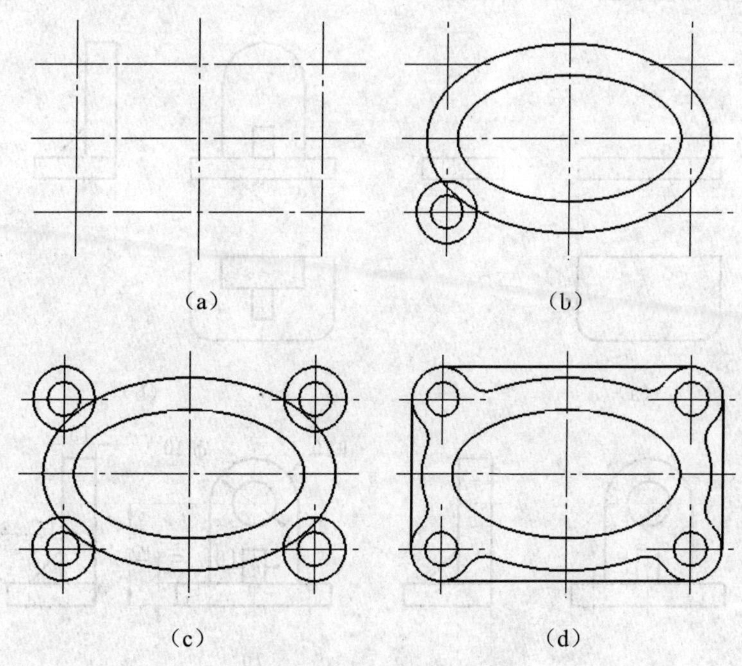

图 5-21　平面图形作图步骤

7）尺寸标注。在“标注”工具栏中单击“线性标注”、“圆标注”和“圆弧标注”，按系统提示分别拾取标注元素，如图 5-20 所示。

5.3.2　三视图的绘制方法和步骤

例 5.3　以图 5-22 为例，说明三视图的绘制方法和步骤。

（1）三视图的绘制方法。

1）分析。该组合体可以分解为三个基本形体：底板、立板、肋板，如图 5-22 所示。底板前面挖切了两个圆角及两个圆柱孔；底板上叠放着立板与肋板，立板与底板后面平齐且上面带一直径为 20 的圆柱形孔。

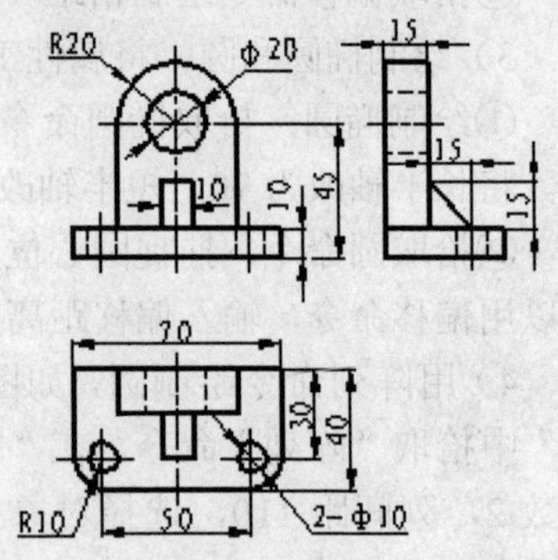

图 5-22　三视图

2）方法。该组合体是由三个基本体组合而成的。应利用形体分析法将组合体分解为各个基本形体，弄清各基本形体的组合形式、相对位置，以及关联表面的连接关系，最后逐个画图。

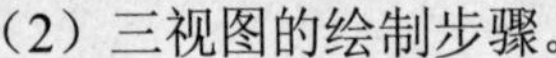

（2）三视图的绘制步骤。

绘制图 5-22 所示的三视图，作图步骤如下：

1）确定图幅：A4 竖放，绘制图框和标题栏。

2）画底板的三视图：用直线和偏移命令画出底板的主视图和左视图，如图 5-23（a）所示。

3）作 45°辅助线，如图 5-23（a）所示。然后，确定俯视图起点，如图 5-23（a）所示。

4）利用上面的方法，画出立板及肋板的三视图，如图 5-23（b）所示。

5）画出圆柱孔的三视图，如图 5-23（c）所示。

6）尺寸标注，如图 5-23（d）所示。

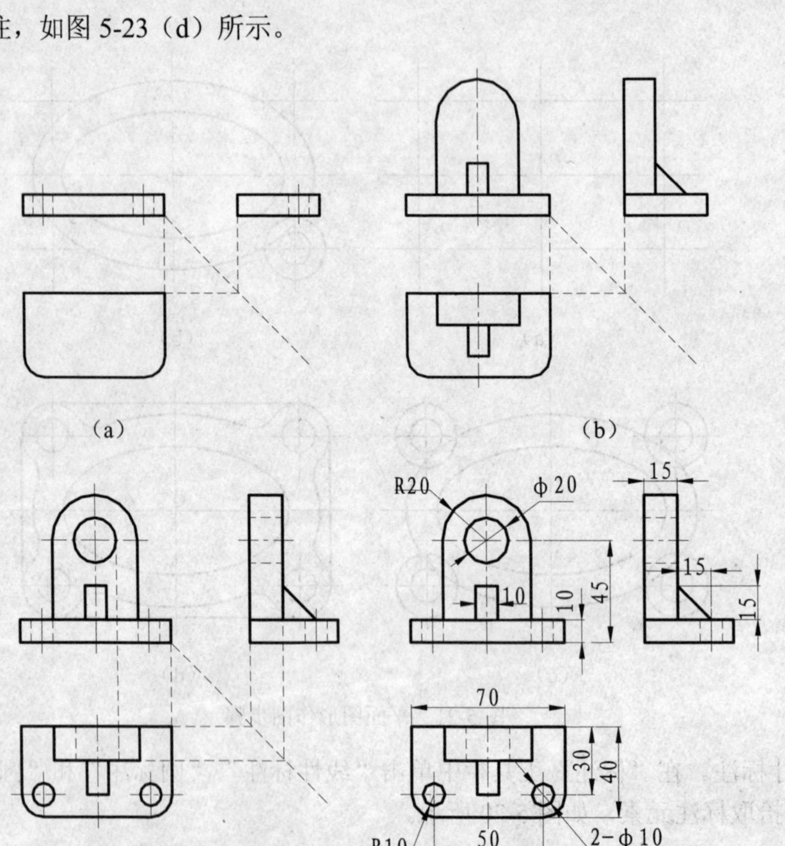

图 5-23　三视图绘制过程

例 5.4　将图 5-24 中的主视图改画成全剖视图。

（1）形体分析。该形体内部结构复杂且左右不对称，故主视图采用全剖表达内形。它前后对称，所以剖切面就是俯视图的对称中心线。由于剖切面通过形体的对称平面，而剖视图按投影关系配置，中间无图形隔开，可省略剖视图的标注。

主视图中的虚线分别表示如下形体：距底面高度为 8 的八边（T）形水平面（其上有一φ10 的通孔）、22×24×33 的矩形上下通孔、半径为 6 深为 33–5 的半圆柱槽孔。这三部分均被剖切面对称地剖开，虚线变成了实线。φ14 的孔有两个，前面被剖切移走，后面的留下成为可见，故要以实线画出。

（2）绘图步骤。

1）按图 5-24 所注尺寸，抄画俯视图。画出剖视图（主视图）的定位基准线，如图 5-25 所示。

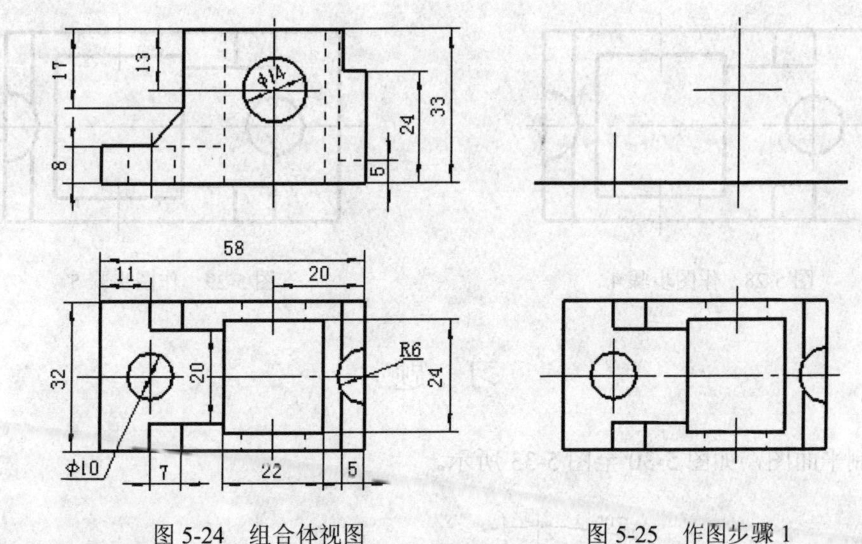

图 5-24　组合体视图　　　　图 5-25　作图步骤 1

2）画出主视图的外轮廓并根据分析，将原主视图中的虚线改画成粗实线，如图 5-26 所示。

3）用粗实线画出后半个形体中留下的φ14 孔，如图 5-27 所示。

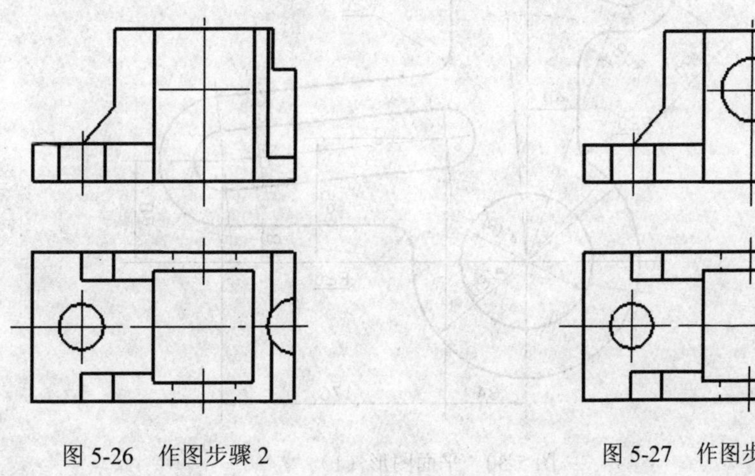

图 5-26　作图步骤 2　　　　图 5-27　作图步骤 3

4）拾取剖面线命令，将剖切面与物体的接触部分填充上剖面线，如图 5-28 所示。

5）图 5-28 中的剖面线间隔太大，可对剖面线进行编辑。选中已填充的剖面线，右击，弹出快捷菜单，选中“图案填充编辑”，弹出“图案填充编辑”对话框，如图 5-16 所示。在“角度和比例”中，把“比例”改成 0.8，单击“确定”按钮即可。最后完成的图形如图 5-29 所示。

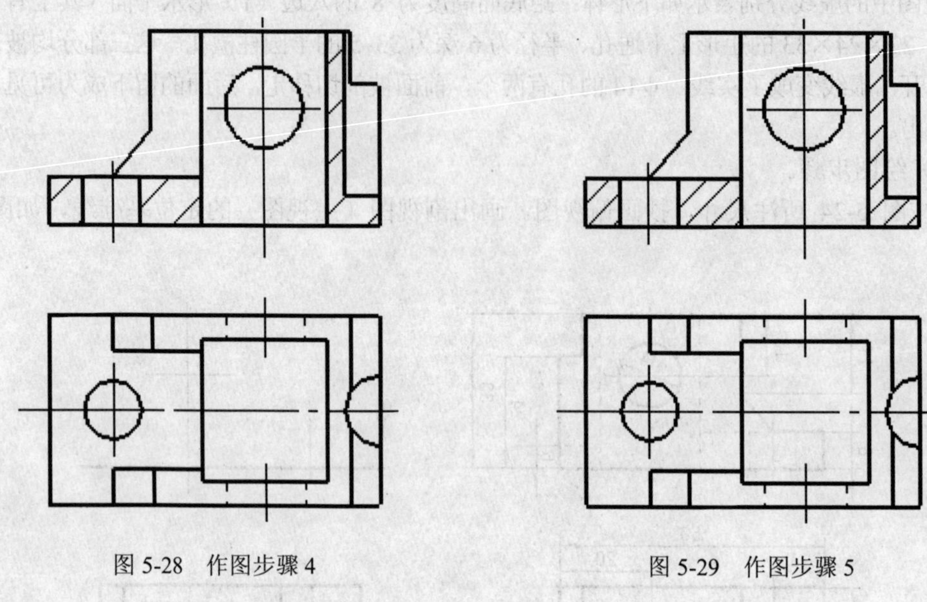

图 5-28　作图步骤 4　　　　图 5-29　作图步骤 5

习　题

1．绘制平面图，如图 5-30 至图 5-33 所示。

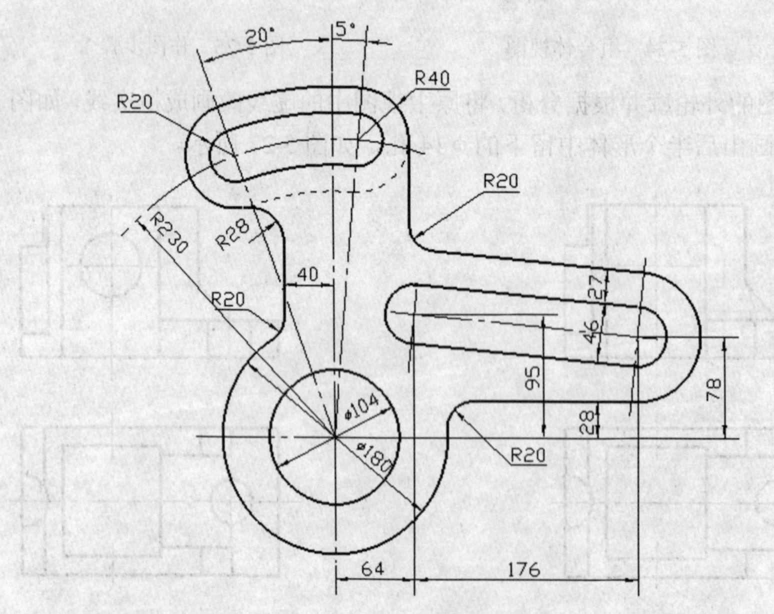

图 5-30　平面图形（1）

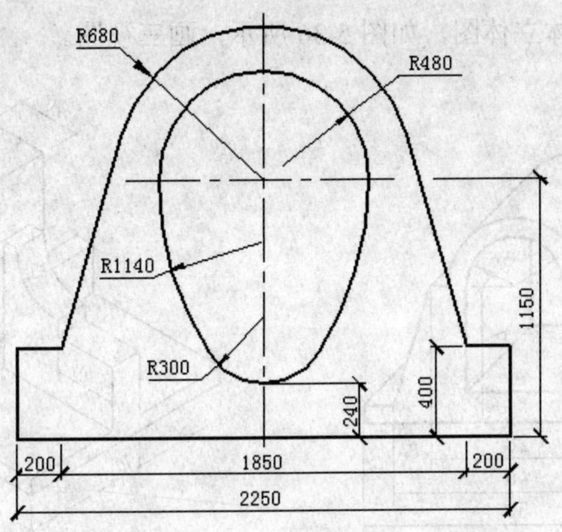

图 5-31 平面图形（2）

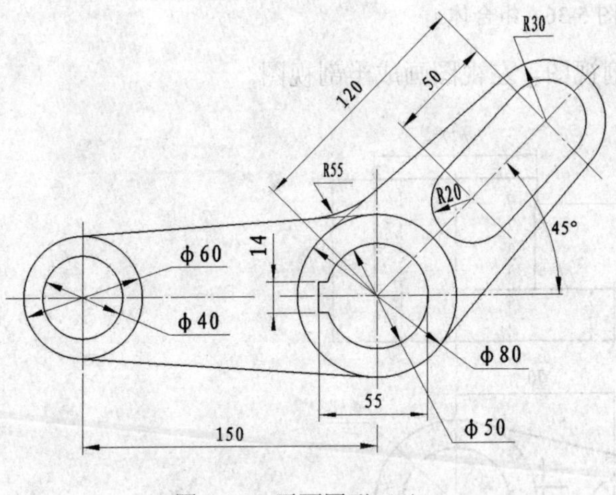

图 5-32 平面图形（3）

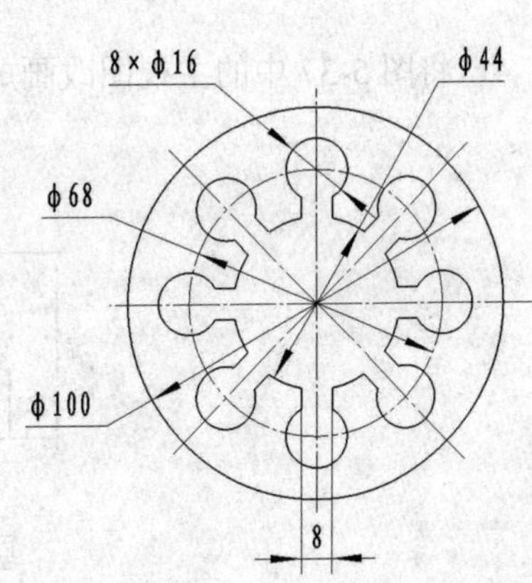

图 5-33 平面图形（4）

2．绘制组合体三视图，如图 5-34 和图 5-35 所示。

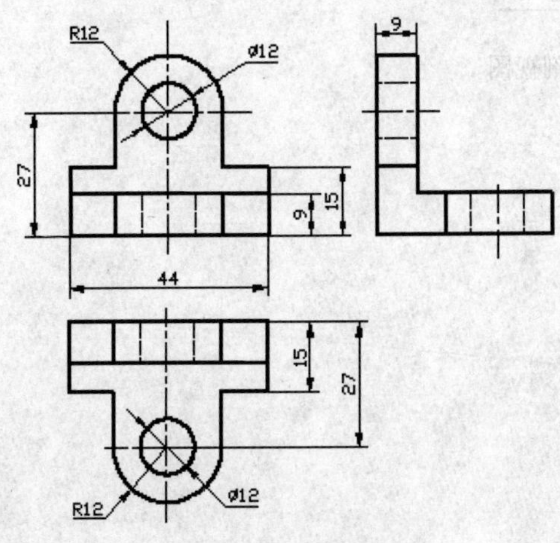

图 5-34 组合体三视图（1）

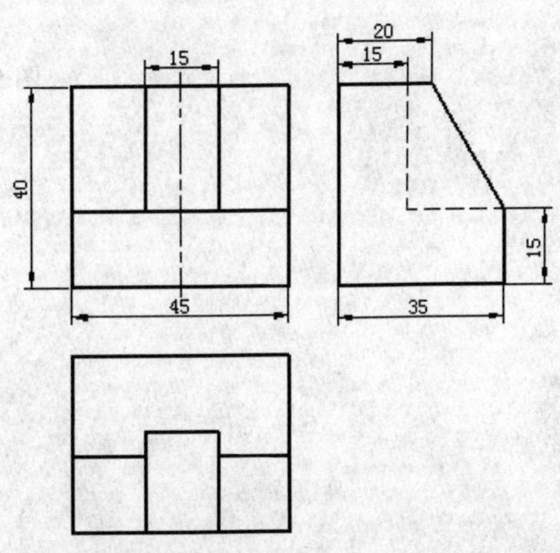

图 5-35 组合体三视图（2）

3．根据所给的组合体立体图，如图 5-36 所示，画三视图。

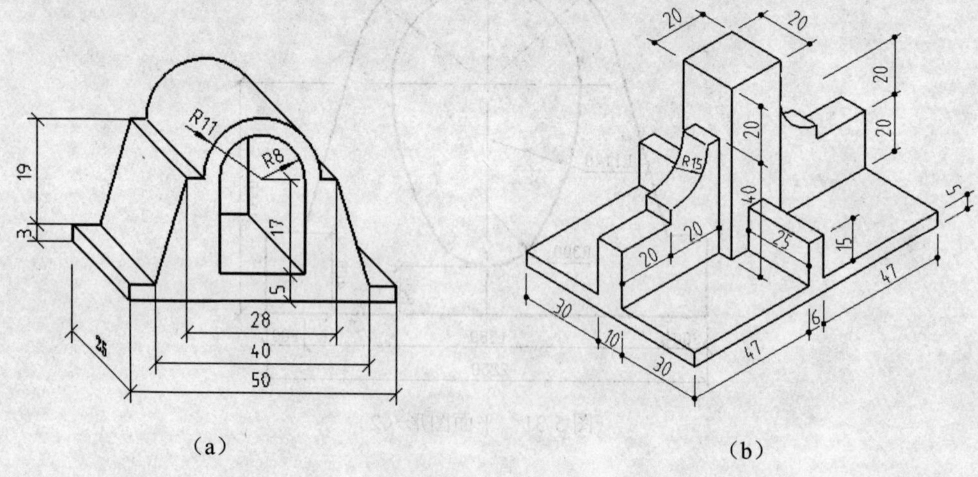

图 5-36　组合体

4．将图 5-37 中的主视图改画成全剖视图，左视图画成半剖视图。

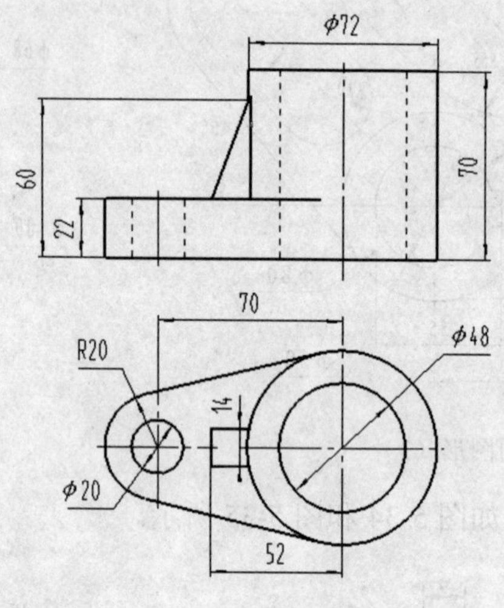

图 5-37　剖视图

第 6 章　尺寸标注

在工程制图中，进行尺寸标注是必不可少的一项工作。因为图形只表示零部件的形状和位置关系，而零件和大小及各部分之间的相互位置是要靠尺寸确定的。因此，尺寸是制造、安装及检验的重要依据。AutoCAD 为此提供了一套完整、快速的尺寸标注方式和命令。本章将介绍尺寸标注命令的使用方法。

6.1　尺寸标注的基本方法

6.1.1　尺寸标注的组成及类型

（1）尺寸的组成。一个完整的尺寸由尺寸线（Dimension line）、尺寸界线（Extension line）、尺寸箭头（Arrows）及尺寸文本组成。尺寸文本既包含基本尺寸，也包含尺寸公差（Tolerances），标注时根据要求而定。

（2）尺寸标注的几种类型。AutoCAD 系统提供了以下四种基本类型的尺寸标注方法，每种尺寸标注的命令可用前三个字符输入。

1）长度型（Linear），如图 6-1（a）所示。

①水平（Horizontal）、垂直（Vertical）标注方式；

②对齐标注方式（Aligned）；

③基准线标注方式（Baseline）；

④连续标注方式（Continue）。

2）角度型标注方式（Angular），如图 6-1（b）所示。

3）半径、直径型标注方式，如图 6-1（b）所示。

4）指引线标注方式（Leader），如图 6-1（b）所示。

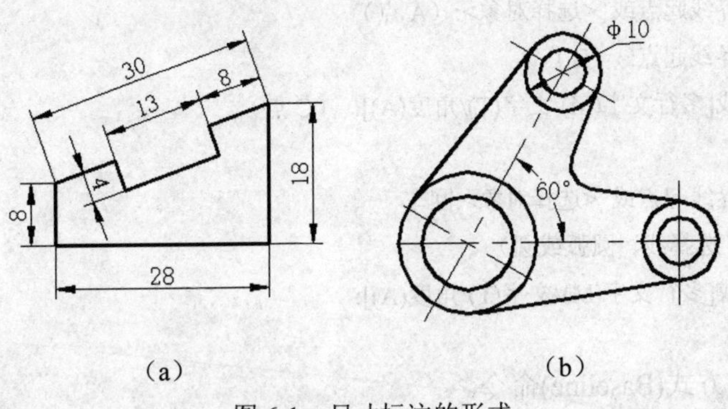

图 6-1　尺寸标注的形式

6.1.2　尺寸标注（DIM）命令

在 AutoCAD 中，有多种方法进入到尺寸标注状态中。在 Command 提示符键入 DIM，或从下拉菜单或尺寸标注工具栏中点取。

（1）线性尺寸标注命令。

1）标注水平、垂直尺寸。

功能：标注水平、垂直的长度型尺寸。

指令操作：在下拉菜单“标注”下拾取“线性”命令，或在标注工具栏拾取。

命令: _dimlinear　指定第一条尺寸界线起点或 <选择对象>: （A 点，如图 6-2（a）所示）

指定第二条尺寸界线起点:（B 点）

指定尺寸线位置或[多行文字(M)/文字(T)/角度(A)/水平(H)/垂直(V)/旋转(R)]: （C 点）

命令: _dimlinear（第二种标注方法，如图 6-2（a）所示）

指定第一条尺寸界线起点或 <选择对象>: 回车

选择标注对象: 　选择线、圆弧或圆（1 点）

指定尺寸线位置或[多行文字(M)/文字(T)/角度(A)/水平(H)/垂直(V)/旋转(R)]:（2 点）

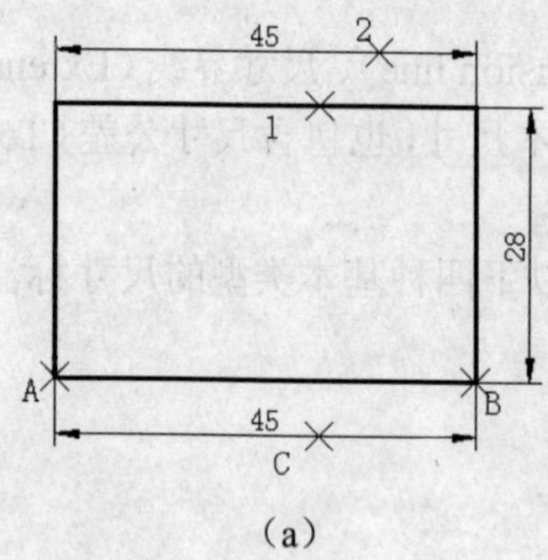

（a）

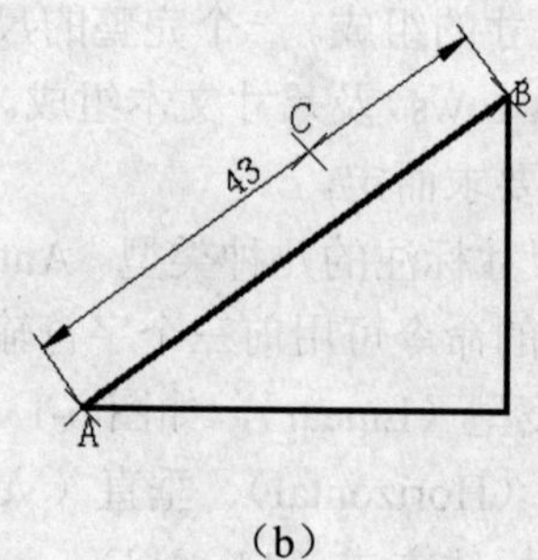

（b）

图 6-2　线性标注

2）倾斜标注方式（Aligned）命令。

功能：标注倾斜的长度型尺寸。

指令操作：在下拉菜单“标注（N）”下拾取“对齐（G）”命令或在标注工具栏拾取。

命令: _dimaligned（第一种标注方法，如图 6-2（b）所示）

指定第一条尺寸界线起点或 <选择对象>:（A 点）

指定第二条尺寸界线起点: （B 点）

指定尺寸线位置或[多行文字(M)/文字(T)/角度(A)]: （C 点）

命令: _dimaligned

指定第一条尺寸界线起点或 <选择对象>:回车

选择标注对象: （选择线、圆弧或圆）

指定尺寸线位置或[多行文字(M)/文字(T)/角度(A)]:

标注文字 =86

3）基准线标注方式(Baseline)命令。

功能：以基准线为起点标注尺寸。

指令操作：在下拉菜单“标注（N）”下拾取“基准（B）”或在尺寸标注工具栏拾取。

命令: _dimbaseline（如图 6-3 所示）

指定第二条尺寸界线起点或 [放弃(U)/选择(S)] <选择>:

指定第二条尺寸界线起点或 [放弃(U)/选择(S)] <选择>:

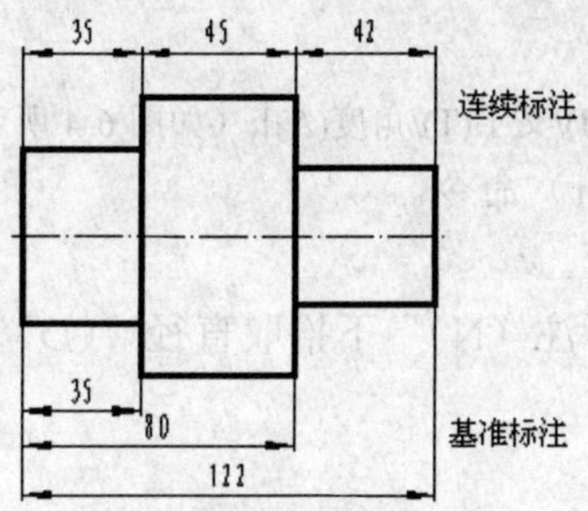

图 6-3　基准和连续标注

说明：基准线标注命令不能单独应用，在使用前必须用过线性或对齐命令，才能进行基准标注。

4）连续标注方式（Continue）命令。

功能：采用连续的链式标注尺寸，如图 6-3 所示。

指令操作：下拉菜单“标注(N)”下拾取“连续（C）”或在尺寸标注工具栏拾取。

命令: _dimcontinue

指定第二条尺寸界线起点或 [放弃(U)/选择(S)] <选择>:

指定第二条尺寸界线起点或 [放弃(U)/选择(S)] <选择>:

说明：连续标注命令不能单独应用，在使用前必须用过线性或对齐命令，才能进行连续标注。

（2）角度型标注方式（Angular）命令。

功能：标注两条线之间的夹角。

指令操作：在下拉菜单“标注（N）”下拾取“角度（A）”或在尺寸标注工具栏拾取。

命令: _dimangular

选择圆弧、圆、直线或 <指定顶点>: （如选取一条直线 A）

选择第二条直线: （选取第二条直线 B）

指定标注弧线位置或 [多行文字(M)/文字(T)/角度(A)]: 选择尺寸圆弧线位置（C 点）

标注文字=55（如图 6-4 所示）

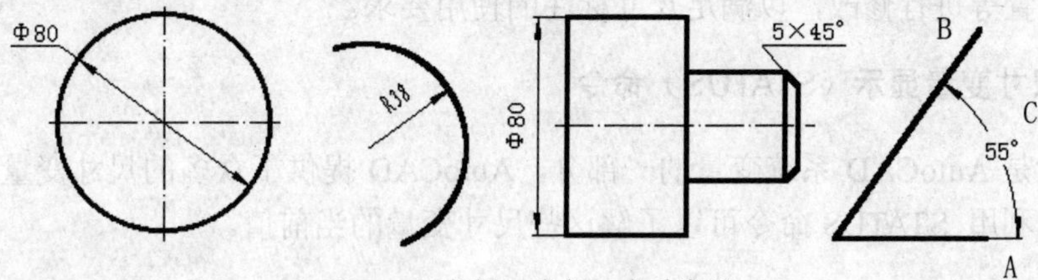

图 6-4　直径、半径、角度标注

（3）半径、直径型标注方式。

1）半径标注方式（Radius）命令。

功能：标注圆或圆弧的半径。

指令操作：在下拉菜单“标注（N）”下拾取“半径（R）”或在尺寸标注工具栏拾取。

命令: _dimradius

选择圆弧或圆:

标注文字 =38

指定尺寸线位置或 [多行文字(M)/文字(T)/角度(A)]:（如图 6-4 所示）

2）直径标注方式（Diameter）命令。

功能：标注圆或圆弧的直径。

指令操作：在下拉菜单“标注（N）”下拾取直径“（D）”或在尺寸标注工具栏拾取。

命令: _dimradius

选择圆弧或圆:

标注文字 =80

指定尺寸线位置或 [多行文字(M)/文字(T)/角度(A)]:

（4）指引线标注方式（Leader）。

功能：单箭头标注指向物体。

指令操作：下拉菜单“标注（N）”下拾取“直径（D）”或在尺寸标注工具栏拾取。

命令: MLEADER

指定引线箭头的位置或 [引线基线优先(L)/内容优先(C)/选项(O)] <选项>:

指定引线基线的位置:

在需要的位置单击后，出现如图 6-5 所示“文字格式”对话框，在对话框中设置文字格式，然后输入文字，单击“确定”即可。

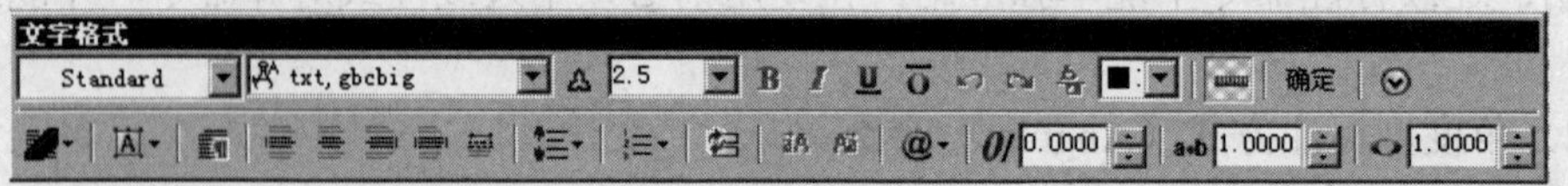

图 6-5　文字格式

6.2　尺寸变量

尺寸变量是控制尺寸标注的参量，它的设置直接影响尺寸标注的方式。通过对尺寸变量的设置，可以对确定组成尺寸的尺寸线、尺寸界线、尺寸文本以及箭头的样式、大小和它们之间的相对位置等进行修改，以满足尺寸标注的使用要求。

6.2.1　尺寸变量显示（STATUS）命令

尺寸变量是 AutoCAD 系统变量的一部分，AutoCAD 提供了众多的尺寸变量。在 Dim 命令的状态下，利用 STATUS 命令可以了解这些尺寸变量的当前值。

命令: DIM

DIM: STATUS

回车后屏幕显示尺寸变量的信息。

6.2.2　尺寸变量的改变

在标注尺寸时，根据要标注尺寸的类型和方式的不同，有时需要对尺寸变量的设置进行

修改。改变某一尺寸变量的值时，有如下两种方法：

（1）在“Command：”或“DIM：”状态下，输入尺寸变量名，然后根据提示操作即可。例如，当希望把箭头的值改为 4 时，可按下面方式操作：

Command：DIMASZ

New value for DIMASZ<2.50>：4

（2）利用标注样式管理器设置尺寸标注形式。

AutoCAD 还提供了利用标注样式管理器设置尺寸标注方式的功能，如图 6-6 所示。

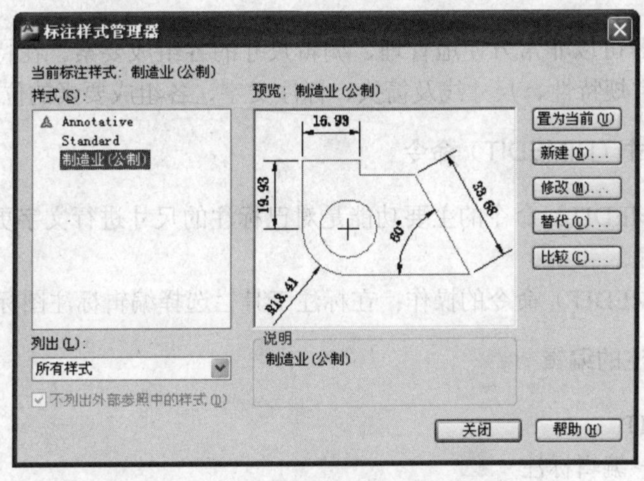

图 6-6　“标注样式管理器”对话框

在 AutoCAD 中，可在命令行中键入 DimStyle 或 DDIM 来打开“标注样式管理器”对话框。也可以从下拉菜单“格式（O）”下或“标注”下拾取“标注样式（D）”或在标注工具栏中单击“标注样式”图标。利用该标注样式管理器，用户可以形象直观地设置尺寸变量，建立尺寸标注样式。

（3）形位公差的标注。

形位公差将用一个特征控制框并根据标注形位公差的要求进行设置。

标注形位公差的操作：在下拉菜单“标注”下拾取“公差”选项或从标注工具栏点取“公差”图标，出现“形位公差”对话框，如图 6-7 所示。单击符号栏黑框，显示形位公差特征符号对话框，如图 6-8 所示，在此框内选取所需符号。

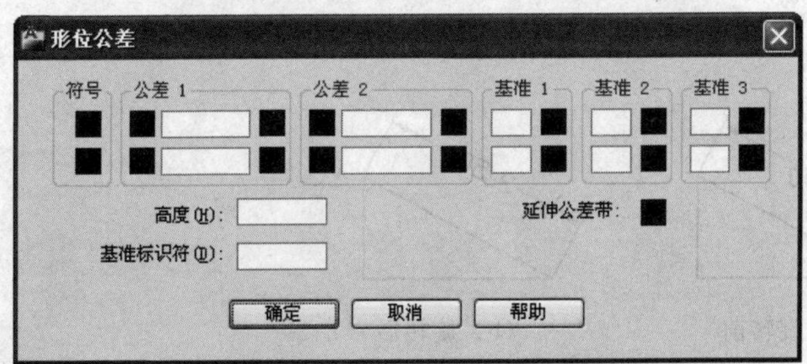

图 6-7　“形位公差”对话框

图 6-8　“特征符号”对话框

6.3 尺寸的标注编辑

对图形中已标注好的尺寸，也可以进行编辑。尺寸标注的编辑命令是用来编辑或管理有关尺寸标注方式及其尺寸变量的命令。

在 AotuCAD 中，可以用特性管理器和相应的编辑命令对尺寸进行编辑。

6.3.1 用特性管理器修改尺寸特性

利用特性管理器可以非常方便地管理、编辑尺寸的各组成要素。在特性管理器中可以进行编辑的特性有：常规特性、尺寸线及箭头、标注文字、各组成要素的位置、公差等。

6.3.2 编辑尺寸（DIMEDIT）命令

编辑尺寸（DIMEDIT）命令的主要功能是对已标注的尺寸进行文字更新、文字旋转和调整尺寸界线的倾斜角。

编辑尺寸（DIMEDIT）命令的操作：在标注工具栏选择编辑标注图标即可。

6.3.3 尺寸标注的编辑

命令：DIMEDIT

工具栏：标注→编辑标注

操作格式：

命令: dimedit

输入标注编辑类型 [默认(H)/新建(N)/旋转(R)/倾斜(O)] <默认>:

各选项含义如下：

（1）默认：按默认位置、方向放置尺寸文字。执行该选项，提示：

选择对象：（在此提示下选择尺寸对象即可）

（2）新建：修改指定尺寸对象的尺寸文字。执行该选项，弹出“多行文字编辑器”对话框，可在该对话框中输入新尺寸值，输入后单击对话框中的“确定”按钮，提示：

选择标注：（在此提示下选择尺寸对象即可）

（3）旋转：将尺寸文字按指定的角度旋转（如图 6-9 所示）。执行该选项，提示：

输入文字角度：（输入角度值）

选择对象：（选择尺寸对象）

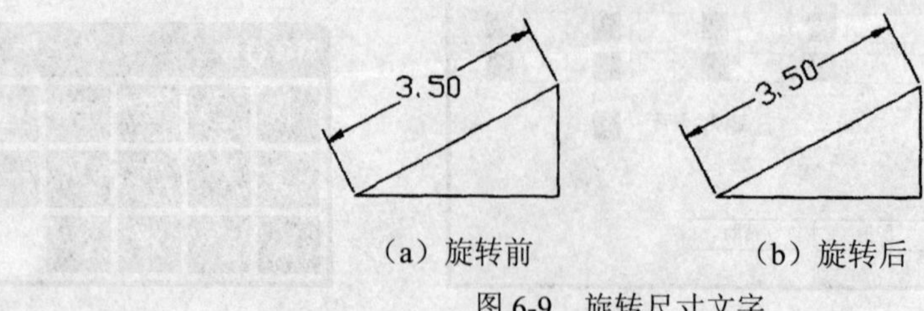

（a）旋转前　　（b）旋转后

图 6-9 旋转尺寸文字

（4）倾斜：修改长度型尺寸标注，使尺寸界线旋转一角度，与标注线不垂直（见图 6-10）。

执行该选项，提示：

输入文字角度：(输入新角度)

选择对象：(选择尺寸对象，之后可继续选择尺寸对象)

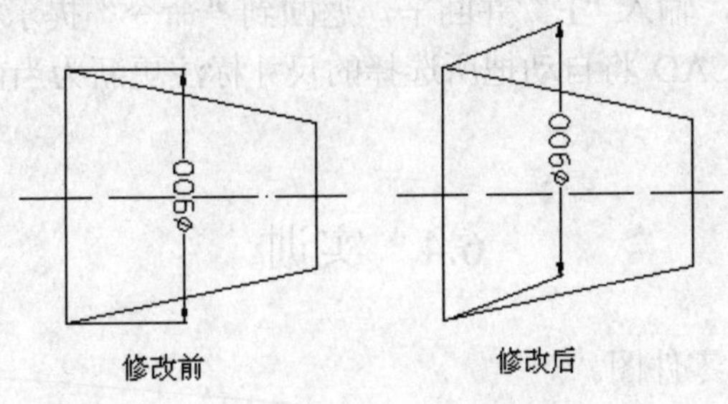

图 6-10　修改尺寸界线

6.3.4　修改尺寸文本的位置

修改尺寸文本（DIMTEDIT）命令主要用于改变尺寸文本沿尺寸线的位置和角度。该命令的操作：

命令：DIMTEDIT

下拉菜单：标注→对齐文字

工具栏：标注→编辑标注文字

操作格式：

命令：DIMTEDIT

选择标注：(选择尺寸对象)

指定标注文字的新位置或 [左(L)/右(R)/中心(C)/默认(H)/角度(A)]:

各选项含义如下：

（1）左、右：这两个选项仅对长度型、半径型、直径型尺寸标注起作用。它们分别决定尺寸文字是沿标注线左对齐还是右对齐。

（2）默认：按默认位置、方向放置尺寸文字。

（3）角度：使尺寸文字旋转一角度。执行该选项，AutoCAD 提示：

输入文字角度：(输入角度值即可)

6.3.5　更新标注（UPDATE）命令

更新尺寸标注（UPDATE）命令可使已有的尺寸标注与当前尺寸标注一致。

更新尺寸标注（UPDATE）命令的操作：在标注工具栏选择“标注更新”或在下拉菜单“标注”下选择“更新标注（U）”。这样，所选的尺寸标注对象将按当前的尺寸标注样式来更新。

命令：DIM

下拉菜单：标注→更新

工具栏：标注→更新

功能：用户可以使某个已标注的尺寸按当前尺寸标注样式所定义的形式进行更新。AutoCAD 提供“标注”→“更新”命令来实现这一功能。

操作格式：

选择对象：(选择要更新的尺寸标注)

选择对象：(继续选择尺寸标注或按回车键结束操作，回到“标注”提示符下)

在“标注”提示符后，输入“E”并回车，返回到“命令”提示符状态。

通过上述操作，AutoCAD 将自动把所选择的尺寸标注更新为当前尺寸标注样式所设置的形式。

6.4 实训

绘制如图 6-11 所示的零件图。

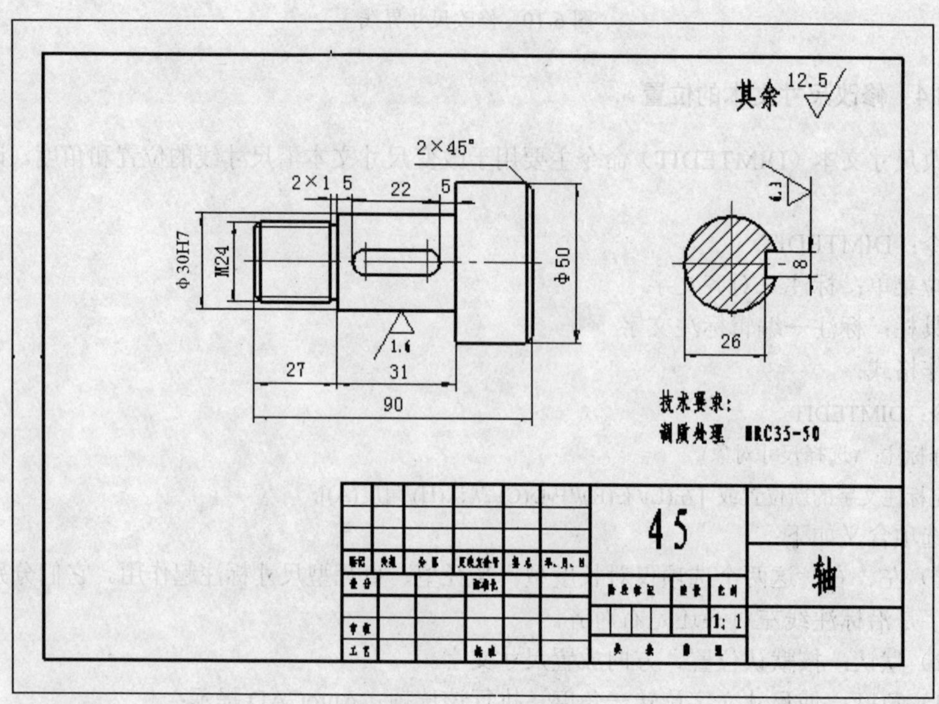

图 6-11　轴的零件图

1. 零件分析

该零件表达采用了一个轴线水平放置的主视图和一个剖面图。主视图由同轴圆柱体组成，两端有倒角，左端带有螺纹，中间有键槽，还有表面粗糙度要求和文字标注。

2. 设定图纸、布置视图

图幅 A4，比例 1:1，横放，填写好标题栏。

3. 绘图步骤

（1）绘制视图。将当前层设置为中心线层，用直线命令绘制各轴段，用倒角命令画两端倒角；用圆和直线命令画键槽；编辑、修改、画剖面线，完成绘图。

（2）标注尺寸。将当前层设置为尺寸线层，注出 27、90、31、5、2×1、M24 等尺寸；拾取“标注”菜单下的“公差”命令，弹出“形位公差”对话框，标注同轴度，标注出 Φ30H7。

（3）填写技术要求：用“多行文字标注”命令在标题栏的上方写出技术要求。

习　题

1．标注图 6-12 的尺寸，建立标注层（DIM），本层颜色为红色，线型为细实线。尺寸文字的大小和箭头要求设置恰当。

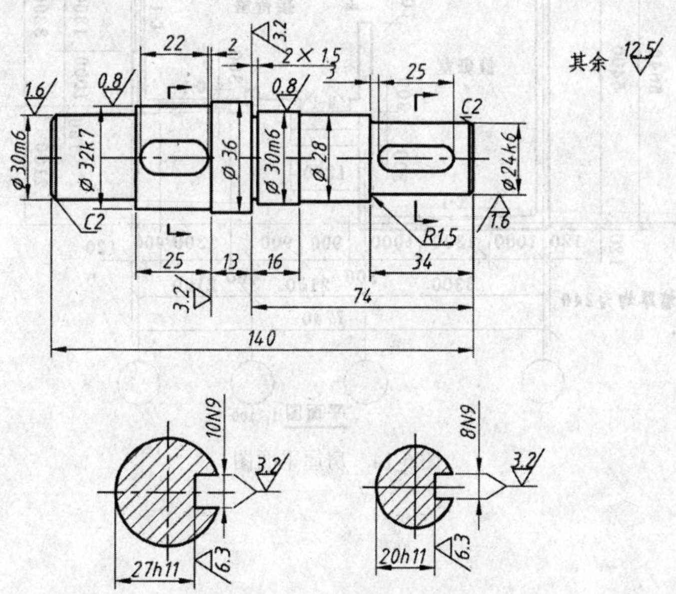

图 6-12　被动轴

2．根据所给的组合体立体图，画三视图并标注尺寸，如图 6-13 所示。

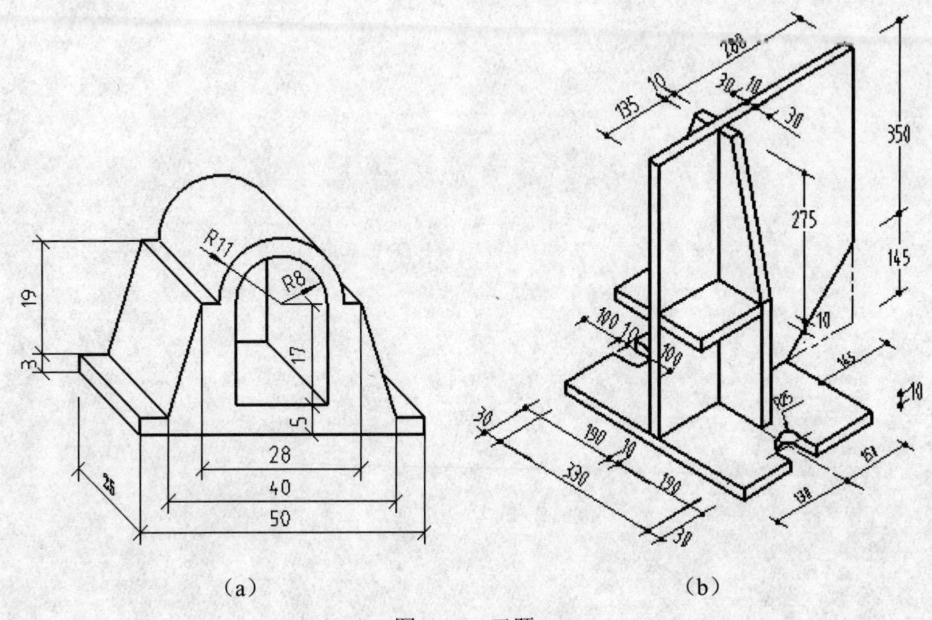

（a）　　（b）

图 6-13　习题 2

3．绘制如图 6-14 所示的房屋首层平面图。

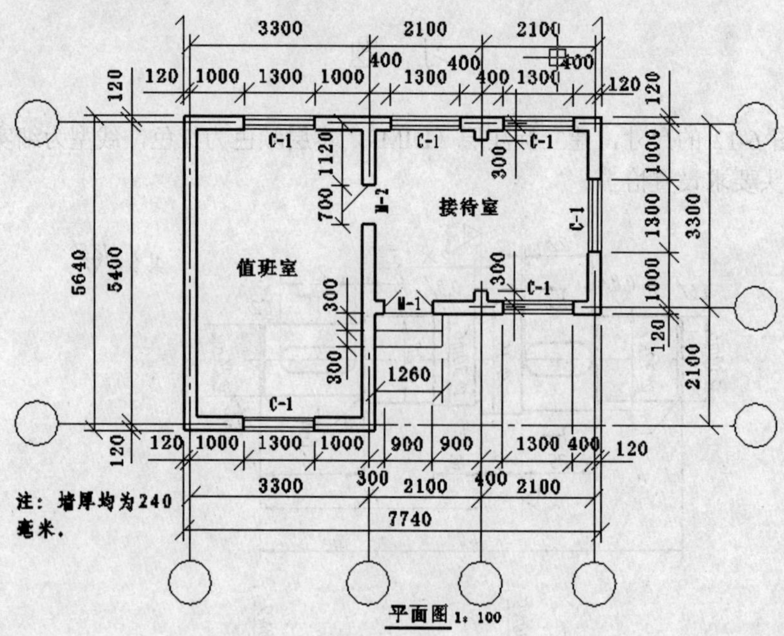

图 6-14　房屋平面图

第 7 章　图形的显示与图层

7.1　图形显示

在使用 AutoCAD 绘图时，一个重要的方面是控制图形窗口的显示。AutoCAD 提供了多种显示命令来改变视图，可以从不同角度观看图形，从而使用户在绘图和读图时更方便。

AutoCAD 提供了一组查询命令，利用这些命令可以了解系统的运行状态、查询图形对象的数据信息等，是计算机辅助设计的重要工具。

7.1.1　图形缩放（ZOOM）命令

缩放命令如同摄像机的变焦镜头。它可以增大或减小视图区域，使图形放大或缩小，但对象的真实尺寸保持不变。

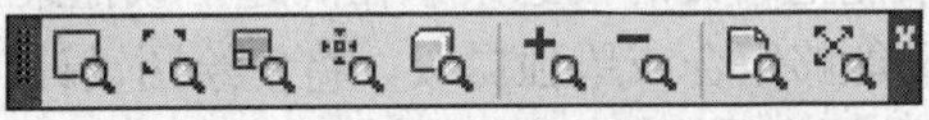

1. 缩放命令的使用方法

（1）从缩放工具栏中拾取各项，如图 7-1 所示。

图 7-1　缩放工具栏

（2）从下拉菜单“视图”下拾取“缩放”后，再选取各选项。

（3）从标准工具条中拾取常用的四项命令。

2. 各选项的意义

（1）窗口：把矩形窗口范围内的图形放大到整个屏幕。

（2）实时缩放：选取该项，屏幕光标就变为放大镜符号。按住鼠标左键向上移动放大图形，向下移动缩小图形。

（3）动态缩放：该选项提供了一种转换到另一个图形的简便、快捷的方法，使用它可以看到整个图形，然后确定新视图的位置和大小。

（5）前一视图：选取该项可使屏幕显示上一次的视图。

（6）全部视图：选取该项可以使绘制的图形在屏幕上全部显示，看到整个图形。

7.1.2　平移（PAN）命令

平移命令可以观看当前视图中图形的不同部分，而不改变缩放比例。该命令有两种模式：实时模式和定点模式，一般用实时模式。

平移命令的操作：在标准工具栏拾取平移按钮，即进入实时平移状态，光标变成一只小手。按住鼠标左键向任何方向移动，窗口内的图形就可按光标移动的方向移动。

7.1.3　重画（REDRAW）与重生（REGEN）命令

（1）重画（REDRAW）命令。重画（REDRAW）命令用于重画屏幕上的图像。当所看到的图形不完整时，可以使用此命令。在下拉菜单“视图”下拾取“重画”命令或按下两次 F7 键即可。

（2）重生成（REGEN）命令。重生成（REGEN）命令用于新生成屏幕上图形的数据。

7.1.4 图形信息的查询

AutoCAD 提供了一组查询命令，利用这些命令可以了解当前运行状态、查询图形对象的数据信息、计算距离和面积等。使用时在下拉菜单“工具”下选取“查询”，再拾取各项即可。

7.2 图层、线型和颜色命令

本节着重介绍在绘图过程中如何设置、建立和使用图层，并且给每个图层赋线型及颜色。

7.2.1 图层

图层是开展结构化设计的不可缺少的软件环境。众所周知，一幅机械工程图纸包含各种各样的信息，有确定图形形状的几何信息，也有表示线型、颜色等属性的非几何信息，还有各种尺寸和符号。这么多的内容集中在一张图纸上，必然给设计绘图工作造成很大的负担。如果能把相关的信息集中在一起，或把某个零件、组件集中在一起单独绘制或编辑，当需要时又能够组合或单独提取，将使绘图设计工作进一步简化。

图层可以看作是一张张透明的薄片，图形和各种信息就绘制与存放在这些透明薄片上，但每一个图层必须有唯一的层名。不同的层上可以设置不同的线型和颜色和线宽，所有的图层由系统统一定位，且坐标系相同，因此在不同图层上绘制的图形不会发生位置上的混乱，图 7-2 形象地说明了图层的概念。

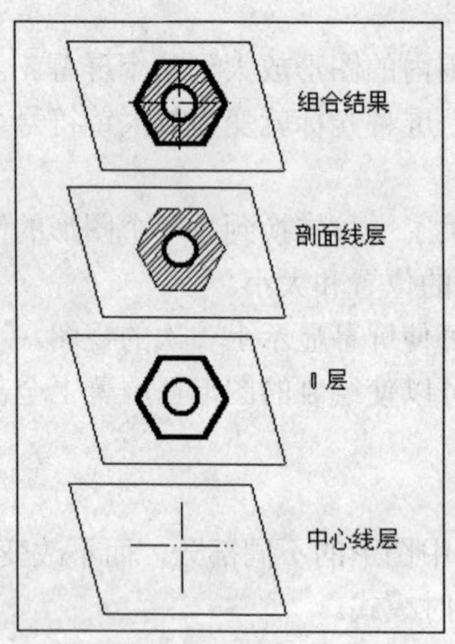

图 7-2 图层的概念

图层是有状态的，而且状态可以改变。图层的状态包括层名、颜色、线型、打开或关闭以及是否为当前层。每一个图层都对应一组实现确定好的层名、颜色、线型和打开与否的状态。根据作图需要可以随时将某一图层设置为当前层，初始层的层名为 0，颜色为白色，线型为连续线。当前层状态始终为打开状态，既不能关闭当前层，也不能删除当前层。绘图时各种实体可以放在一个图层上，也可以放在多个图层上，并给每个图层设置不同的颜色和线型。

这样便于对所有实体的可见性、颜色、线型和线宽进行全面控制。

7.2.1.1　图层在使用过程中的特性

（1）图层名　每个图层都有一个名字，其中 0 层是 AutoCAD 自动定义的，其余由用户自己定义，不超过 31 个字符。

（2）在一幅图中使用的层数不限，每层容纳的实体数量不受限制。

（3）在绘制图形时，只有当前层起作用，也就是绘制图形时均画在当前层上。

（4）同一图层上的实体处于同一状态，如可见或不可见。

7.2.1.2　图层的设置和使用

在 AutoCAD 中，可以用“图层特性管理器”对话框方便地设置和控制图层。利用对话框可以直接设置及改变图层的参数和状态。即设置层的颜色、线型、可见性、建立新层、设置当前层、冻结或解冻图层、锁定或解锁图层以及列出所有存在的层名等操作。

从下拉菜单“格式”下拾取“图层”或在特性工具栏单击图层图标，出现如图 7-3 所示的对话框。

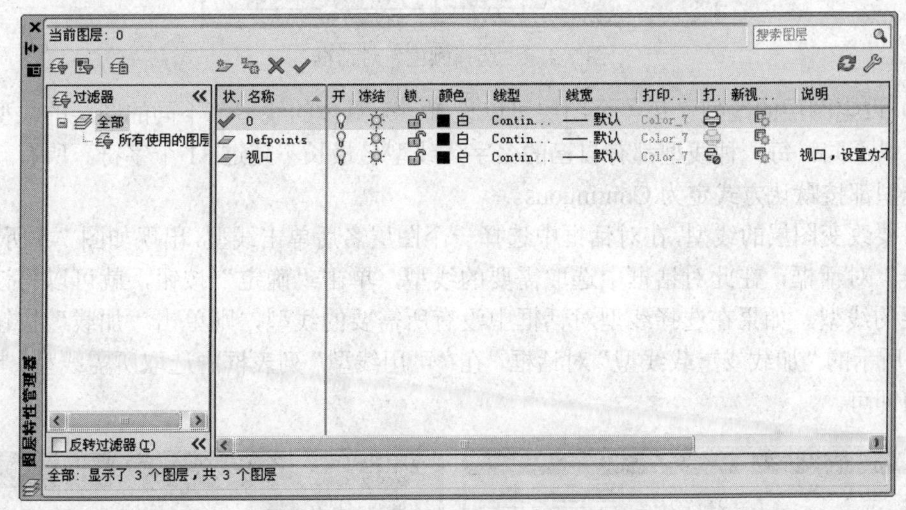

图 7-3　“图层特性管理器”对话框

（1）建立新图层。在“图层特性管理器”对话框中单击“新建”按钮，建立一个名为 Layer1 的新图层，也可以将此名称重命名。

（2）设置当前层。在对话框中选择一个图层名，然后单击“当前”按钮，就可以将该层设置为当前层。在绘图过程中改变当前层，最好从特性工具栏的层名列表框中选取。

（3）设定图层颜色。图层中的每一层都有一个颜色号，该编号是 1～255 之间的一个整数。为了便于在不同计算机系统之间交换图形，在 1～255 中常使用前七个标准色，它们是：

1　Red　红色　　　　2　Yellow　黄色

3　Green　绿色　　　4　Cyan　青色

5　Blue　蓝色　　　　6　Magenta　洋红色

7　white　白色

如果要改变图层的颜色，在对话框中选择一个图层名后单击颜色，出现如图 7-4 所示的“选择颜色”对话框，在此对话框中选取需要的颜色，单击“确定”按钮，就可以将该层设置为所需要的颜色。

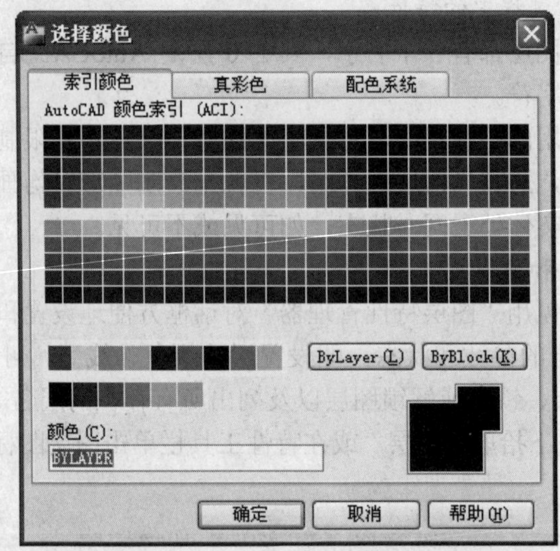

图 7-4 “选择颜色”对话框

（4）设定图层的线型。每一个图层可以设置一个具体的线型，不同的图层的线型可以相同，也可以不同。每一种线型都有自己的名字，线型名最长不超过 31 个字符。所有新生成的层上的线型都按默认方式定为 Continuous。

如果要改变图层的线型，在对话框中选择一个图层名后单击线型，出现如图 7-5 所示的“线型管理器”对话框，在此对话框中选取需要的线型，单击“确定”按钮，就可以将该层设置为所需要的线型。如果在选择线型对话框中没有所需要的线型，则单击“加载”按钮，出现如图 7-6 所示的“加载或重载线型”对话框，在“可用线型”列表框中选取所需线型，单击“确定”按钮即可。

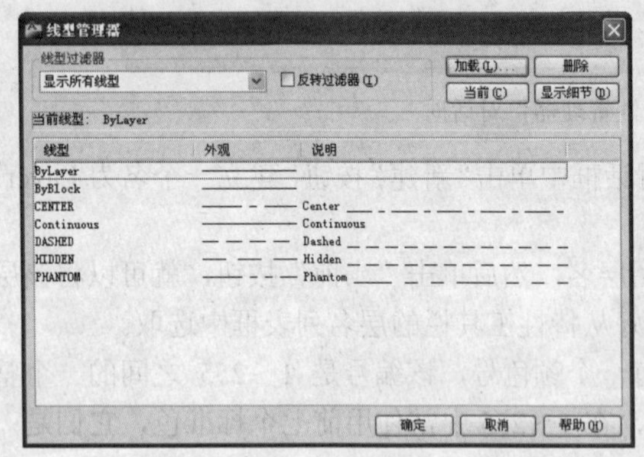

图 7-5 “线型管理器”对话框

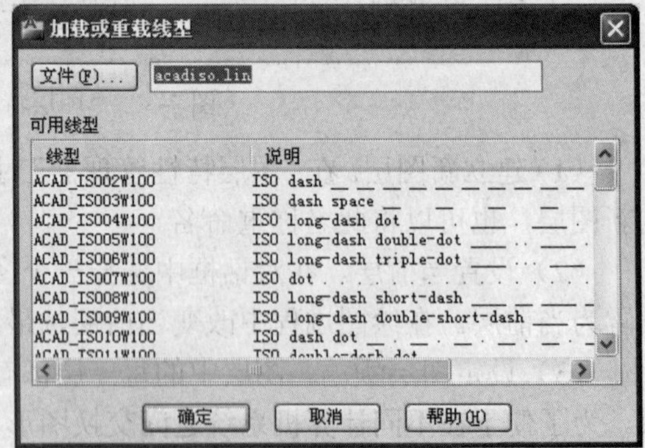

图 7-6 “加载或重载线型”对话框

（5）图层线宽的设置。图层线宽是 AutoCAD 新增的特性，通过线宽特性，可以使绘制出的图形更直观。图层线宽的设置是在对话框中选择一个图层名，然后单击“线宽”按钮，出现如图 7-7 所示的“线宽设置”对话框，在此对话框中选取所需线宽后，单击“确定”按钮，就可以将该层设置为所需线宽。

7.2.1.3 图层状态管理器的使用

利用图层状态管理器可以创建或编辑图层状态。

单击下拉菜单“格式→图层状态管理器”或单击特性工具栏的“图层”图标，弹出如图 7-8 所示的“图层状态管理器”对话框。

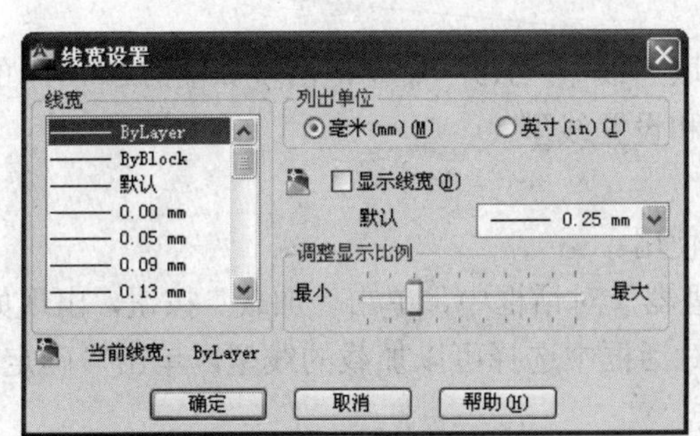

图 7-7 “线宽设置”对话框

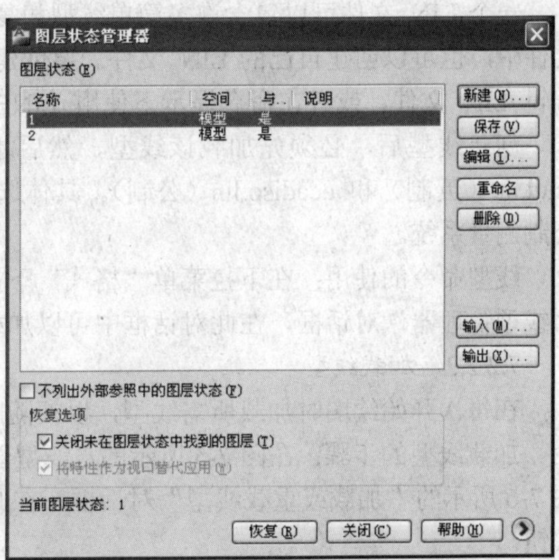

图 7-8 “图层状态管理器”对话框

在“图层状态管理器”对话框中列出已保存在图形中的命名图层状态、保存它们的空间（模型空间、布局或外部参照）、图层列表是否与图形中的图层列表相同以及可选说明。

（1）新建：显示“要保存的新图层状态”对话框，从中可以提供新命名图层状态的名称和说明。

（2）保存：保存选定的命名图层状态。

（3）编辑：显示“编辑图层状态”对话框，从中可以修改选定的命名图层状态。

（4）重命名：允许在位编辑图层状态名。

（5）删除：删除选定的命名图层状态。

（6）输入：显示标准文件选择对话框，从中可以将之前输出的图层状态（LAS）文件加载到当前图形。

（7）输出：显示标准文件选择对话框，从中可以将选定的命名图层状态保存到图层状态（LAS）文件中。

（8）恢复：将图形中所有图层的状态和特性设置恢复为之前保存的设置。仅恢复使用复选框指定的图层状态和特性设置。

7.2.2 线型（LINETYPE）命令

线型（Linetype）命令列出、加载及设置当前图形允许使用的线型。

7.2.2.1 线型定义

线型是由虚线、点和空格组成的重复图案，显示为直线或曲线。可以通过图层将线型指定给对象，也可以不依赖图层而明确指定线型。除选择线型外，还可以将线型比例设定为控制虚线和空格的大小，也可以创建自己的自定义线型。

在一个或多个扩展名为 .lin 的线型定义文件中定义了线型。

线型名及其定义确定了特定的点划线序列、划线和空格的相对长度以及所包含的任何文字或形的特征。可以使用 AutoCAD 提供的任意标准线型，也可以创建自己的线型。

一个 LIN 文件可以包含许多简单线型和复杂线型的定义。可以将新线型添加到现有 LIN 文件中，也可以创建自己的 LIN 文件。要创建或修改线型定义，使用文本编辑器或字处理器编辑 LIN 文件，或者在命令提示下使用 LINETYPE 命令编辑 LIN 文件。

创建线型后，必须先加载该线型，然后才能使用它。AutoCAD 中包含的 LIN 文件为 acad.lin（英制）和 acadiso.lin（公制）。具体选择哪个线型文件取决于使用英制测量系统还是公制测量系统。

线型命令的使用：在下拉菜单“格式”下拾取“线型（N）”命令，出现如图 7-5 所示的“线型管理器”对话框，在此对话框中可以加载和设置线型。

7.2.2.2　加载线型

在每次开始绘图时加载所需线型，以便随时使用。

加载线型的步骤：在图 7-5 所示的“线型管理器”对话框中，单击“加载”按钮，出现如图 7-6 所示的“加载或重载线型”对话框，在此对话框中选择可以加载的线型，单击“确定”按钮。

如果没有列出所需的线型，请单击“文件”按钮，出现如图 7-9 所示的“选择线型文件”对话框。在“选择线型文件”对话框中选择一个要列出其线型的 LIN 文件，然后单击“打开”按钮，之后打开的对话框显示了存储在选定 LIN 文件中的线型定义，选择线型，单击“确定”按钮。

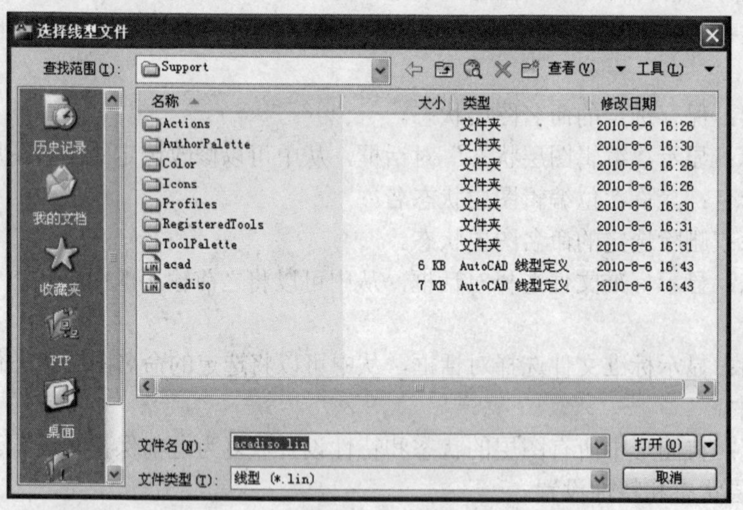

图 7-9　“选择线型文件”对话框

7.2.2.3　设置当前线型和更改对象的线型

1. 设置当前线型

在绘图时所有对象都是使用当前线型，也可以使用“线型”控件设定当前的线型。如果将当前线型设定为 BYLAYER，将使用指定给当前图层的线型来创建对象。如果将当前线型设定为 BYBLOCK，则将对象编组到块中之前，将使用 Continuous 线型来创建对象。将块插入到图形中时，此类对象将采用当前线型设置。如果不希望当前线型成为指定给当前图层的线型，则可以明确指定其他线型。

如果要为随后创建的所有对象设置特定的线型，可将“特性”工具栏上的当前线型设置从“随层”改为特定的线型。

2. 更改对象的线型

更改对象的线型有三个选择：

（1）将对象重新指定给具有不同线型的其他图层。如果将对象的线型设置为“随层”，并将该对象重新指定给了其他图层，则该对象将采用新图层的线型。

（2）修改指定给该对象所在图层的线型。如果对象的线型设置为“随层”，则该对象将采用其图层的线型。如果更改了指定给图层的线型，则该图层上被指定为“随层”线型的所有对象都将自动更新。

（3）为对象指定一种线型以替代图层的线型。可以明确指定每个对象的线型。如果要使用其他线型来替代对象的由图层决定的线型，请将现有对象线型从“随层”改为特定的线型，例如 DASHED。

7.2.2.4 线型比例

通过全局更改或分别更改每个对象的线型比例因子，可以以不同的比例使用同一种线型。默认情况下，全局线型和独立线型的比例均设定为 1.0。比例越小，每个绘图单位中生成的重复图案数越多。例如，设定为 0.5 时，每个图形单位在线型定义中显示两个重复图案。不能显示一个完整线型图案的短直线段显示为连续线段。对于太短甚至不能显示一条虚线的直线，可以使用更小的线型比例。

要改变线型比例因子，可在如图 7-10 所示的“线型管理器”对话框中，将显示的“全局比例因子”和“当前对象缩放比例”进行更改即可。

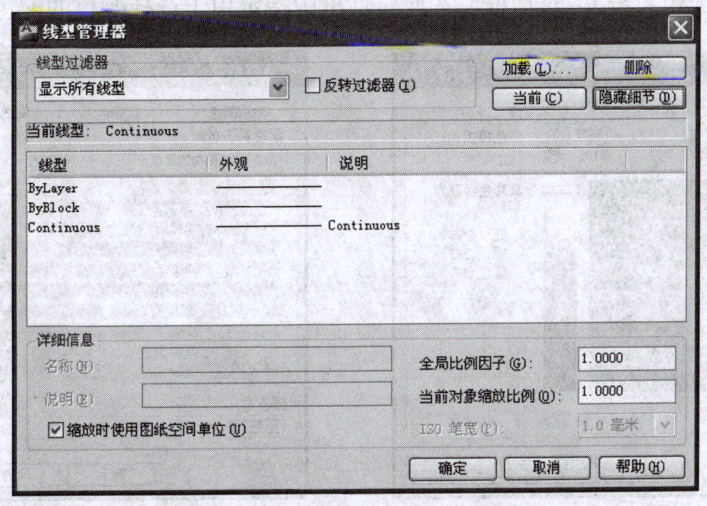

图 7-10 “线型管理器”对话框

7.2.3 颜色（COLOR）命令

该命令用以设置新对象的颜色。可以从 255 种 AutoCAD 颜色索引（ACI）颜色、真彩色和配色系统颜色中选择颜色。

单击下拉菜单“格式→颜色”，出现如图 7-4 所示的“选择颜色”对话框。在此对话框中进行颜色的设置。

7.2.3.1　当前颜色的设置

可以使用颜色直观地标识对象。既可以随图层指定对象的颜色，也可以不依赖图层明确指定对象的颜色。

随图层指定颜色可以轻松地识别图形中的每个图层。明确指定颜色会使同一图层的对象之间产生差别。可以利用颜色作为相关打印指示线宽的方法。

在图 7-4 所示的“选择颜色”对话框中，可以使用多种调色板。

1. AutoCAD 颜色索引（ACI）

ACI 颜色是 AutoCAD 中使用的标准颜色。每种颜色均通过 ACI 编号（1～255 之间的整数）标识。标准颜色名称仅用于颜色 1～7。颜色指定如下：1 红、2 黄、3 绿、4 青、5 蓝、6 洋红、7 白/黑。

2. 真彩色

在图 7-4 所示的“选择颜色”对话框中，单击“真彩色”按钮，出现如图 7-11 所示的“选择颜色（真彩色）”对话框，在此对话框中进行颜色的设置。

真彩色使用 24 位颜色定义显示 1600 多万种颜色。指定真彩色时，可以使用 RGB 或 HSL 颜色模式。通过 RGB 颜色模式，可以指定颜色的红、绿、蓝组合；通过 HSL 颜色模式，可以指定颜色的色调、饱和度和亮度要素。

3. 配色系统

选择配色系统后，“配色系统”选项卡将显示选定配色系统的名称。

在图 7-4 所示的“选择颜色”对话框中，单击“配色系统”选项卡，出现如图 7-12 所示的“选择颜色（配色系统）”对话框，在此对话框中指定用于选择颜色的配色系统。

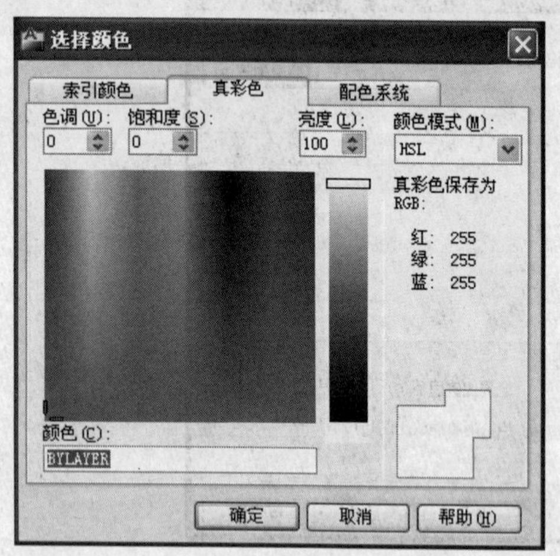

图 7-11　“选择颜色（真色彩）”对话框

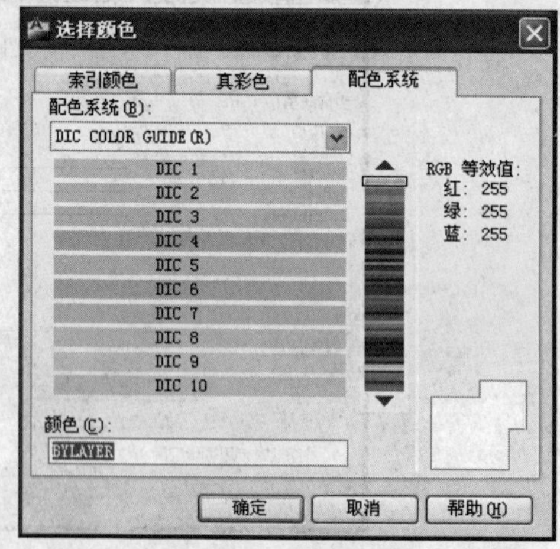

图 7-12　“选择颜色（配色系统）”对话框

列表中包括在“配色系统位置”找到的所有配色系统，显示选定配色系统的页以及每页上的颜色和颜色名称。程序支持每页最多包含 10 种颜色的配色系统。如果配色系统没有分页，程序将按每页 7 种颜色的方式将颜色分页。要查看配色系统页，请在颜色滑块上选择一个区域或用上下箭头进行浏览。

通过使用“选项”对话框中的“文件”选项卡，可以在系统中安装配色系统。加载配色系统后，可以从配色系统中选择颜色，并将其应用到图形中的对象。

7.2.3.2　修改对象的颜色

通过将对象重新指定到其他图层、修改对象所在图层的颜色或者为对象明确指定颜色，可以修改对象的颜色。

可以使用以下几种选择修改对象的颜色：

（1）将对象重新指定给具有不同颜色的其他图层。如果将对象的颜色设置为“随层”，并将该对象重新指定给其他图层，则该对象将采用新图层的颜色。

（2）选择对象所在层的颜色，可以改变对象的颜色。

（3）给对象指定一种颜色以替代图层的颜色。

如果要为随后创建的所有对象设置特定的颜色，请将“特性”工具栏上的当前颜色设置从“随层”改为特定的颜色。

7.3　实训

7.3.1　图层、线型、颜色综合应用

在前面几节对图层、线型和颜色进行了全面的介绍，但是，由于图层、线型和颜色的操作在几个不同的位置都可以进行，彼此之间又有一定的联系，而各自的侧重点又有所不同，为了便于正确操作，对图层、线型和颜色的控制分以下三类进行。

7.3.1.1　系统设置

系统设置主要包括“格式”菜单中的“图层”、“线型”和“颜色”选项。

“线型”的主要功能是设计新的线型，并将操作结果保存到文件中。

“颜色”的主要功能是改变系统的颜色状态，将已画出的图线、此后所有图层中的图线均变为用户选定的颜色。

“图层管理器”和图层工具主要用来改变图层的属性和状态。单击“图层管理器”图标，可弹出“图层管理器”对话框，这是实现对层控制的主要途径，它可以对图层进行全面的操作，即可以创建图层、图层改名、设置当前层以及打开图层、关闭图层、改变线型、改变颜色等。例如，可以为某个图层设置线型、颜色等，但不能改变系统状态。

7.3.1.2　图形编辑

在绘图区选中要编辑的对象，出现对话框，在此可以改变线型、颜色、图层选项，以及右键操作功能中的“特性”选项。

此类操作的主要特点是面向图形元素的操作，也就是说只有被选中的图形元素才会发生改变，它们不会改变系统状态，也不会改变图层属性，它们的使用范围最窄，但另一方面，它们使用起来非常灵活方便，可以根据需要对任一图层上的图形元素进行修改。

7.3.1.3　属性工具栏

在属性工具栏中包含图层、颜色、线型设置三个按钮和当前层选择、线型选择两个下拉列表框。

常用操作如下：

（1）单击“图层”按钮，弹出“图层特性管理器控制”对话框，它的作用与“系统设置”菜单中的层控制选项的作用一样。

（2）“当前层下拉列表框”中的选择：当前层下拉列表框中列出了当前图形文件中的所有图层，使用时可从中选择一个作为当前层。用该方法改变当前层方便、快捷。

（3）设置颜色：单击“颜色”按钮，可弹出“选择颜色”对话框，它的作用和功能与“设置”菜单中的颜色选项的作用一样。用该方法改变当前颜色方便、快捷。

（4）线型设置：在属性工具栏中的“线型选择”下拉列表框中，列出了当前图形文件中的所有线型，需要时可从中选择一个线型。用该方法选择线型方便、快捷。

上述这三类控制方式，它们又是相互联系、相辅相成的，在使用中如能熟练掌握、灵活运用，将大大提高绘图效率和质量。

7.3.2 房屋平面图的绘制方法和步骤

设计住宅的“首层平面图”，如图 7-13 所示。具体绘图步骤如下：

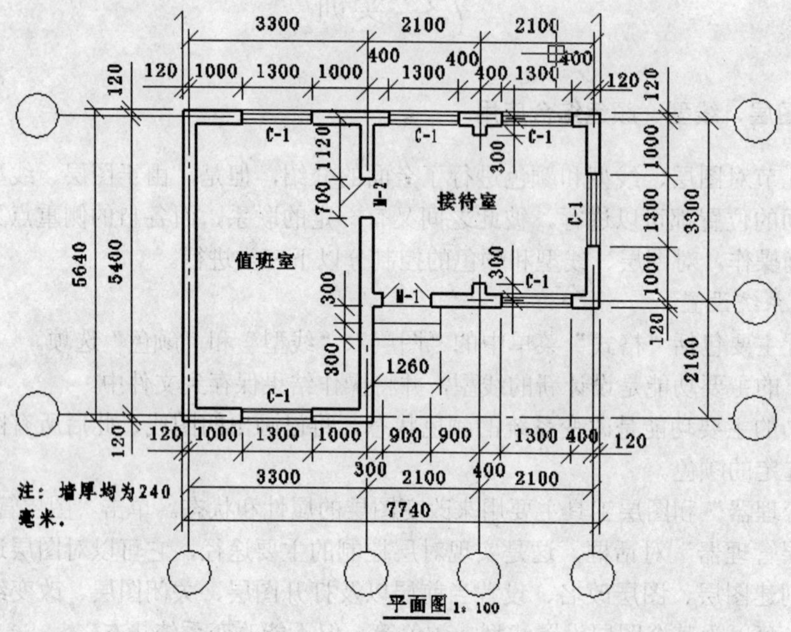

图 7-13　房屋平面图

1. 设置图幅及比例

图幅 A3，比例 1:100，插入图框及标题栏。

2. 画墙线

（1）设置墙线。

由图 7-13 可知，墙厚为 240，轴线对中，内、外墙线与轴线对称分布。

单击菜单“格式”下的“多线样式”，弹出如图 7-14 所示的“多线样式”对话框。单击“新建”按钮，在“新建新多线样式：墙线”对话框中，选择第一条线，将偏移改为 120，选择第二条线，将偏移改为-120，再单击“添加”按钮，设置偏移为 0，单击“线型”按钮，在“线型”对话框中选择中心线，单击“确定”按钮即可。

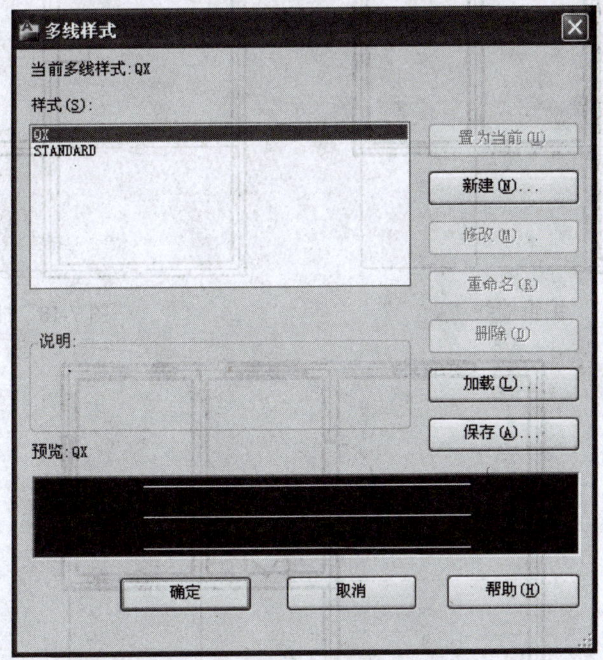

图 7-14　“多线样式”对话框

（2）拾取“多线”命令绘制墙线和门窗。

1）画出外墙，如图 7-15 所示。

2）画出内墙，如图 7-16 所示。

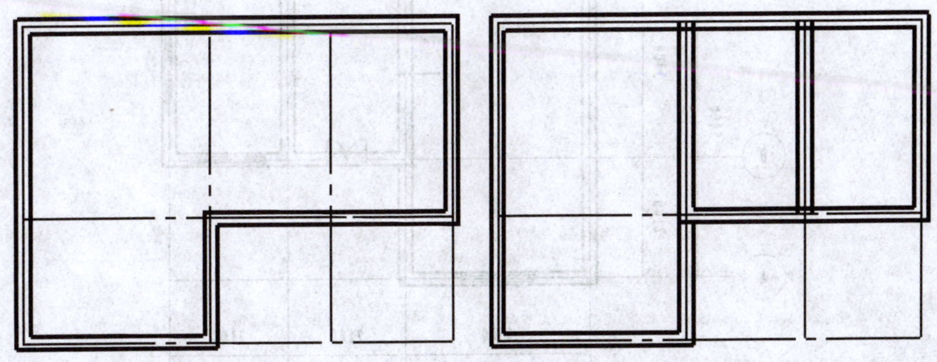

图 7-15　绘制外墙　　图 7-16　绘制内墙

3）编辑墙线，如图 7-17 所示。

4）绘制“门”，如图 7-18 所示。

5）绘制“窗”，如图 7-19 所示。

3. 标注尺寸

选择“尺寸标注”的“建筑标注设置”，然后对各个部分进行标注。

（1）标注平行轴网，如图 7-20 所示。

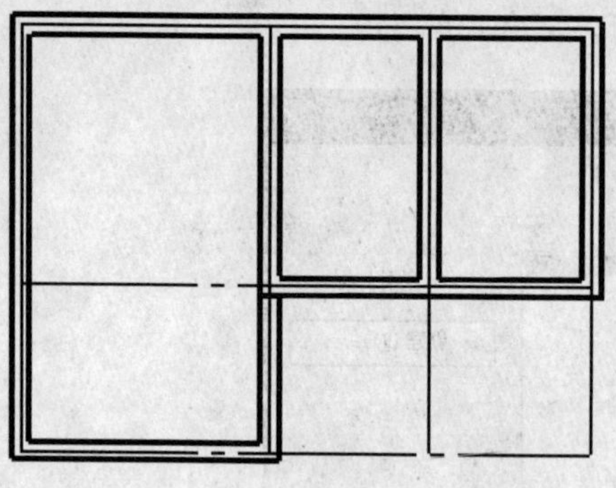

图 7-17　编辑墙线

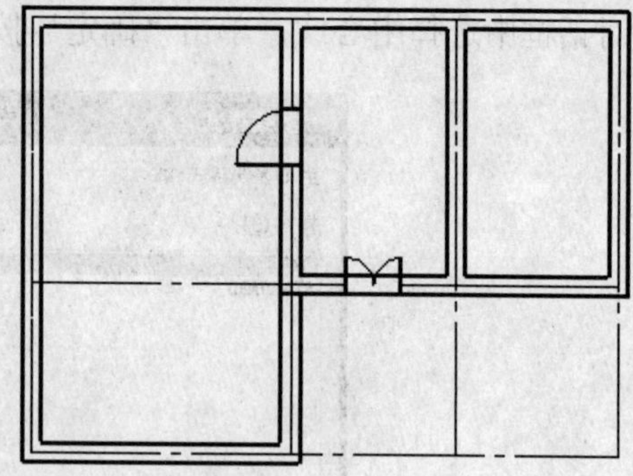

图 7-18　插入门

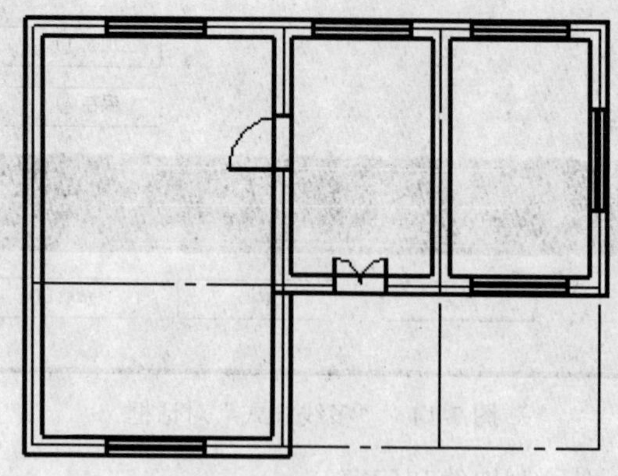

图 7-19　插入窗

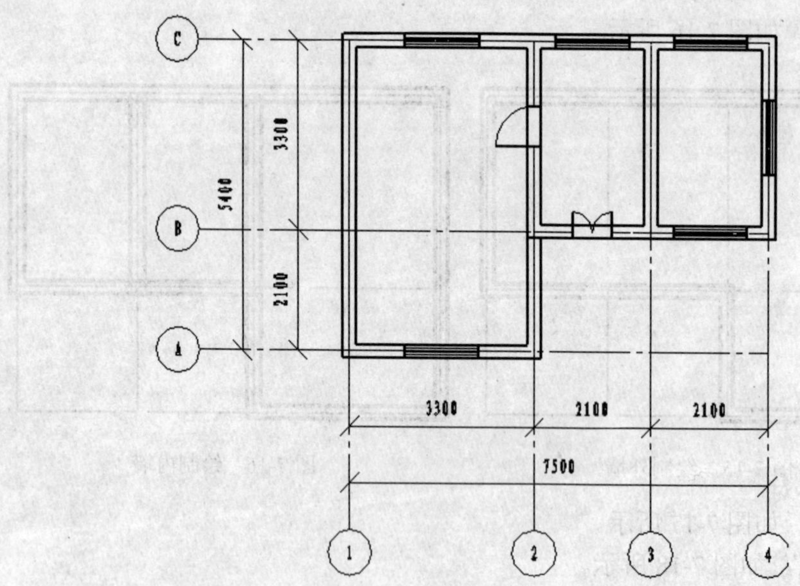

图 7-20　平行轴网标注尺寸

（2）门窗标注，如图 7-20 所示。

（3）墙体总尺寸标注，如图 7-13 所示。

（4）修改全图。对图中多余的线条进行必要的修改，完成全图，如图 7-13 所示。

7.3.3　断面图的绘制方法和步骤

绘制断面图的一般步骤：

（1）画图前首先要分析、看懂形体。

（2）根据视图数量和尺寸大小布置图面，画出各视图的定位基准线。

（3）逐一画出各视图并进行编辑修改。

（4）标注剖切符号，绘制剖面线，标注断面图名称。

（5）检查、修改、存盘。

已知组合体的平面图和正立面图，试作 1-1 断面图，如图 7-21 所示。

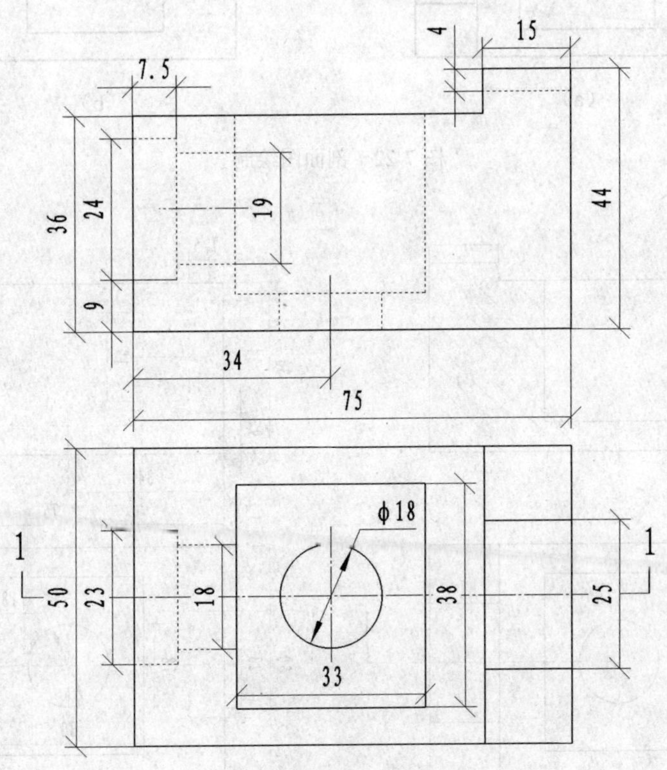

图 7-21　绘制断面图

1. 形体分析

该形体左右不对称，故正立面图采用全剖表达内形。

2. 绘图步骤

（1）按图 7-19 抄画平面图，并绘制立面图外轮廓线，如图 7-22（a）所示。

（2）将原立面图中的虚线改画成粗实线，如图 7-22（b）所示。

（3）将剖切面与物体的接触部分填充剖面线，如图 7-23（a）所示。

（4）在平面图上标注两个剖切位置 1-1 和尺寸，如图 7-23（b）所示。

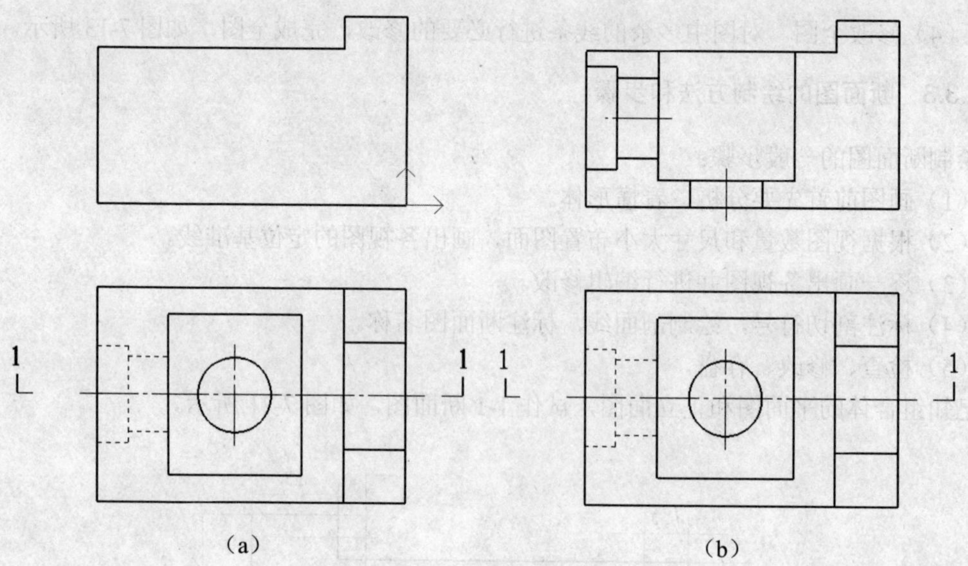

图 7-22　剖面图绘制

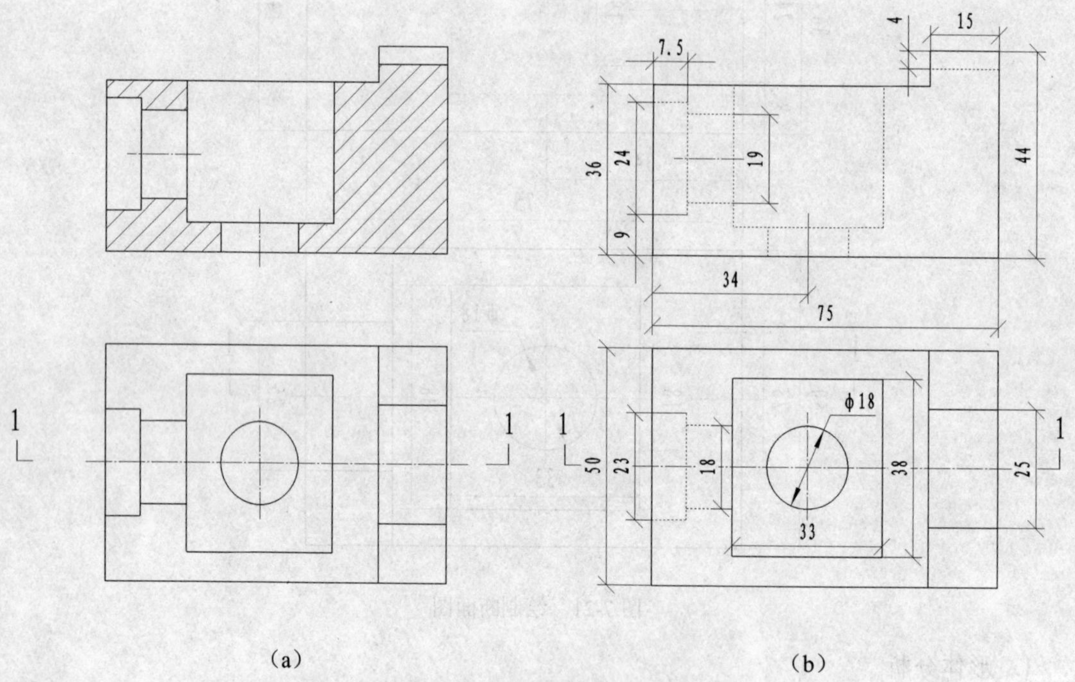

图 7-23　剖面图绘制（续图）

习　题

1．已知组合体的平面图和正立面图，如图 7-24 所示，试作 1-1 剖面图。

2．已知组合体的平面图和正立面图，如图 7-25 所示，补画第三视图。

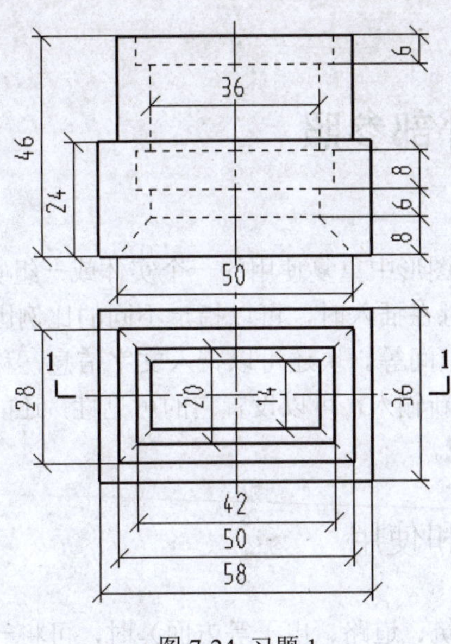

图 7-24 习题 1

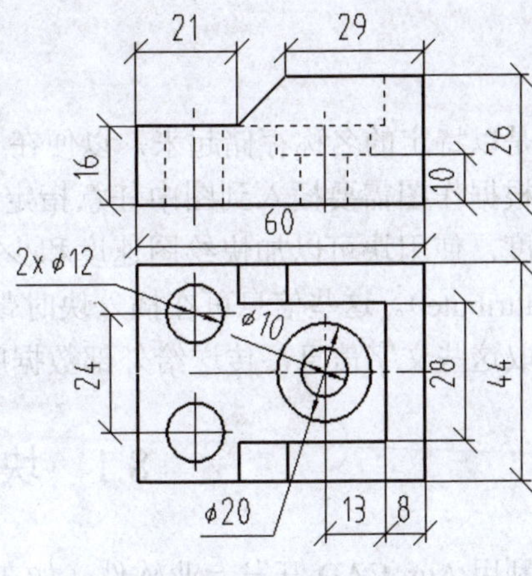

图 7-25　习题 2

3．抄画如图 7-26 所示的房屋平面图，A3 图纸，比例 1:100。

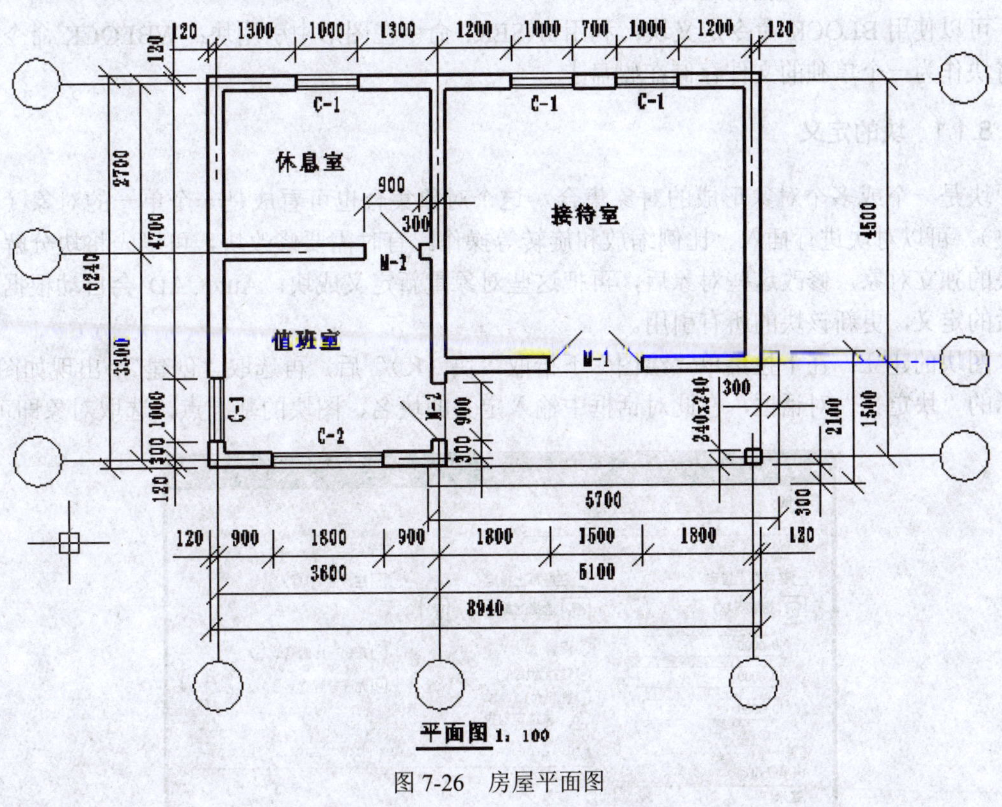

图 7-26　房屋平面图

第 8 章　块与外部参照

块是以特定的名称存储起来，以便在 AutoCAD 图形中重复使用的一个实体或一组实体。块可以根据作图需要插入到图中任意指定的位置，且在插入时，可以指定不同的比例因子和旋转角度，使用块可以加快绘图速度和少占用磁盘空间等。块还可以带入文字信息，称之为属性（attribute）。这些信息可在插入块时带入或者重新输入，可以设置它的可见性，还能从图形中提取这些文字信息，传送给外部数据库进行管理。

8.1　块的生成和使用

在利用 AutoCAD 开发专业软件（如在机械、建筑、道路、电子等方面）时，可将一些经常使用的常用件、标准件及符号作成图块，使之成为一个图库，在绘图时可以随时调用，这样会减少重复性工作，提高绘图效率。

可以使用 BLOCK 命令定义块；利用 INSERT 命令在图形中引用块；WBLOCK 命令则可以将块作为一个单独的文件存储在磁盘上。

8.1.1　块的定义

块是一个或多个对象形成的对象集合。这个对象集合也可看成是一个单一的对象（被称为块）。可以对块进行插入、比例缩放和旋转等操作。有时需要修改块，可以先将块分解为组成块的独立对象，修改这些对象后，再把这些对象重新定义成块。AutoCAD 会自动根据块修改后的定义，更新该块的所有引用。

图块的建立：在下拉菜单“绘图”下拾取“块（K）”后，再选取“创建”，出现如图 8-1 所示的“块定义”对话框，在此对话框中输入定义的块名、图块的基准点，选取对象即可。

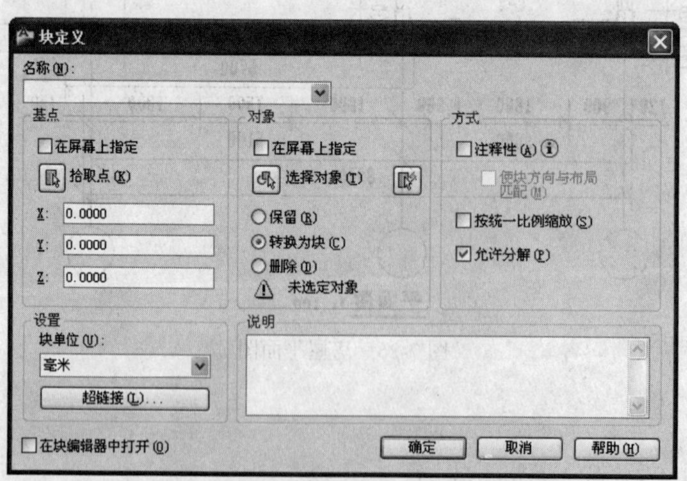

图 8-1　“块定义”对话框

使用块时必须确定块名、块的组成对象和在插入块时要使用的插入基点。块名称及块的定义保存在当前图形中。

在“块定义”对话框的“基点”选项组提示输入基点。可以输入基点的坐标，也可以在屏幕上直接拾取。在插入一个块时，AutoCAD 需要指定“块”在图形中的“插入点”，这样被插入的块将以“基点”为基准，放在图形中指定的插入点位置。

在“对象”选项组，AutoCAD 提示用户选择组成块的对象。“选择对象”按钮供选择组成块的对象。选择对象时，系统将临时关闭“块定义”对话框，完成后系统将重新显示该对话框。

“保留”创建块以后，将选定的对象保留在图形中。

“转换为块”创建块以后，将选定对象转换成图形中的一个块引用。

“删除”创建块以后，从图形中删除选定的对象。

选好对象并单击“确定”按钮后，系统便把选好的对象转换成一个块。

图 8-2 是一个机械图中常用到的螺栓、螺母及垫圈图，我们希望能在不同的图形文件中使用它。要想在不同的图形文件中使用该图，可以使用两种方法：一种就是使用现在介绍的块方法，即将每个图形定义为一个块，然后将其保存为一个文件，以后其他图形文件便可以调用它。另一种方法是使用本章后面要介绍的外部参照方法。下面运用块命令将每个图形定义为一个块。

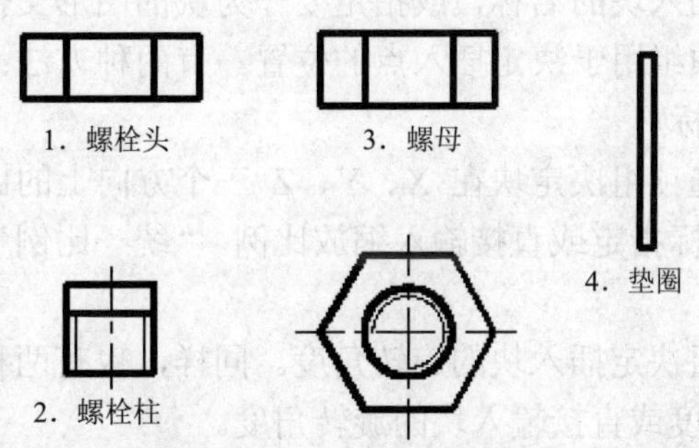

图 8-2　螺栓、螺母、及垫圈图

在绘图工具栏拾取“块”按钮或单击下拉菜单：“绘图”→“块”→“创建”，系统出现如图 8-1 所示的“块定义”对话框，在“块名”中输入 LST （定义块螺栓头）。单击“拾取点”按钮 ，指定插入点（一般将基点选择在块的中心、左下角或其他有特征的位置上），选择“转换为块”框图，单击“选择对象”按钮，选择对象：可用窗选拾取图形，单击右键结束对象选择，回到“块定义”对话框，单击“确定”按钮，关闭“块定义”对话框。

用同样的操作步骤，定义螺杆、螺母及垫圈的图形块。

8.1.2　块的使用

生成块的目的，是为了在图形中使用块。当需要在图形中加入一个块时，使用插入块（INSERT）命令插入。无论块的复杂程度如何，AutoCAD 均将该块作为一个对象。如果需要编辑一个块中的对象，必须首先分解这个块。

8.1.2.1　插入图块

插入图块命令可将定义好的图块插入到当前图形文件中。

单击绘图工具栏的 按钮或选择下拉菜单【插入】→【块】，打开如图 8-3 所示的“插入”对话框。可利用该对话框确定插入图形文件中的块名或图形文件名，也可使用该对话框确定插入点、比例因子和旋转角。

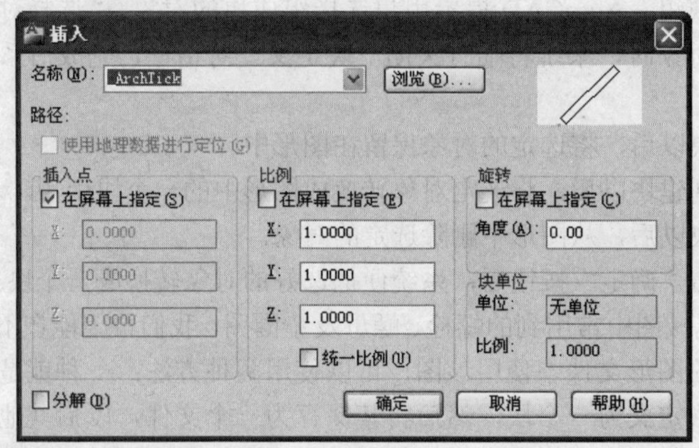

图 8-3　“插入”对话框

下面介绍“插入”对话框中几个部分的意义。

（1）名称：指定要插入块的名称，或指定要作为块的图形文件名。

（2）插入点：该选项组用于决定插入点的位置。有两种方法：在屏幕上使用鼠标指定插入点或直接输入插入点坐标。

（3）缩放比例：该选项组决定块在 X、Y、Z 三个方向上的比例。也有两种方法决定缩放比例：在屏幕上使用鼠标指定或直接输入缩放比例。“统一比例”指 X、Y、和 Z 三个方向上的比例因子是相同的。

（4）旋转：该选项组决定插入块的旋转角度。同样，也有两种方法决定块的旋转角度：在屏幕上指定块的旋转角度或直接输入块的旋转角度。

（5）分解：决定插入块时是作为单个对象还是分成若干对象。此时，只能指定 X 比例因子。

下面看一看如何在图形中使用块，其操作步骤如下：在绘图工具栏单击 或单击下拉菜单“插入”→“块”，在图 8-3 所示的对话框中单击“名称”框右边的下拉按钮，选择块的名称，将图 8-2 中的螺栓、螺母及垫圈的图块依次插入到图 8-4 的图形中，结果如图 8-5 所示。

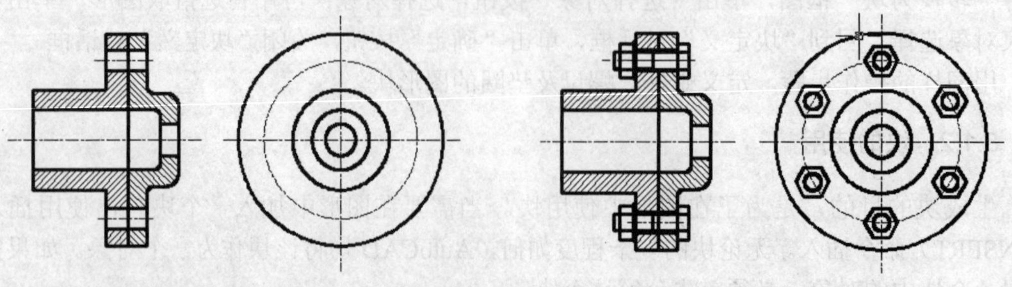

图 8-4　插入块前的图形　　　　图 8-5　插入块后的图形

插入点：选中“在屏幕上指定”。

各图块的缩放比例如下：

螺栓头：X、Y 方向比例因子等于 12。

螺杆：X、Y 方向比例因子等于 12，Z 方向比例因子等于 46。

螺母：X、Y 方向比例因子等于 12。

垫圈：X、Y 方向比例因子等于 12。

8.1.2.2　使用 MINSERT 命令插入多个块

MINSERT（多重插入）命令可用于以矩形阵列形式插入多个图块。实际上是将阵列命令和块插入命令合二而一的命令。尽管表面上 MINSERT 的效果同 ARRAY 命令一样，但它们本质上是不同的。ARRAY 命令产生的每一个目标都是图形文件中的单一对象，而 MINSERT 产生的多个块是一个整体，用户不能单独编辑一个组成阵列的块。

下面通过一个实例来说明块的生成和使用方法，如图 8-6 所示。

命令：MINSERT

输入块名[？]：（指定一个块名。或键入“？”列出当前图形中的所有块名）TU4

指定插入点或[比例（S）/X/Y/Z/旋转（R）/比例（PS）/PX/PY/PZ/预览旋转（PR）]：100,100　（输入一个数，或拾取一点）

输入 X 比例因子，指定对角线，或者[角点（C）/XYZ]：（输入一个数、拾取一点或空响应）

输入 Y 比例因子，<使用 X 比例因子>：（输入一个数、拾取一点或空响应）

指定旋转角度：（输入一个数、拾取一点或空响应）

输入行数（－－－）<1>：3 (3 行)

输入列数（｜｜｜）<1>：4 (4 列)

输入行间距或指定单位单元（－－－）：100（行间距为 100）

输入列间距（｜｜｜）：100（列间距为 100）

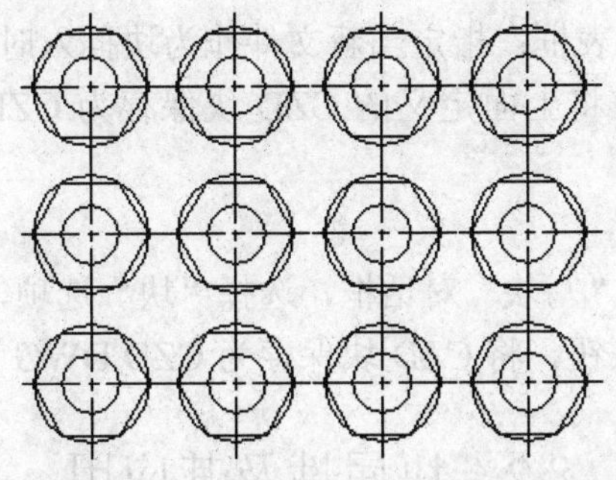

图 8-6　使用 MINSERT 命令插入多个块

8.1.2.3　使用 WBLOCK 命令存储块

使用 BLOCK 命令定义一个块时，该块只能在存储该块定义的图形文件中使用。因此，为了能在别的图形文件中再次引用，就必须使用另外的办法，WBLOCK 命令能满足这一要求。

WBLOCK 命令可将块、对象选择集成一个完整文件写入一个图形文件中。该图形文件便可被其他图形文件调用。执行 WBLOCK 命令后，如图 8-7 所示，打开“写块”对话框，主要分为两个区：源区和目标区。

1. 源区

在该区中，用户可以指定要输出的对象或图块以及插入点。其主要选项为：

（1）“块”单选按钮：指定要保存到文件中的图块。可从块名下拉列表框中选择一个图块名称。

（2）“整个图形”单选按钮：选择当前图形作为一个图块。

（3）对象单选按钮：指定要保存到文件中的对象。

2. 目标区

在该区域中，用户可以指定输出的文件名、位置以及文件的单位。

（1）“文件名和路径”编辑框：指定块或对象要输出的文件的名称和保存的路径。

（2）窗口图标按钮：拾取此按钮，将显示如图 8-8 所示“浏览文件夹”对话框。

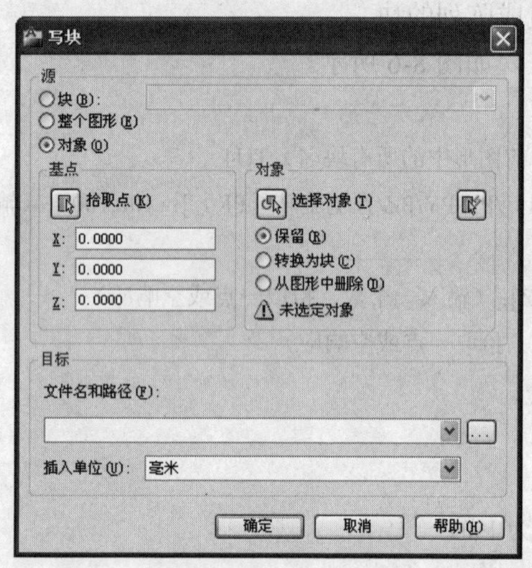

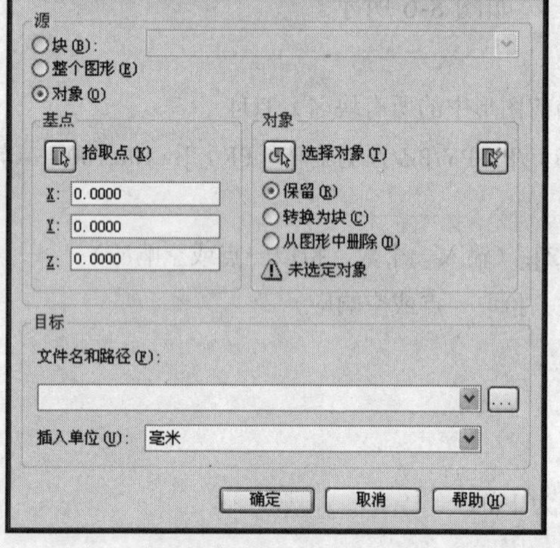

图 8-7 “写块”对话框

图 8-8 “浏览文件夹”对话框

（3）“插入单位”下拉列表框：指定当新文件作为块插入时的单位。

下面利用 WBLOCK 命令将上面定义的 CZD 块保存为 CZD.DWG 图形文件。操作步骤如下：

命令：WBLOCK

系统打开如图 8-7 所示的“写块”对话框，选择“块”选项，在“块”下拉列表框中选中 CZD 块名称，单击“确定”按钮，将 CZD 块保存为 CZD.DWG 图形文件。

8.2 块属性及其应用

属性是指从属于图块的非图形信息，它是特定的且可包含在块定义中的文字对象，并且在定义一个块时，属性必须预先定义而后被选定。下面讨论属性的生成、插入及使用方法。

8.2.1 建立块属性

图块的属性可以理解为对图块对象的文字注释。在创建一个新块的时候附加关于这个图块的属性定义。属性必须依赖于块存在才有意义，没有附加到块上的属性定义顶多算是特殊的文本。如果一个图块中不含任何图形对象，只有属性定义存在也是可以的。

选择下拉菜单“绘图”→“块”→“定义属性”，出现如图 8-9 所示“属性定义”对话框。该对话框主要包括“模式”、“属性”、“插入点”、和“文字设置”等几个部分。其中“模式”区可以设置属性为不可见、固定、验证或预设；“属性”区则提供了三个文本框，在此文本框中输入属性标记、提示和默认值；“插入点”用于定义插入点坐标；“文字设置”用于定义文本的对齐、类型、高度及旋转角等。

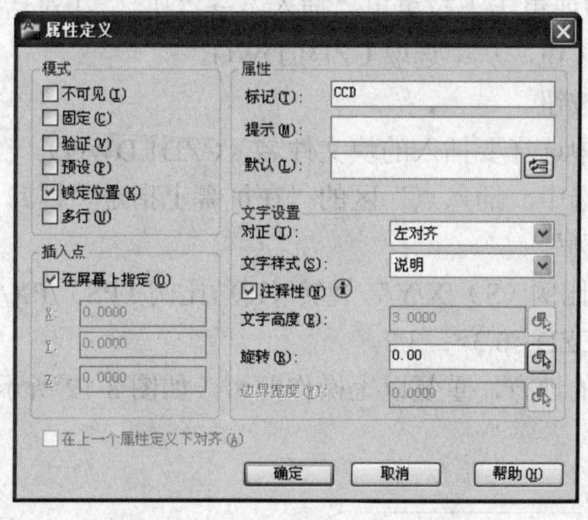

图 8-9 “属性定义” 对话框

下面举例说明块属性的定义方法：首先打开前面用 WBLOCK 存储的 CZD 图形文件，如图 8-10 所示。

命令：ATTDEF

下拉菜单：“绘图”→“块”→“定义属性”

（1）在“标记”框中输入“CZD”。

（2）在“提示”框中输入“粗糙度”。

（3）在“默认”框中输入“6.3”。

（4）在“插入点”区选择“拾取点”按钮。

（5）起点：单击图 8-11 中的点。

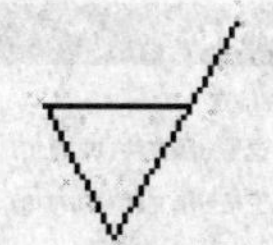

图 8-10 未带属性

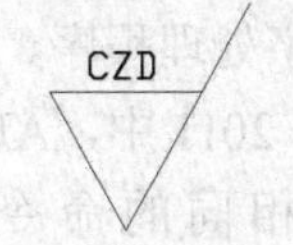

图 8-11 设置属性

（6）单击“确定”按钮。

（7）完成属性定义。

（8）将完成属性定义的图形创建成图块，如图 8-11 所示。

8.2.2 插入带有属性的块

当插入带有属性的块或图形时，前面的提示与插入一个不带属性的块完全相同，只是在后面增加了属性输入提示。可在属性提示下输入属性值或接受默认值。可用系统变量 ATTDIA 控制 AutoCAD 在提示用户输入属性时，是在命令行上显示属性提示（ATTDIA 的值为 0），还是在对话框中发出属性提示（ATTDIA 的值为 1）。

下面将图 8-10 插入到图形中，ATTDIA 取其默认值 0。

操作步骤如下：

命令：INSERT

在绘图工具栏单击或单击下拉菜单“插入”→“块”，在对话框中选取各项。

（1）选择“浏览”按钮，从中选取 CZD1.DWG。

（2）选择“打开”按钮。

（3）在“名称”框中选择要插入的块文件名（CZD1.DWG）。

（4）指定插入点（选中“插入点”区的“在屏幕上指定”框）。

（5）选中“统一比例”。

（6）指定插入点或[比例（S）/X/Y/Z/旋转（R）/比例（PS）/PX/PY/PZ/预览旋转（PR）]。

（7）输入属性值，CZD <6.3>：3.2。

（8）在需要块插入的地方，重复以上操作即可，如图 8-12 所示。

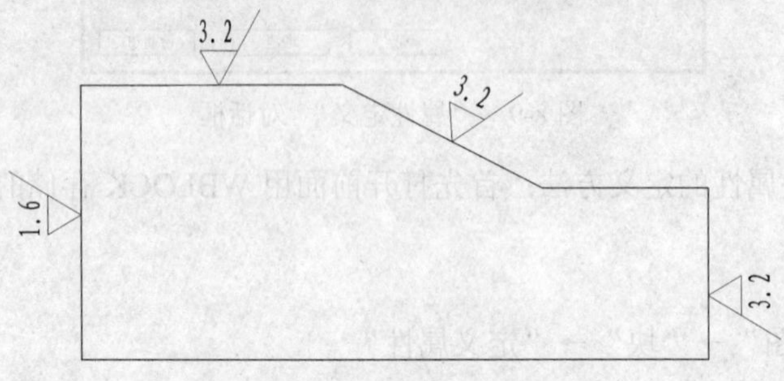

图 8-12　图形中插入带属性的块

8.2.3　抽取属性数据

大部分属性用于文本的自动生成和控制，极小部分用于数据。可将提取的属性数据列表打印或在其他程序中使用这些数据，例如数据库管理系统、电子表格和字处理程序。

在 AutoCAD 2011 中，ATTEXT 或 DDATTEXT 被合并为一个功能相同的命令，可使用 ATTEXTT 和 DDATTEXT 两个命令之一来抽取数据，所采用的格式可以是 CDF、SDF 或 DXF。当从命令行执行 ATTEXT 命令时，系统将打开“属性提取”对话框，如图 8-13 所示。

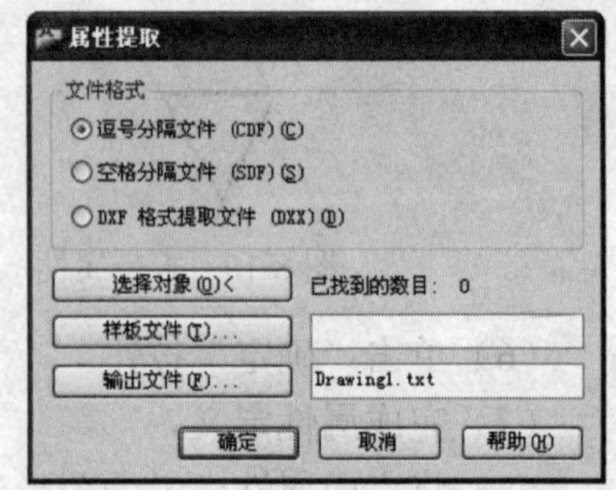

图 8-13　“属性提取”对话框

下面介绍该对话框中几个部分的含义。

（1）CDF（逗号分隔文件）格式通常用于 BASIC 语言或 dBASE 的 APPEND FROM…DELIMITED 操作。

（2）SDF（空格分隔文件）格式通常用于 FORTRAN 语言或 dBASE 的 COPY…SDF 及

APPEND FORM…SDF 操作。

（3）DXF（图形交换文件）格式是 AutoCAD 全部 DXF 文件格式的子集，它被许多第三方程序使用。

属性样板文件：该项指定 CDF 和 SDF 格式的样板文件，实际上它是一个格式化说明的列表。它告知 AutoCAD 在提取数据时什么东西应放在什么地方。

提取数据文件：当有了样板文件后，就可从所有或一些属性中提取数据。请注意，不要让样板文件与用户提取文件重名，否则提取文件将覆盖样板文件。

8.3 外部参照

在 AutoCAD 中将图形文件调入当前图形中有两种方法，一是前面讲到的“插入块”命令，将一个图形文件插入到另一个文件中。插入到当前图形中的图形变成了当前图形的一部分。一旦图形被插入，插入的图形和其原来的图形文件便不再有任何联系，被称为“嵌入”方法。二是用 XREF 命令从外部引入图形。它是将一个图形与另一个图形连接起来，这称之为“链接”方法。

块与外部参照的主要区别是：一旦插入了某个块，这些块就永久地插入到了当前图形中。如果原始图形发生了改变，插入的块并不反映这种改变；而以外部参照的方式插入某个图形后，被插入图形的数据并不直接加入到当前图形中，而只是记录参照的关系。如果原始图形发生了变化，插入的外部参照将相应地改变。因此，包含外部参照的图形总是反映出每个外部参照文件最新的编辑情况。不能在当前图形中编辑一个外部参照图形。如果想编辑它们，必须编辑原始的外部图形文件。而且也不能像对块那样在当前图形文件中对外部参照图形进行分解。外部参照可以附加、覆盖、连接或更新外部参照图形。

8.3.1 外部参照

单击菜单“插入”→“外部参照”命令或“参照”工具栏中的按钮，系统将显示如图 8-14 所示的“外部参照管理器”对话框。

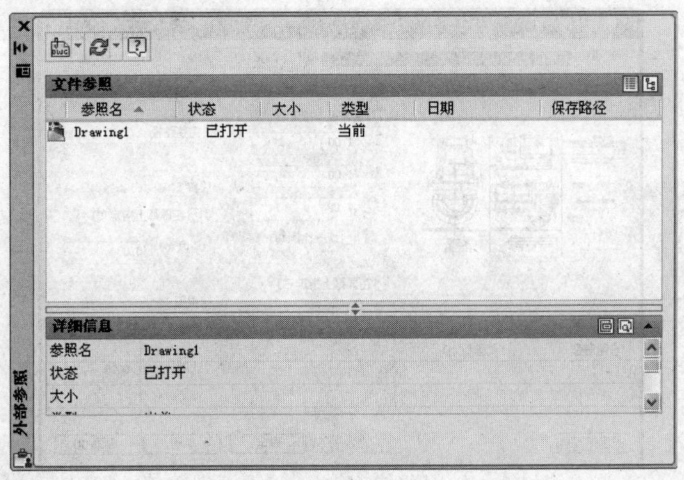

图 8-14　“外部参照管理器”对话框

外部参照管理器对话框中各选项的说明如下：

（1）“参照名”栏：外部参照文件的参照名不必和原文件相同。要改变它，可单击这一名称两次或按 F2 键，可对文件重命名。

（2）“状态”栏：显示外部参照文件的状态，可以是 Loaded、Unloaded、Unreferenced、Unresolved、Orphaned 或 Not Found。

（3）“大小”栏：显示外部参照文件的大小。

（4）“类型”栏：表明外部参照文件是采用绑定方式还是覆盖方式。

（5）“日期”栏：表明外部参照图形最后修改的时间。

（6）“保存路径”栏：显示关联的外部参照文件的保存路径。

单击“附着”下拉列表框，选择附着文件的类型，则系统显示图 8-15 所示的“选择参照文件”对话框，可通过该对话框选择要参照的文件。

图 8-15 “选择参照文件”对话框

选定文件后，单击“打开”按钮，则系统将显示图 8-16 所示的“附着外部参照”对话框。可由该对话框选择引用类型（附加或覆盖），加入图形时的插入点、比例旋转角度以及是否包含路径。

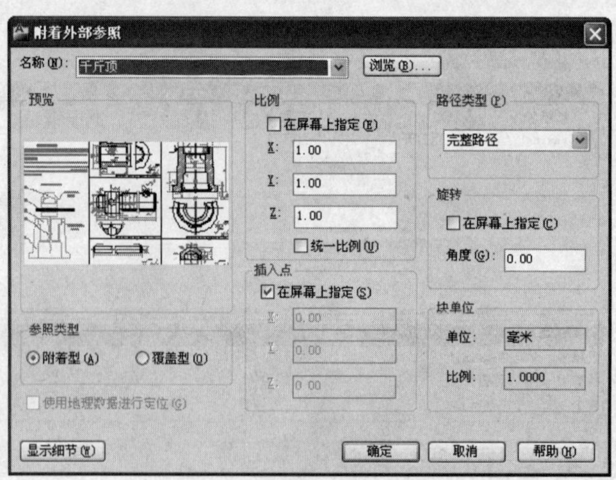

图 8-16 “附着外部参照”对话框

8.3.2　附着外部参照

要附加外部参照，可在“附着外部参照”对话框中的“参照类型”选项组中选择“附加型”选项，可利用该选项在当前图形中加入任何外部参照，然后输入插入点、比例等。

在参照工具栏中拾取“附着外部参照”按钮，打开如图 8-15 所示的“选择参照文件”对话框，选择一个新图形，单击“打开”按钮，出现如图 8-16 所示的“附着外部参照”对话框。在对话框中设置各项内容后，单击“确定”按钮即可。

8.3.3　绑定外部参照

把外部参照绑定到图形上可使外部参照成为图形中的固有部分，不再是外部参照文件。可以使该外部参照图形变成当前图形的一个普通的图块，同时也向图形中加入了从属符号，可以和其他命名对象一样处理它们。

单击“参照”工具栏中拾取“外部参照绑定”按钮，打开如图 8-17 所示的“外部参照绑定”对话框。

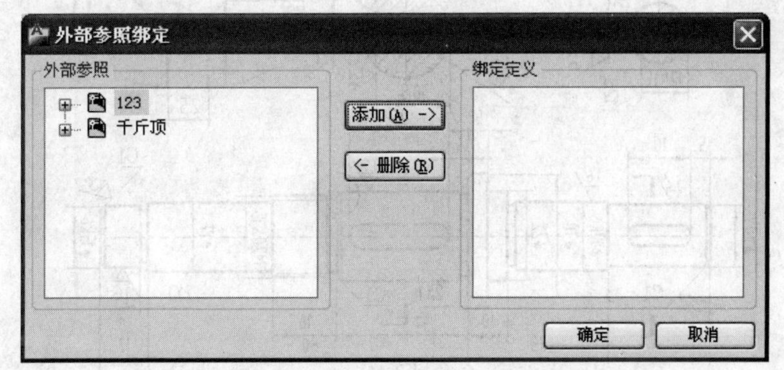

图 8-17　“外部参照绑定”对话框

单击外部参照名称前的“+”号，系统将展开其中所包含的项目，如图 8-17 所示。指定所需连接的符号类型，然后单击“添加”按钮，即可将选项加入“绑定定义”列表框中。但是必须注意，只有前面带有手型符号的项才能被加入到“绑定定义”列表框中。如未出现这些项目，可通过单击“+”号操作。

8.4　实训

8.4.1　工程图的绘制方法和步骤

用计算机能快速、准确地绘制零件图，与手工绘图相比计算机能将复杂的问题简单化。例如画边框线和标题栏，画剖面线、椭圆、正多边形和圆弧连接，图形和尺寸的修改与编辑等。绘图时应注意以下问题：

（1）利用“图层”来区分不同的线型。绘制图形时只能画在当前层上，因此应根据线型及时变换当前层。还可利用图层的“打开”和“关闭”来提高速度和图形编辑。

（2）在画图和编辑过程中，应根据作图需要随时进行“缩放”、“平移”、“镜像”、“拷贝”以简化作图。

（3）注意利用“对象捕捉”保证作图的准确性。

（4）要养成及时存盘的好习惯，以防因意外原因造成所画图形丢失。

绘制零件图的一般步骤：

（1）画图前首先要分析、看懂零件图，根据视图数量和尺寸大小选择图幅和比例。

（2）设置图幅、调入已保存的图框和标题栏。

（3）根据视图数量和尺寸大小布置图面，画出各视图的定位基准线。

（4）逐一画出各视图并进行编辑修改。

（5）标注尺寸和工程符号，填写标题栏，注写文字说明。

（6）检查、修改、存盘。

例 8.1 绘制如图 8-18 所示的轴类零件图。

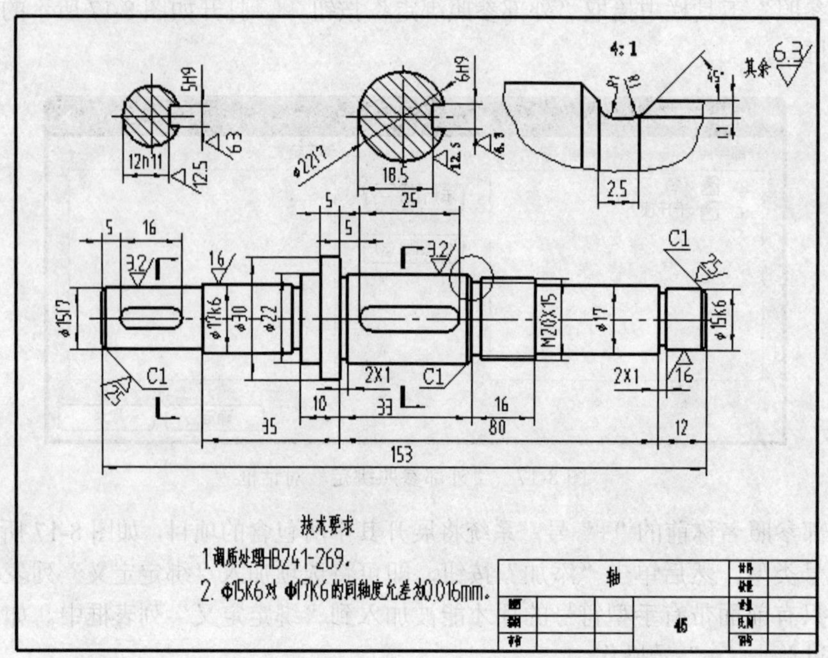

图 8-18 轴类零件图

（1）零件分析。该零件属轴套类零件，用一个轴线水平放置的主视图和移出断面图及局部放大图表达。

（2）绘图步骤。

1）设置图幅。图幅 A3、比例 1:1、横放。

2）绘制视图。由于轴类零件多为同轴回转体，可用直线命令绘制各轴段的一半，然后用镜像命令，或用偏移命令绘制各段，如图 8-19（a）所示；用倒角命令进行倒角（C1），如图 8-19（b）所示；用圆和直线命令绘制键槽，如图 8-19（b）所示。

3）标注尺寸如图 8-18 所示。

4）标注表面粗糙度。利用块命令制作带属性的粗糙度块，标注粗糙度符号。用文字标注在其左边标注出“其余”。

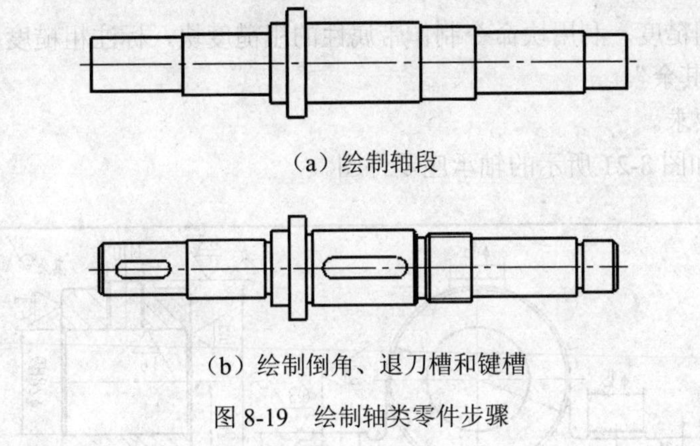

（a）绘制轴段

（b）绘制倒角、退刀槽和键槽

图 8-19　绘制轴类零件步骤

5）填写技术要求。

例 8.2　绘制如图 8-20 所示的滑轮零件图。

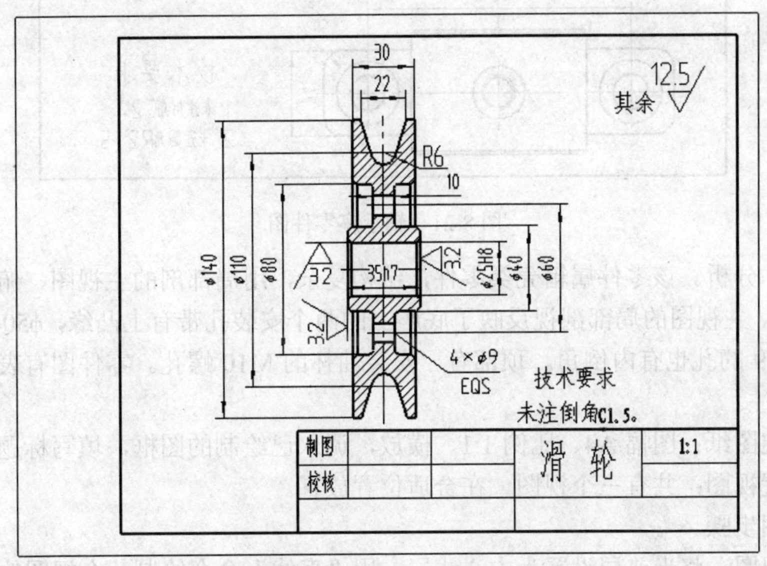

图 8-20　滑轮零件图

（1）零件分析。该零件属于盘盖类零件，用一个轴线水平放置的主视图来表达。轮毂左右凸出，有内外倒角；轮辐上有ϕ40 和ϕ80 组成的环形槽，在其上均匀分布着四个ϕ9 孔；轮缘上有装绳索的沟槽。零件图有表面粗糙度和技术要求文字标注。

（2）设定图纸：图幅 A4、比例 1:1、横放，调入已绘制的图框，填写标题栏。

（3）布置视图：只有一个视图，在合适位置放置即可。

（4）绘图步骤。

1）绘制视图。将当前层设置为中心线层，用“直线”命令绘制基准线，即滑轮的轴线和左右对称中心线。切换当前层为粗实线层，用“偏移”命令绘制上下对称的轮毂、轮辐、轮缘。用“圆”命令和“直线”命令绘制轮缘上的沟槽。用“倒角”、“圆角”和“裁剪”命令绘制、编辑轮毂及轮缘形状。编辑、修改、画剖面线，完成绘图。

2）标注尺寸。

3）标注表面粗糙度。利用块命令制作带属性的粗糙度块，标注粗糙度符号。用文字标注在其左边标注出“其余”。

4）填写技术要求。

例 8.3 绘制如图 8-21 所示的轴承座零件图。

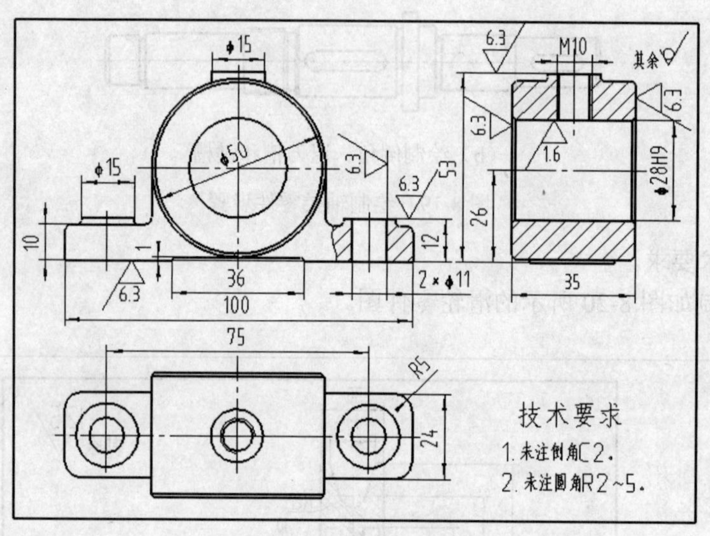

图 8-21 轴承座零件图

（1）零件分析。该零件属箱壳类零件，结构复杂，用局部剖的主视图、俯视图和全剖的左视图来表达。主视图的局部剖视反映了底座上的两个安装孔带有上凸缘，ϕ50 的圆柱面上有外倒角，ϕ28H9 的孔也有内倒角。顶部有一安装油杯的 M10 螺孔。零件图有表面粗糙度和技术要求文字标注。

（2）设定图纸：图幅 A4、比例 1:1、横放，调入已绘制的图框，填写标题栏。

（3）布置视图：共有三个视图，在合适位置放置。

（4）绘图步骤。

1）绘制视图。将当前层设置为中心线层，用“直线”命令绘制三个视图的基准线，即轴承座的底面线、左右对称中心线和前后对称中心线，绘制 28H9 孔的轴线及对称中心线。切换当前层为粗实线层，用“直线”、“偏移”命令、“圆”命令绘制三视图。切换当前层为细实线层，绘制左视图中 M10 螺孔的大径。用“倒角”和“圆角”命令以及“裁剪”命令绘制和编辑。画剖面线，完成绘图。

2）标注尺寸和表面粗糙度。

3）填写技术要求。

8.4.2 标准件绘制方法和步骤

完成螺栓连接，如图 8-22（a）所示。

已知：螺栓 GB/T7582-2000-M20×L，螺母 GB/T6170-2000-M20；

垫圈 GB/T97.1-2002-20，δ_1=20mm，δ_2=25mm。

作图步骤如下所示：

（1）选择适当图幅，绘制两连接板 δ_1=20mm，δ_2=25mm，如图 8-22（b）所示。

（2）用比例画法绘制螺栓、螺母、垫圈，并制作图块。

（3）确定螺栓长度，插入螺栓并修剪，如图 8-22（c）所示。

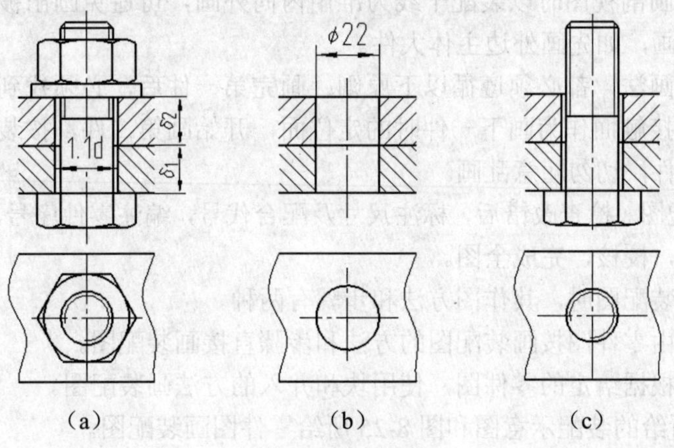

图 8-22　螺栓连接

（4）插入垫圈并修剪，如图 8-23（a）所示。

（5）插入螺母并修剪，如图 8-23（b）所示。

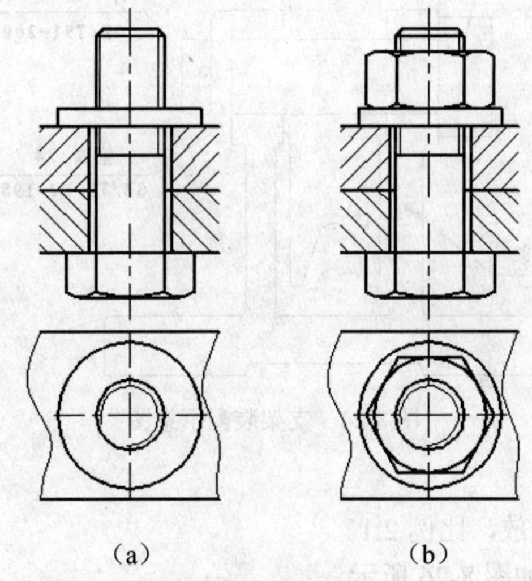

图 8-23　螺栓连接

8.4.3　由零件图拼画装配图

根据装配示意图和所有零件草图、标准件的标记，就可以画出部件的装配图。

1. 拟定表达方案

对现有资料进行整理、分析，进一步了解部件的性能及结构特点，对部件的完整形状做到心中有数。然后，拟定部件的表达方案，选择主视图，确定表达方法和视图数量。

2. 画装配图的方法与步骤

（1）选比例，定图幅，调标题栏。

（2）合理布图，画出视图的基准线，留出明细表的位置。

（3）画装配图时，通常从表达主要装配干线的视图开始画，一般从主视图开始，几个视图同时配合作图。画剖视图时以装配干线为准由内向外画，可避免画出被遮挡的不必要的图线，也可由外向内画，如先画外边主体大件。

无论采用哪种画法，都必须遵循以下原则：画完第一件后，必须找到与此相邻的件及它们的接触面，将此接触面作为画下一件时的定位面，开始画第二件，按装配关系一件接一件依次顺序画出下一件，切勿随意乱画。

（4）完成装配图。检查改错后，标注尺寸及配合代号，编注零件序号，最后填写明细表、标题栏和技术要求，校核，完成全图。

由零件图拼画装配图时，其作图方法和步骤有两种。

作图方法一：由零件图按画装配图的方法和步骤直接画装配图。

作图方法二：根据给定的零件图，使用块和并入的方法画装配图。

根据图 8-24 所给的装配示意图和图 8-25 所给零件图画装配图。

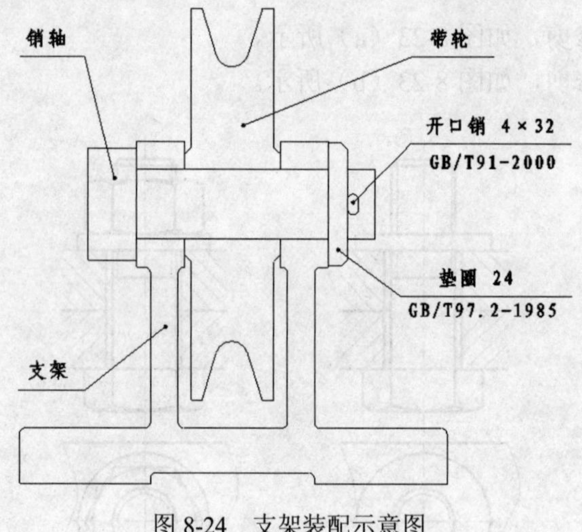

图 8-24　支架装配示意图

作图步骤如下：

（1）确定图幅，A3 横放，比例 2:1。

（2）画作图基准线，如图 8-26 所示。

（3）画底座主视图，如图 8-27（a）所示。

（4）画销轴主视图，处理图线，如图 8-27（b）所示。。

（5）画皮带轮主视图，处理图线，如图 8-28（a）所示。

（6）画垫圈、开口销主视图，处理图线，如图 8-28（b）所示。

（7）标注尺寸。

（8）标注“序号”并填写明细表。完成全图，如图 8-29 所示。

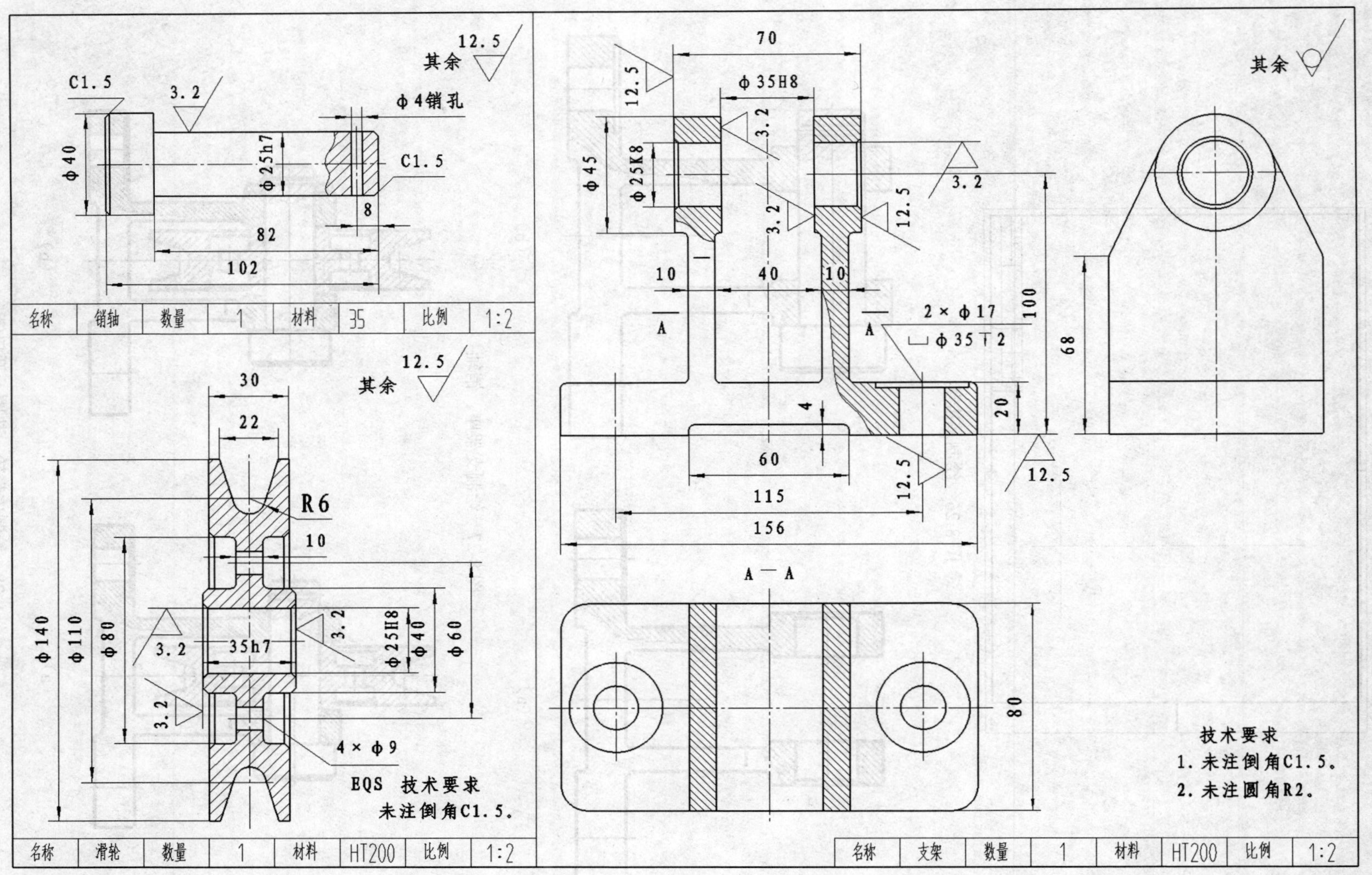

图 8-25　支架装配零件图

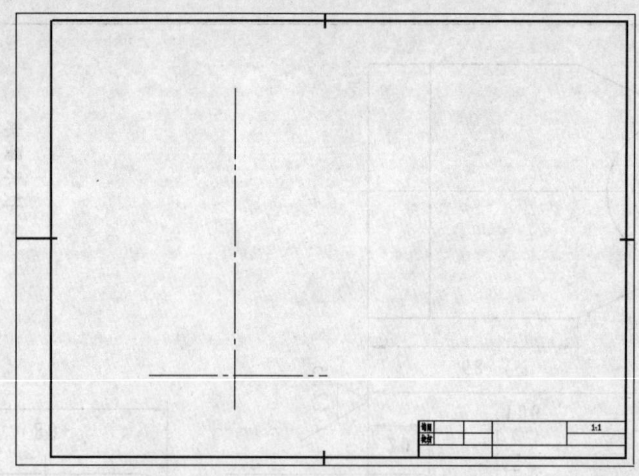

图 8-26　绘制基准线

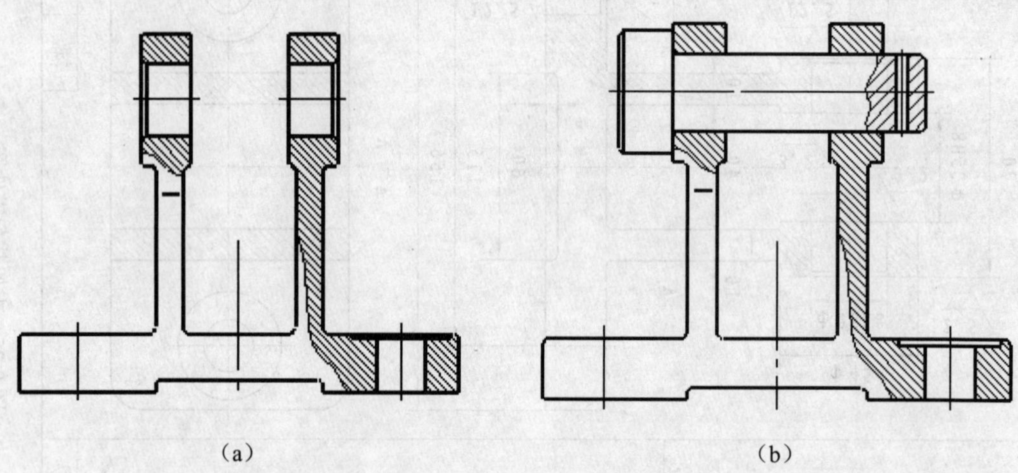

（a）　　　　　　　　　　　　　　（b）

图 8-27　绘制支架座、销轴

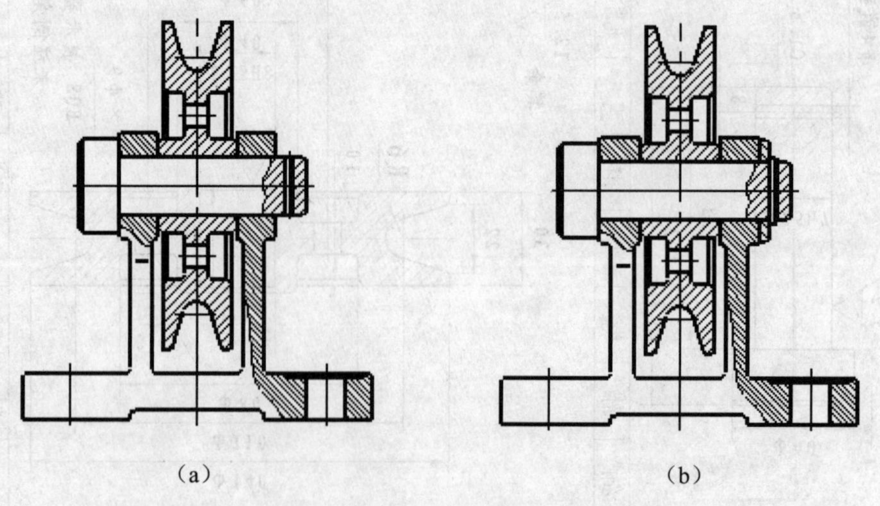

（a）　　　　　　　　　　　　　　（b）

图 8-28　绘制皮带轮、垫圈、开口销

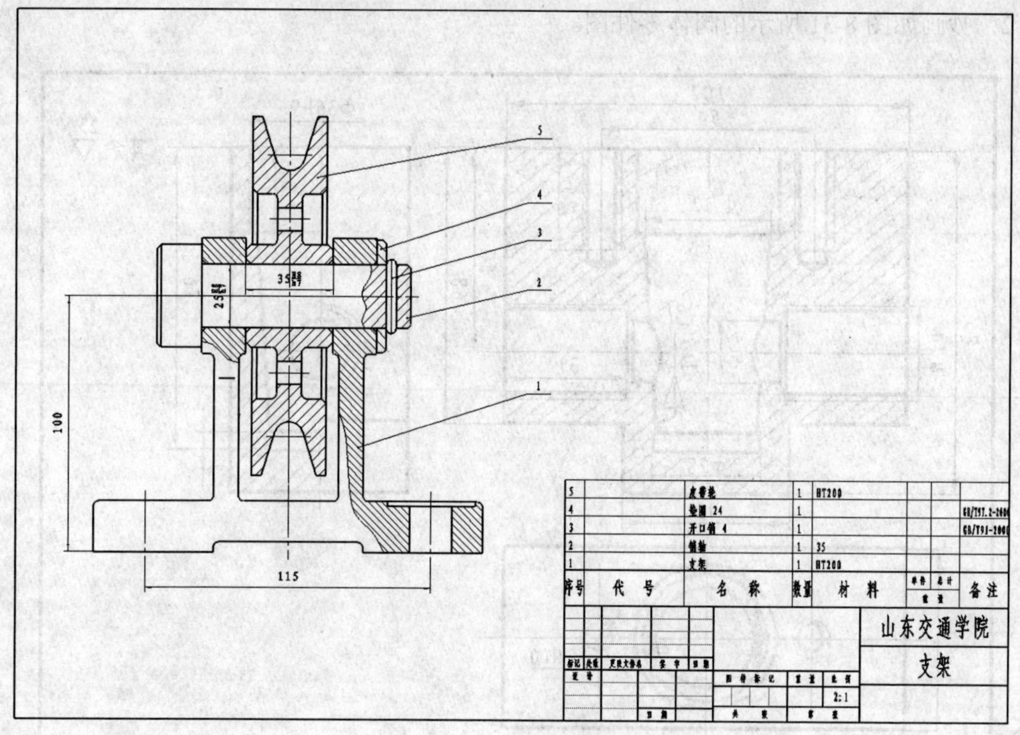

图 8-29　支架装配图

习　题

1．抄画如图 8-30 所示的零件图。

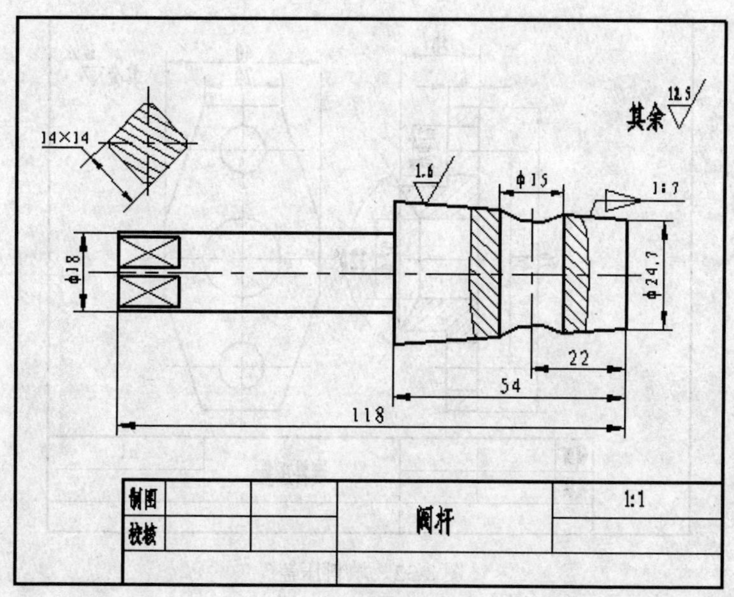

图 8-30　阀杆零件图

2．抄画如图 8-31 所示的阀体零件图。

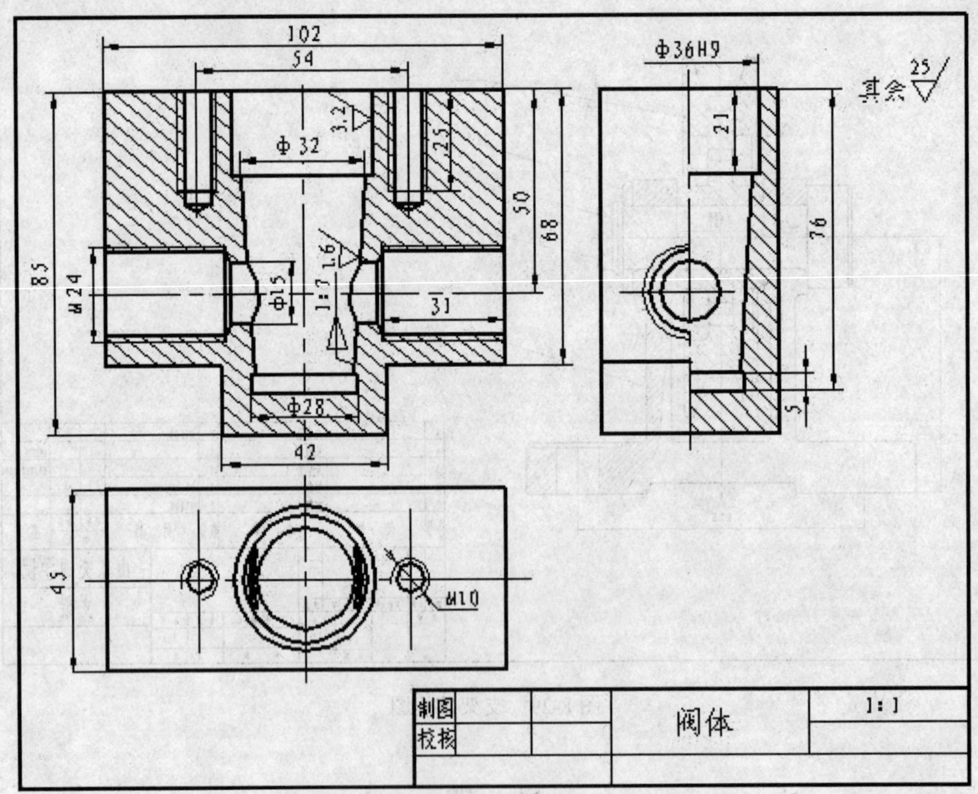

图 8-31　阀体零件图

3．抄画如图 8-32 所示的填料压盖零件图。

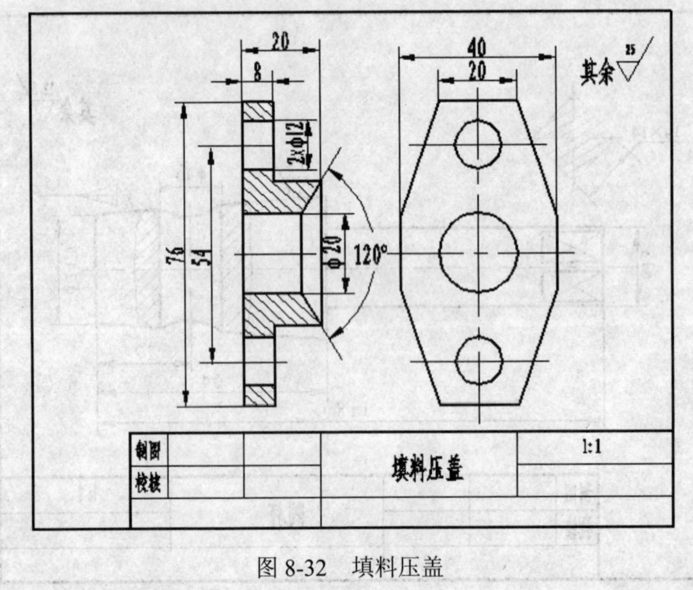

图 8-32　填料压盖

4．根据图 8-30、图 8-31、图 8-32 所示的零件图，绘制图 8-33 所示装配图。

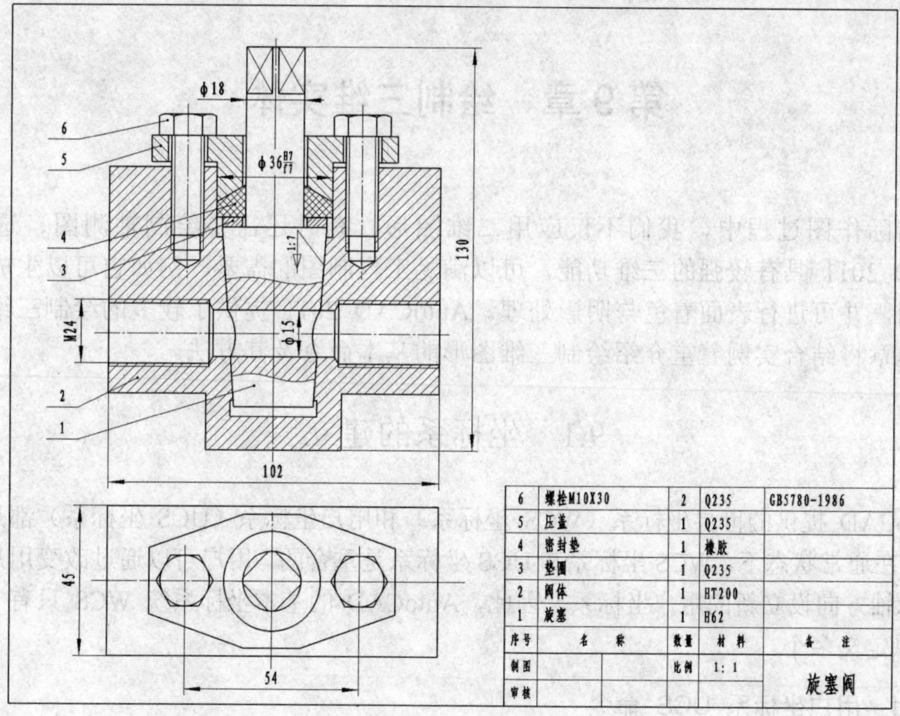

图 8-33　阀装配图

5．根据图 8-34 所给装配示意图和零件图，绘制轴承座装配图。

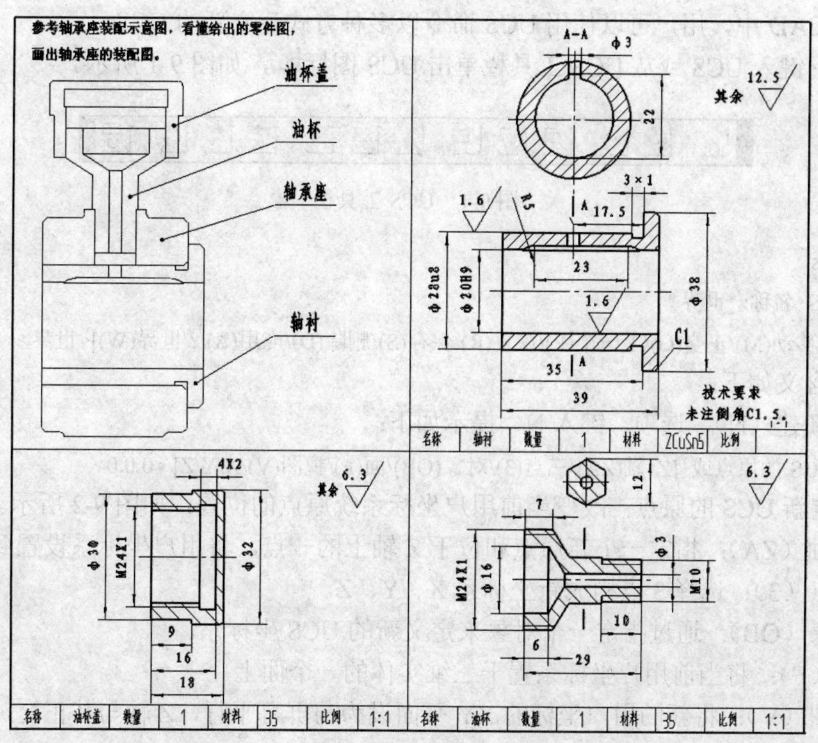

图 8-34　轴承座装配图

第 9 章　绘制三维实体

在实际作图过程中，我们不仅应用二维图形，有时还需要绘制轴测图、透视图。AutoCAD 2011 具有较强的三维功能，可以满足工程制图的需要。例如它可以生成轴测图和透视图，并可进行表面着色与阴影处理。AutoCAD 2011 提供了较多的绘制三维图形的命令，本章将结合实例着重介绍绘制三维图形的基本命令及其方法。

9.1　坐标系的建立

AutoCAD 提供的世界坐标系（WCS 坐标系）和用户坐标系（UCS 坐标系）都是笛卡尔坐标系。在通常状态下，WCS 坐标系和 UCS 坐标系是重合的。用户可以通过改变用户坐标原点及坐标轴方向设立新的用户坐标系。因此，AutoCAD 的基本坐标系统 WCS 只有一个，而 UCS 可以定义多个。

9.1.1　用户坐标系 UCS 命令

这是一个管理坐标系统的基本工具，可以定义一个新用户坐标，允许将绘图所用的坐标系移到三维空间的任意平面，以便绘制三维图形。

在 AutoCAD 中，用户可以使用 UCS 命令以多种方式建立新的 UCS。

在命令行键入 UCS 或从 UCS 工具栏单击 UCS 图标，如图 9-1 所示。

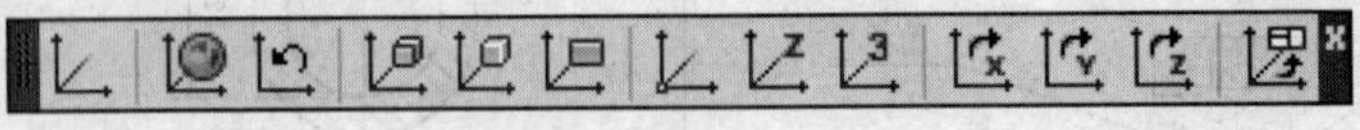

图 9-1　UCS 工具栏

命令: _ucs

当前 UCS 名称: *世界*

[新建(N)/移动(M)/正交(G)/上一个(P)/恢复(R)/保存(S)/删除(D)/应用(A)/?/世界(W)]<世界>:

各选项含义如下：

（1）“新建（N）”选项。键入 N，提示如下：

指定新 UCS 的原点或 [Z 轴(ZA)/三点(3)/对象(OB)/面(F)/视图(V)/X/Y/Z] <0,0,0>:

- 指定新 UCS 的原点：改变当前用户坐标系统原点的位置，如图 9-2 所示。
- Z 轴（ZA）：指定一个新原点和位于 Z 轴上的一点，将用户坐标系设置到特定方式。
- 三点（3）：选择 3 点构成新坐标系 X、Y、Z。
- 对象（OB）：通过指定一个对象来定义新的 UCS 坐标系。
- 面（F）：将当前用户坐标系置于三维实体的一个面上。
- 视图（V）：将新的用户坐标的 XY 平面设为与屏幕平行，Z 轴与其正交，原点不变。
- X/Y/Z：通过独立地分别旋转 X、Y、Z 轴生成新的 UCS。

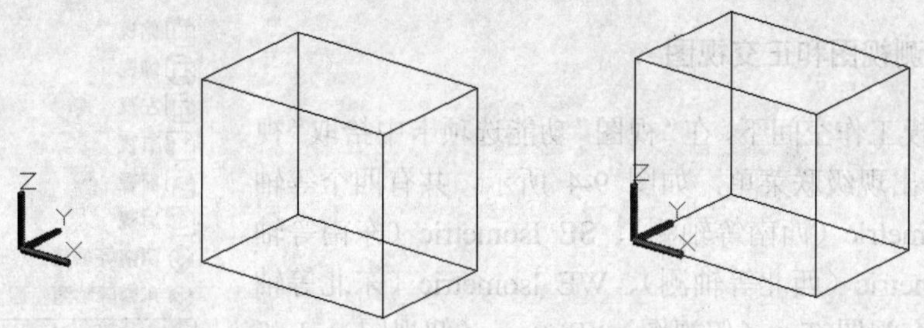

图 9-2　指定或移动坐标原点

（2）“移动（M）”选项。键入 M，提示如下：

指定新原点或 [Z 向深度(Z)] <0,0,0>:

在 AutoCAD 2011 中，可以在“坐标功能”选项卡下进行更方便的设置。

9.1.2　管理已定义的 UCS

在 AutoCAD 2011 中，可以使用 UCSMAN 命令通过对话框的形式来管理已定义的用户坐标系，包括恢复已保存的 UCS 或正交 UCS、指定窗口中的 UCS 图标和 UCS 设置、命名和重命名当前 UCS。

操作方式：在“坐标”功能选项卡下，拾取图标，出现如图 9-3 所示的 UCS 对话框。在此对话框中进行命名 UCS、正交 UCS、设置的操作。

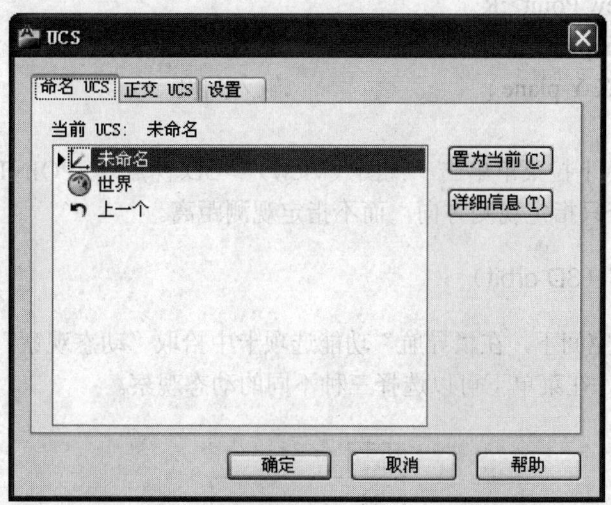

图 9-3　UCS 对话框

9.2　三维图形显示

由于屏幕本身是二维的，我们看到的三维视图是在不同视线方向上观察得到的投影视图。AutoCAD 默认视图为 XY 平面视图，同时提供了“视点”（VPOINT）命令允许用户设定任意视线方向，也可通过选择菜单项和工具栏选取特定的三维视图。

9.2.1 轴测视图和正交视图

在三维建模工作空间下，在“视图”功能选项卡中拾取“视图”图标，出现级联菜单，如图 9-4 所示，共有四个等轴测图：SW Isometric（西南等轴测）、SE Isometric（东南等轴测）、NW Isometric（西北等轴测）、WE Isometric（东北等轴测）和六个正交视图 Top（俯视图）、Bottom（仰视图）、Left（左视图）、Right（右视图）、Front（前视图）Back（后视图）供选择。

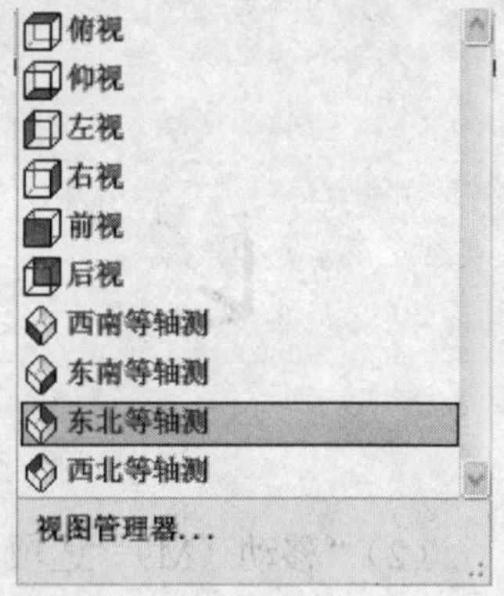

图 9-4 视窗工具条

9.2.2 视点（VPOINT）

功能：设置不同的视点观察物体，使平面图转化为立体图，选择视点不同可得到不同的轴测图。

操作：在“视图”下拉菜单中拾取“三维视图”，出现级联菜单，再拾取“视点（V）”即可。

Command:：VPOINT

Rotate/<View Point>:

（1）默认值即为当前视点。也可以输入新视点坐标 X，Y，Z。

（2）Rotate/<View Point>:R

Enter angle in X-Y plane from X axis <270>:　输入角度

Enter angle from X-Y plane :　输入角度

指令说明：

1）设置视点可从下拉菜单单击“视图（View）→3D 视点→VPOINT”。

2）VPOINT 命令只指定观测方向，而不指定观测距离。

9.2.3 动态观察（3D orbit）

在三维建模工作空间下，在“导航”功能选项卡中拾取“动态观察”图标，出现级联菜单，如图 9-5 所示，在菜单下可以选择三种不同的动态观察。

图 9-5 三维动态观察

动态观察可以从不同的视点观察物体，选择视点不同可得到不同的轴测图，并且可以自动动态旋转。

9.3　三维图形绘制

9.3.1　等轴测图的绘制

AutoCAD 提供的等轴测图的绘制，实际上是绘制等轴测投影图，在绘制前应在下拉菜单“工具”下选择“草图设置”后，如图 9-6 所示选择相应的模式。

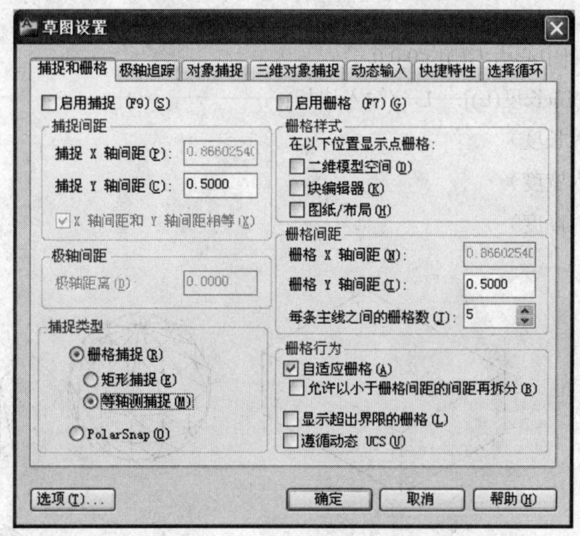

图 9-6　“草图设置”对话框

1. 设置等轴测平面（ISOPLANE）

命令: ISOPLANE

Left（左平面）/Top（上平面）/Right（右）/<Toggle>: （选定等轴测平面）

2. 等轴测圆的绘制

命令: ELLIPSE

Arc/Center/Isocircle/<axis endpoint 1>:I （输入 I 画等轴测圆）

Center of Circle: （指定圆心位置）

<Center radius>/diameter: （输入半径或直径）

9.3.2　三维实体绘制

AutoCAD 三维建模可使用实体、曲面和网格对象创建图形。

实体、曲面和网格对象提供不同的功能，这些功能综合使用时可提供强大的三维建模工具套件。例如，可以将图元实体转换为网格，以使网格锐化和平滑处理。然后，可以将模型转换为曲面，以使用关联性和 NURBS 建模。

9.3.2.1　基本三维实体

AutoCAD 提供的绘制基本三维实体有六面体、球、圆柱体、圆锥体、三棱柱、圆环。在绘制基本实体时，可以从下拉菜单“绘制”下的“实体”中或在“实体”工具栏（如图 9-7 所示）中选取。也可以在三维基础或三维建模工作空间“常用”菜单下的“建模”功能选项卡下拾取图标，出现级联菜单，如图 9-8 所示。

图 9-7　实体工具栏

1. 长方体（Box），如图 9-9 所示

在实体工具条点取长方体图标。

命令: _box

指定长方体的角点或 [中心点(CE)] <0,0,0>:

指定角点或 [立方体(C)/长度(L)]:　L　(输入边长)

指定长度: 80　（输入长度）

指定宽度: 60　（输入宽度）

指定高度: 30　（输入高度）

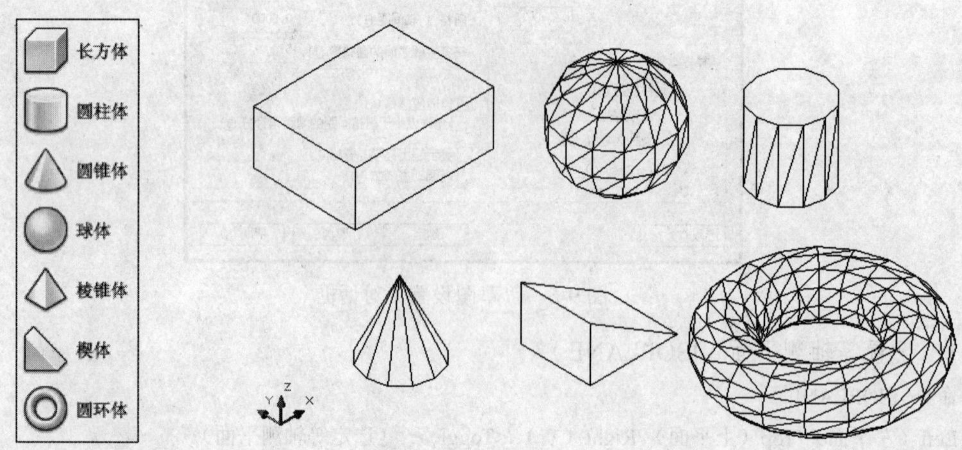

图 9-8　实体工具栏　　　　图 9-9　实体的绘制

2. 球体（SPHERE），如图 9-9 所示

在实体工具条点取球体图标。

命令: _sphere

当前线框密度:　ISOLINES=4

指定球体球心 <0,0,0>:

指定球体半径或 [直径(D)]: 30

3. 圆柱体（CYLINDER），如图 9-9 所示

在实体工具条点取圆柱体图标。

命令: _cylinder

指定底面的中心点或 [三点(3P)/两点(2P)/切点、切点、半径(T)/椭圆(E)]:

指定底面半径或 [直径(D)] <18.78>:

指定高度或 [两点(2P)/轴端点(A)] <20.8496>:

4. 圆锥体（CONE），如图 9-9 所示

在实体工具条点取圆锥体图标。

命令: _cone

指定底面的中心点或 [三点(3P)/两点(2P)/切点、切点、半径(T)/椭圆(E)]:

指定底面半径或 [直径(D)] <0.3958>:

指定高度或 [两点(2P)/轴端点(A)/顶面半径(T)] <1.1926>:

5. 三棱柱，即楔形（Wedge），如图 9-9 所示

在实体工具条点取楔形图标。

命令: _wedge

指定楔体的第一个角点或 [中心点(CE)]　<0,0,0>:

指定角点或 [立方体(C)/长度(L)]: L

指定长度: 50

指定宽度: 40

指定高度: 3

6. 环体（Torus），如图 9-9 所示

在实体工具条点取环体图标。

命令: _torus

指定圆环体中心 <0,0,0>:　　　　（指定圆环中心位置）

指定圆环体半径或 [直径(D)]: 40　　（输入圆环半径或直径）

指定圆管半径或 [直径(D)]: 15　　（输入圆管半径或直径)

9.3.2.2　由二维生成三维实体

在立体的组合中，有的立体只靠上述六种基本立体的组合有时无法满足实际需要，AutoCAD 的实体功能内提供了拉伸和旋转功能以扩大对实体形状的要求。先定义任意形状的二维平面图形，经过拉伸和旋转而形成满足需要的实心体。

1. 拉伸（EXTRUDE）形成实心体

运用拉伸的方法建立实体是要先画一个二维的封闭图形，但这个二维图形必须是用复合线生成，建立如图 9-10 所示的实体。

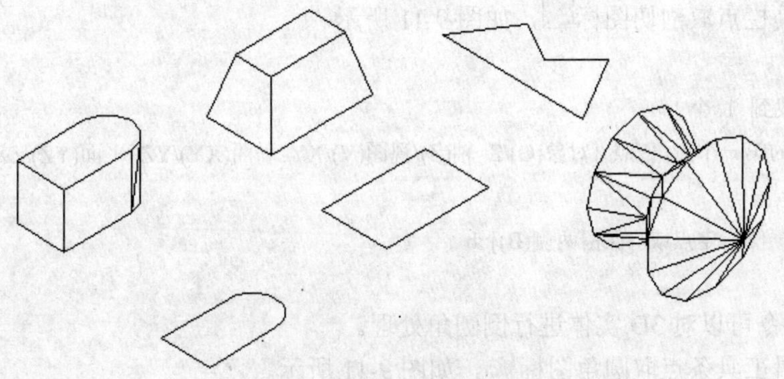

图 9-10　拉伸和旋转的实体

在实体工具条点取拉伸图标。

命令: _extrude

选择对象: 找到 1 个

指定拉伸高度或 [路径(P)]: 60

指定拉伸的倾斜角度 <0>:

2. 旋转（REVOLVE）形成实心体

运用旋转的方法建立实体是要先画一个二维的封闭图形，但这个二维图形必须是用多段线生成，建立如图 9-10 所示的实体。

在实体点取旋转。

命令: _revolve

选择对象: 找到 1 个

指定旋转轴的起点或定义轴依照 [对象(O)/X 轴(X)/Y 轴(Y)]:

指定轴端点:

指定旋转角度 <360>:

9.4 三维实体的编辑

在 AutoCAD 中，利用布尔运算中的联集（相加）、相减和交集，可以对基本体进行叠加、挖切等进行组合，更方便地得到所需要的立体，同时可以对立体进行剖切和倒角。实体编辑工具栏如图 9-11 所示。

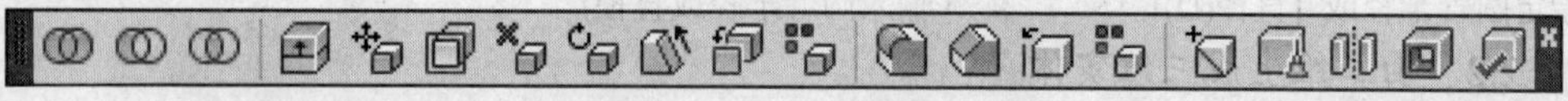

图 9-11 实体编辑工具栏

9.4.1 三维实体的剖切与圆滑

1. 剖切实体（SLICE）

剖切命令是用一个指定的平面将实体对象切为两半，从而生成一个新的实体。切开后的两部分可保留一部分，也可以两部分都保留。

在实体工具栏点取剖切图标，如图 9-11 所示。

命令: _slice

选择对象: 找到 1 个

指定切面上的第一个点，依照 [对象(O)/Z 轴(Z)/视图(V)/XY 平面(XY)/YZ 平面(YZ)/ZX 平面(ZX)]:（在此输入剖切面）

在要保留的一侧指定点或 [保留两侧(B)]: b

2. 倒圆角

FILLET 命令可以对 3D 实体进行倒圆角处理。

在实体编辑工具条点取圆角图标，如图 9-11 所示。

命令: _FILLETEDGE

半径 = 1.0000

选择边或 [链(C)/半径(R)]:

选择边或 [链(C)/半径(R)]: r

输入圆角半径或 [表达式(E)] <1.0000>: 2

选择边或 [链(C)/半径(R)]:

已选定 1 个边用于圆角。选择其他要倒圆角的边。

3. 倒角

在实体编辑工具条点取倒角图标，如图 9-11 所示。

命令: _CHAMFEREDGE 距离 1 = 1.0000，距离 2 = 1.0000

选择一条边或 [环(L)/距离(D)]:

选择属于同一个面的边或 [环(L)/距离(D)]:

按 Enter 键接受倒角或 [距离(D)]:

9.4.2 布尔运算

在下拉菜单“编辑（M）”下拾取“实体编辑”，出现级联菜单，再拾取布尔运算各项或从实体编辑工具栏中点取，如图 9-11 所示。

例如绘制如图 9-12 所示的三维图形。

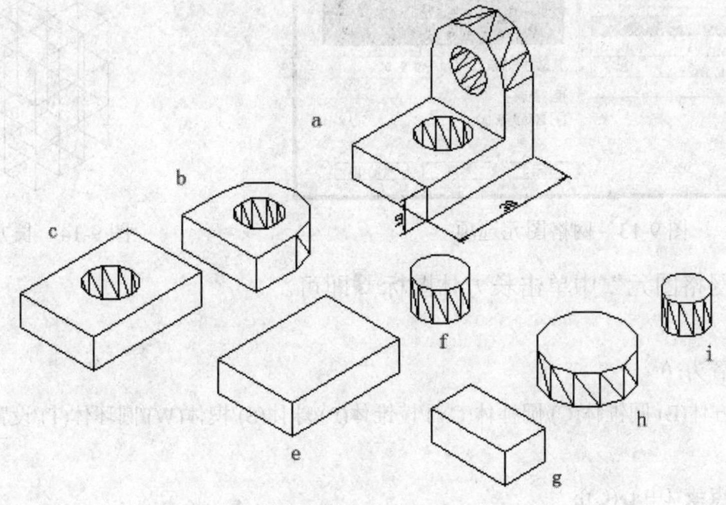

图 9-12　3D 绘图

具体作图如下：把该立体 a 分解成如图 9-12 所示的 b、c 两部分，分别绘制六面体 e、g 和圆柱体 f、h、i，用移动命令将圆柱体 f 移到六面体 e 的中心（应先在六面体 e 顶面作中心线，以便于找中心）。

在编辑实体工具栏的布尔运算中点取相减，选取物体 e 回车，选取物体 f 回车即可（即先选大的物体，再选小的物体）。

用移动命令将圆柱体 h 移到六面体 g 顶面左边棱线中间点。

在编辑实体工具条布尔运算中点取联集，将物体 h、g 同时选中即可完成联集的操作。

用移动命令将圆柱体 i 移到六面体 g 和圆柱体 h 组合后的圆心。

在编辑实体工具栏的布尔运算中点取相减，选取物体 e 回车，选取物体 i 回车即可。

9.4.3 三维阵列

在下拉菜单“编辑”下拾取“三维操作”下的“三维阵列”命令即可。

9.5 三维表面的绘制

9.5.1 基本形体表面绘制

AutoCAD 2011 基本形体表面用于创建下列三维形体：长方体、圆锥体、球面、网格、棱锥面、球体、圆环和楔体，如图 9-13 所示。创建三维形体的过程和创建三维实体的过程相似。

1. 绘制长方体网格（如图 9-14）

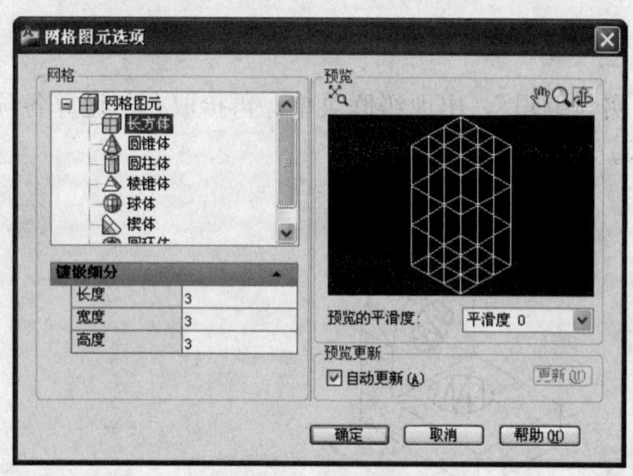

图 9-13 网格图元选项

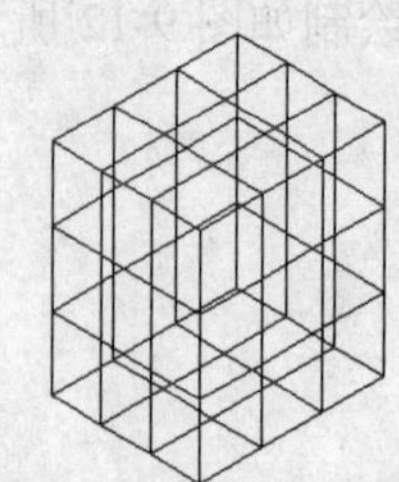

图 9-14 长方体网格

在主菜单“网格图元”中单击长方体图标即可。

命令: _MESH

当前平滑度设置为: 0

输入选项 [长方体(B)/圆锥体(C)/圆柱体(CY)/棱锥体(P)/球体(S)/楔体(W)/圆环体(T)/设置(SE)] <长方体>: _BOX

指定第一个角点或 [中心(C)]:

指定其他角点或 [立方体(C)/长度(L)]:

指定高度或 [两点(2P)] <5.9352>:

2. 绘制圆锥体网格

命令: _MESH

当前平滑度设置为: 0

输入选项 [长方体(B)/圆锥体(C)/圆柱体(CY)/棱锥体(P)/球体(S)/楔体(W)/圆环体(T)/设置(SE)] <长方体>: _CONE

指定底面的中心点或 [三点(3P)/两点(2P)/切点、切点、半径(T)/椭圆(E)]:

指定底面半径或 [直径(D)]:

指定高度或 [两点(2P)/轴端点(A)/顶面半径(T)] <5.6480>:3

对于棱锥面、圆锥体、球体、圆环等，操作方法与上述方法基本一致，如图 9-15 所示。

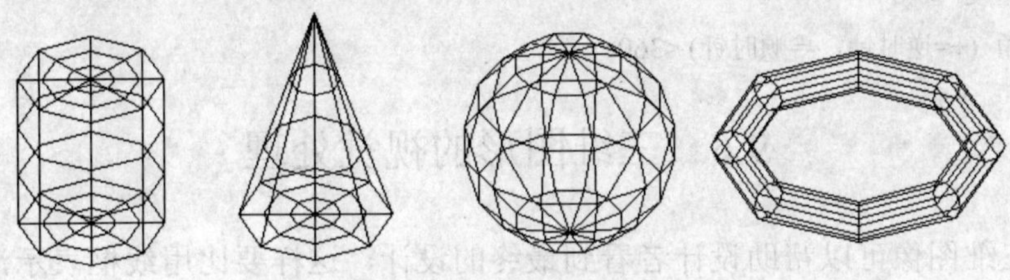

图 9-15　网格图元

9.5.2　绘制三维面（DFACE）

命令: _3dface
指定第一点或 [不可见(I)]:
指定第二点或 [不可见(I)]:
指定第三点或 [不可见(I)] <退出>:
指定第四点或 [不可见(I)] <创建三侧面>:

9.5.3　绘制直纹面

在创建下单击直纹面图标，绘制结果如图 9-16（a）所示。

命令: _rulesurf
选择第一条定义曲线:
选择第二条定义曲线:

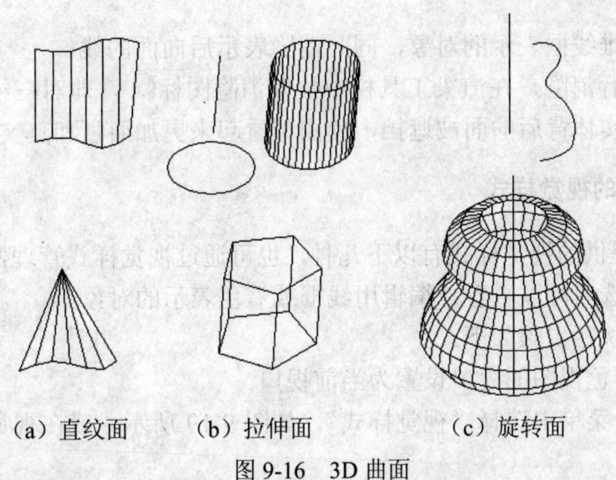

（a）直纹面　（b）拉伸面　（c）旋转面

图 9-16　3D 曲面

9.5.4　绘制旋转曲面

在曲面下拾取旋转曲面图标，绘制结果如图 9-16（c）所示。

命令: _revsurf
选择要旋转的对象:

选择定义旋转轴的对象:

指定起点角度 <0>:

指定包含角 (+=逆时针，-=顺时针) <360>:

9.6 三维图形的视觉处理

真实的三维图像可以帮助设计者看到最终的设计，这样要比用线框表示清楚得多。在 AutoCAD 中，消隐图像是最简单的。着色消除隐藏线并为可见平面指定颜色，渲染则添加和调整了光源，并为表面附着上材质以产生真实效果。因此，着色和渲染使图像的真实感进一步增强。

要决定生成哪种图像，首先需要考虑图像的应用目的和时间投入等因素。如果是为了演示，就需要全部渲染。如果只需要查看一下设计的整体效果，简单消隐或着色图像就足够了。

三维图形的视觉处理主要包括消隐、着色和渲染。消隐和着色主要是对三维图形进行阴影处理，产生与现实明暗效果相对应的图像效果。渲染是对三维图形加上颜色和材质，还可以配以灯光、背景、场景等，更真实地表达图形的外观和纹理。其操作可从视觉样式和渲染工具栏中选取，如图 9-17 和图 9-18 所示。

图 9-17　视觉样式工具栏

图 9-18　渲染工具栏

9.6.1 三维图形的消隐

消隐是显示用三维线框表示的对象，同时消隐表示后向面的线。

要对三维实体进行消隐，在渲染工具栏中拾取消隐图标，即对三维实体进行消隐。执行该命令后，隐藏于实体背后的面被遮挡，使图形看起来更加清晰和真实。

9.6.2 三维图形的视觉样式

AutoCAD 2011 提供的视觉样式有以下几种，也可通过视觉样式管理器新建视觉样式。使用视觉样式提供的各选项可以查看、编辑用线框或着色表示的对象。

视觉样式各项的执行步骤如下：

（1）将包含要着色视图的视口设置为当前视口。

（2）从“视图”菜单中选择“视觉样式”，如图 9-19 所示，或在视觉样式工具栏拾取，如图 9-17 所示。

（3）选择下列选项之一：

1）拾取二维线框。

命令: _vscurrent

输入选项 [二维线框(2)/线框(W)/隐藏(H)/真实(R)/概念(C)/着色(S)/带边缘着色(E)/灰度(G)/勾画(SK)/X 射线(X)/其他(O)] <灰度>: _2dWireframe

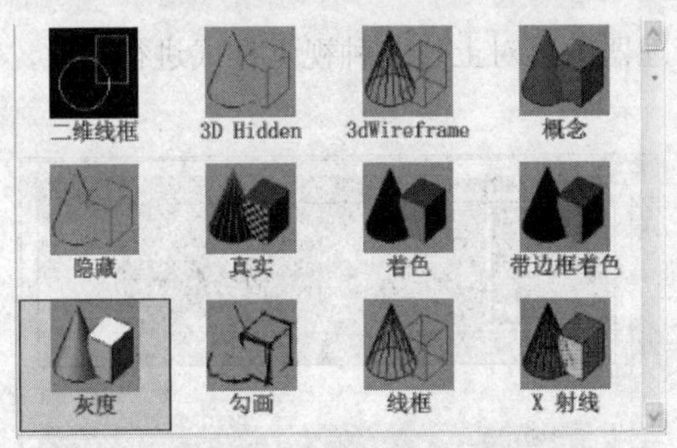

图 9-19 “视觉样式”列表框

执行该命令后，显示用直线和曲线表示边界的对象，如图 9-20 所示。

2）拾取三维线框：执行该命令后，以三维线框的模式显示图形，效果如图 9-21 所示。并显示一个着色的 UCS 三维图标。

3）拾取三维隐藏：执行该命令后，系统将自动隐藏对象中观察不到的线，只显示那些位于前面的无遮挡的对象，效果如图 9-22 所示。

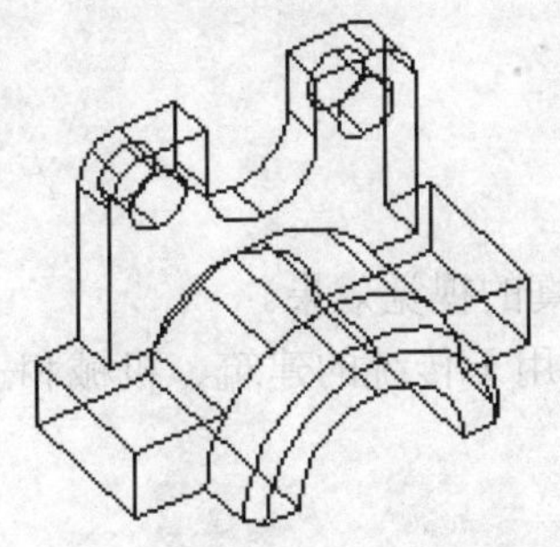

图 9-20 二维线框效果

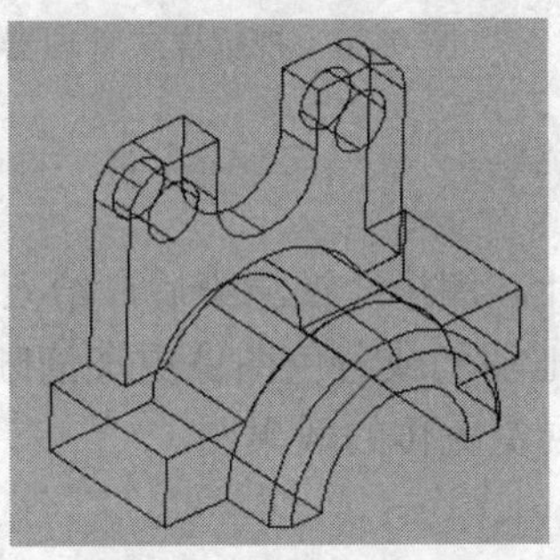

图 9-21 3D 线框效果

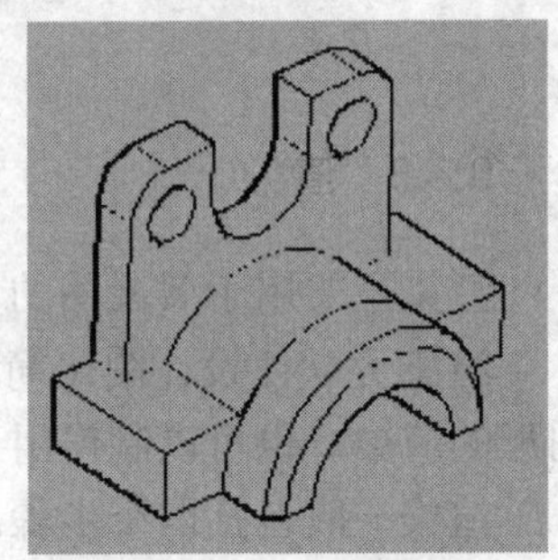

图 9-22 3D 隐藏效果

4）拾取“真实”：执行该命令后，系统可使对象实现平面着色，它只对各多边形的面着色，不会对面边界作光滑处理，效果如图 9-23 所示。

5）拾取“概念”：执行该命令后，系统根据图形面上的颜色和外观着色，效果如图 9-24 所示。

6）拾取“着色”：着色对象并在多边形面之间光顺边界，给对象一个光滑、具有真实感的形象，如图 9-25 所示。

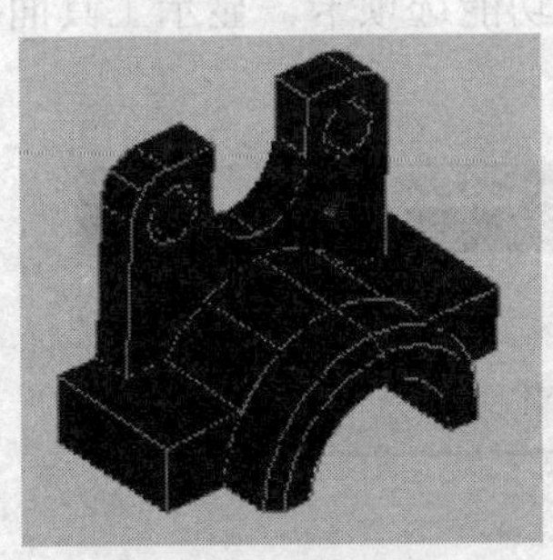

图 9-23 真实效果

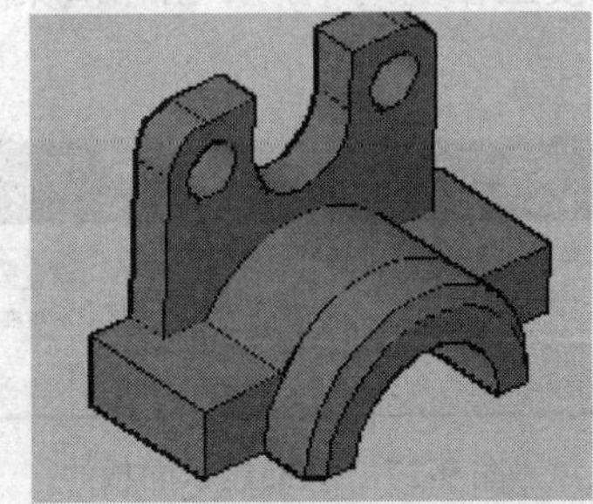

图 9-24 概念效果

图 9-25 着色效果

（4）视觉样式管理器。在视觉样式工具栏拾取后，系统弹出如图 9-26 所示的“视觉样式管理器”选项板。该管理器中可对上述几种视觉样式进行更改，也可创建新的其他形式的视觉样式。

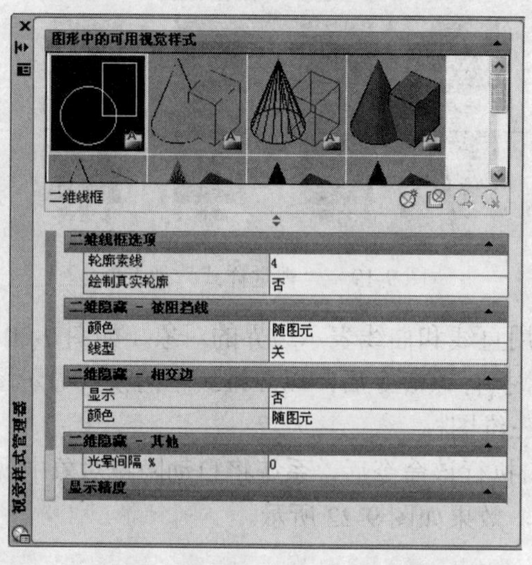

图 9-26　视觉样式管理器

9.6.3　渲染

渲染主要用于效果图的设计。图形经过渲染后，给人以逼真的视觉效果。

渲染可以使设计图比简单地消隐或着色图像更加清晰，可用于传统的建筑、机械和工程图形的渲染，也可以制作用于展览宣传的效果图。

渲染一般包括四个步骤。

（1）准备要渲染的模型：包括采用适当的绘图技术、消除隐藏面、构造平滑着色所需的网格、设置显示分辨率等。

（2）照明：包括创建和放置光源、创建阴影。

（3）添加颜色：包括定义材质的反射性质、指定材质和可见表面的关系。

（4）渲染：一般需要通过若干中间步骤检验渲染模型、照明和颜色。

上述步骤只是概念上的划分，在实际渲染过程中，这些步骤通常结合使用，也不一定非要按照上述顺序进行。

渲染的操作步骤：在三维建模工作空间下，单击“渲染”功能选项卡，显示工具面板，如图 9-27 所示。

图 9-27　渲染显示面板

9.6.3.1　建立光源

AutoCAD 的渲染功能最大限度地控制 4 类光源，如图 9-28 所示。

点光源：可认为是一个球形光源，向任意方向发射。

聚光灯：它对指定的目标进行集中照射。

平行光：发出一束直线光，只向一个方向发射。

光域网灯光：该光源可认为是通常的背景光，能均匀地照射在所有对象上。

建立新光源的步骤：在渲染显示面板下选择“创建光源”，再从弹出的子菜单中选择光源类型，出现如图 9-29 所示的“光源－视口光源模式”对话框，然后单击所需选项即可。

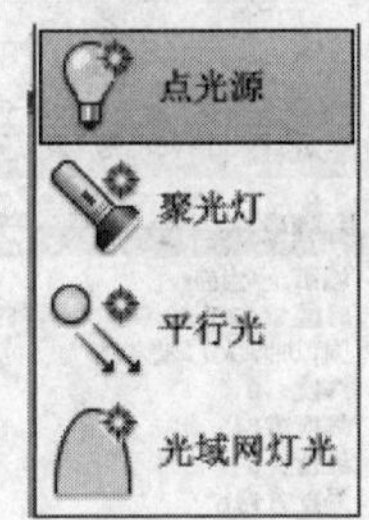

图 9-28　光源类型

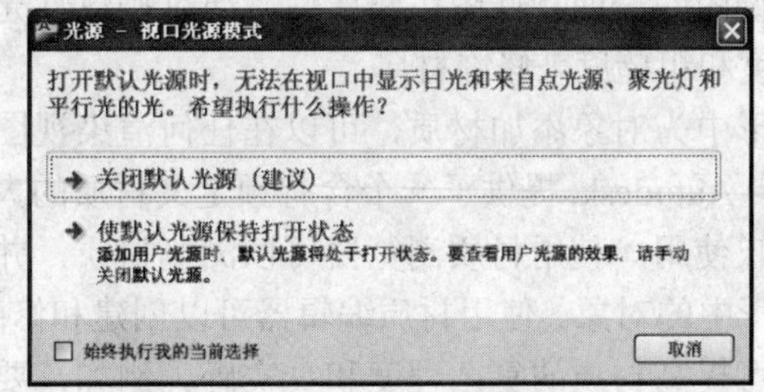

图 9-29　“视口光源模式”对话框

命令: _pointlight

指定源位置 <0,0,0>:

输入要更改的选项 [名称(N)/强度(I)/状态(S)/阴影(W)/衰减(A)/颜色(C)/退出(X)] <退出>:（输入要更改的选项）

单击“光源”面板下“对话框启动器”按钮，出现“模型中的光源”窗口，如图 9-30 所示，在该窗口中选择光源名称。

如果光源具有光线轮廓，则光源显示为选定。双击光源名称，将显示光源特性选项板，如图 9-31 所示。

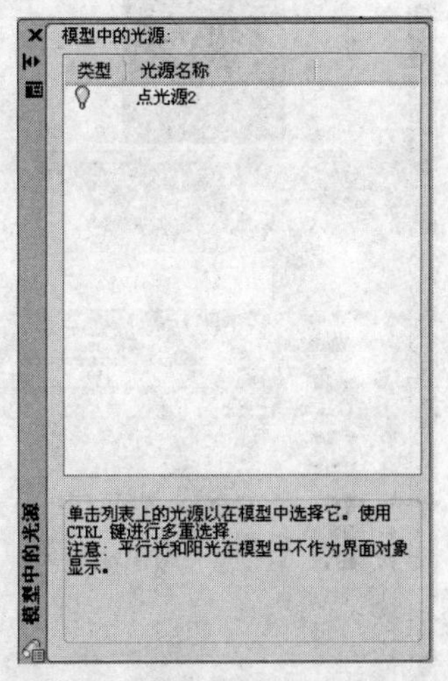

图 9-30　“模型中的光源”窗口

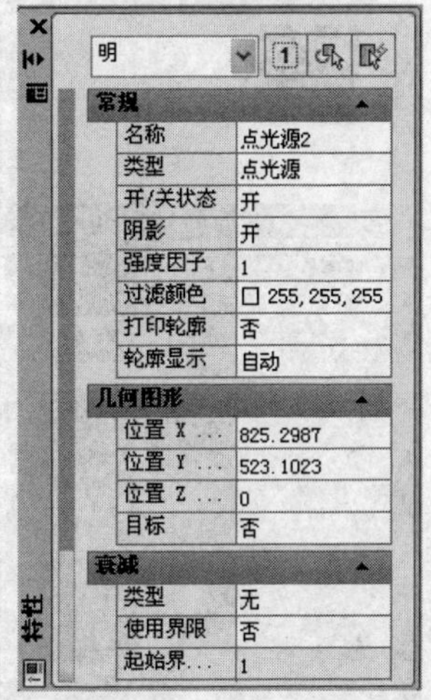

图 9-31　光源特性选项板

注意，在图形中平行光不显示轮廓。使用“模型中的光源”窗口可以选择平行光。

9.6.3.2　阳光和位置

将光源置于场景中后，可以修改位置和目标。由光线轮廓表示的光源置于图形中后，可以重新定位。可以移动和旋转光源；可以修改目标。选定光线轮廓后，将显示夹点。

单击“阳光和位置”面板下的“对话框启动器”按钮，出现阳光特性选项板，如图 9-32 所示，在此可以调整位置。

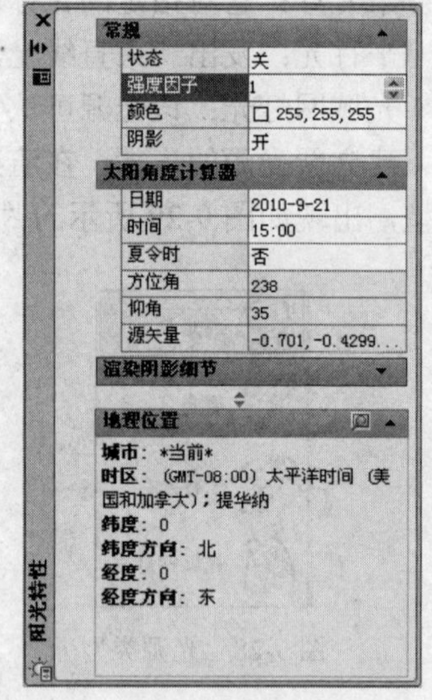

图 9-32 阳光特性选项板

9.6.3.3 确定材质

材质可以改变所渲染对象对光线的反射特性，通过改变这些特性可以使对象看上去光滑或粗糙。图形中包括所创建的每个装饰图的表面特性图块和属性，通过操纵灯光、漫射度、光泽度和粗糙度来修饰材质。

在图形中为对象添加材质，可以在任何渲染视图中提供逼真效果。Autodesk 提供了一个含有预定义材质的大型材质库，供用户使用。使用材质浏览器可以浏览材质，并将它们应用于图形中的对象。使用材质编辑器可以创建和修改材质。

纹理可提高材质的复杂程度和真实感。例如，要复制铺路中的凹凸效果，可以向图形中表示道路的对象应用噪波纹理。若要复制砂浆砌砖图案，可以使用瓷砖纹理。使用“纹理编辑器”可以定义纹理的外观及其应用于对象的方式。

确定材质的步骤如下：

1. 材质浏览器

可以从“材质浏览器”中浏览、创建或打开现有库，如图 9-33 所示。

在渲染工具栏中选择材质浏览器图标或单击“渲染”选项卡的“材质面板”下的“对话框启动器”按钮，出现如图 9-34 所示的材质编辑器。

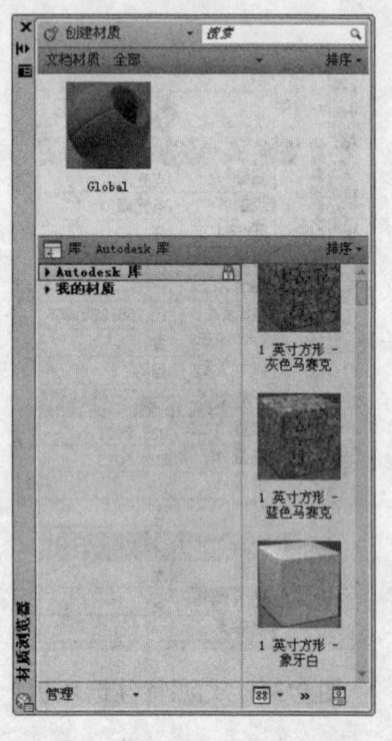

图 9-33 材质浏览器

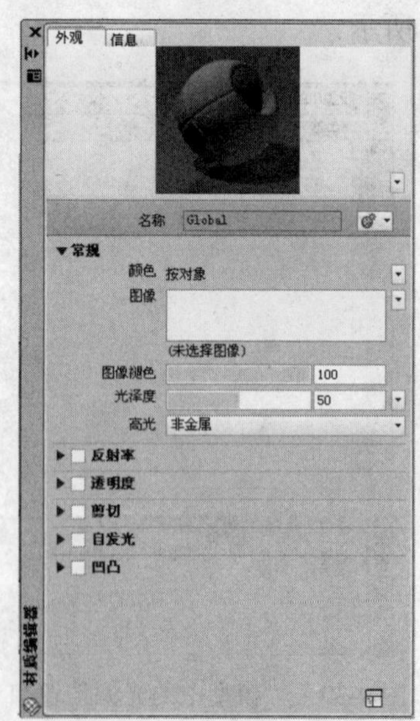

图 9-34 材质编辑器

利用“材质浏览器”可导航和管理材质，组织、分类、搜索和选择要在图形中使用的材质。

材质浏览器主要包含下列组件：

（1）浏览器工具栏：包含“显示或隐藏库树”按钮和搜索框。

（2）文档中的材质：显示当前图形中所有已保存的材质。可以按名称、类型、样例形状和颜色对材质排序。

（3）材质库树：显示 Autodesk 库（包含预定义的 Autodesk 材质）和其他库。

（4）库详细信息：显示选定类别中材质的预览。

（5）浏览器底部栏：包含“管理”菜单，用于添加、删除和编辑库与库类别。此菜单还包含一个按钮，用于控制库详细信息的显示选项。

2. 材质编辑器

在渲染工具栏中选择材质编辑器图标或单击“渲染”选项卡的“材质面板”下的“对话框启动器”按钮，出现如图 9-34 所示材质编辑器。

在“材质编辑器”中，可以定义以下特性：

（1）外观：定义材质的外观。各个材质具有唯一的外观特性。使用“纹理编辑器”可编辑指定给材质的纹理贴图或程序贴图，也可以对材质重命名。

（2）信息：定义或显示与给定材质相关联的关键字和描述。有一种材质始终可以在新图形中使用，即 GLOBAL。默认情况下，此材质将应用于所有对象，直至应用了另一种材质。

在“材质编辑器”中，“常规”材质类型具有用于优化材质的以下特性。

（1）颜色：对象上材质的颜色在该对象的不同区域各不相同。远离光源的面显现出的红色比正对光源的面显现出的红色暗。反射高光区域显示最浅的红色，可以为材质指定颜色或自定义纹理。

（2）图像：控制材质的基本漫射颜色贴图。漫射颜色是对象在被直射日光或人造光照射时所反射的颜色。

（3）图像褪色：控制基础颜色和漫射图像之间的混合。

（4）光泽度：材质的反射质量定义了光泽度或消光度。光泽度较低的材质将具有较大的高光区域，且高光区域的颜色更接近材质的主色。

（5）高光：此特性控制材质的反射高光的获取方式。

3. 创建材质

在“材质浏览器”或“材质编辑器”中创建新材质。选择要创建的材质类型，或重命名和修改现有材质。设置特性后，可以使用贴图进一步修改材质。

创建材质的步骤如下：

（1）单击“渲染”选项卡下的“材质”面板的“材质浏览器”图标。

（2）在材质浏览器的浏览器工具栏中，单击“创建材质”。

（3）选择材质样板。

（4）在材质编辑器中，输入名称。

（5）指定材质颜色选项。

（6）使用滑块设定反光度、不透明度、折射、半透明度等的特性。

（7）选择贴图频道和程序贴图类型。

9.6.3.4　渲染

渲染基于三维场景来创建二维图像。它使用已设置的光源、已应用的材质和环境设置，为场景的几何图形着色。

（1）准备要渲染的模型。模型的建立方式对于优化渲染性能和图像质量来说非常重要。

（2）设置渲染器。可以控制许多影响渲染器如何处理渲染任务的设置，尤其是在渲染较高质量的图像时。

在渲染工具栏中选择高级渲染设置图标或单击“渲染”选项卡的“渲染”下的 “对话框启动器”按钮，出现如图 9-35 所示“高级渲染设置”浏览器。

“高级渲染设置”选项板包含渲染器的主要控件。可以从预定义的渲染设置中选择，也可以进行自定义设置。

（3）控制渲染环境。可以使用环境功能来设置雾化效果或背景图像。

在渲染工具栏中选择控制渲染环境图标或单击“渲染”选项卡的“渲染”列表下的，出现如图 9-36 所示的“渲染环境”对话框。

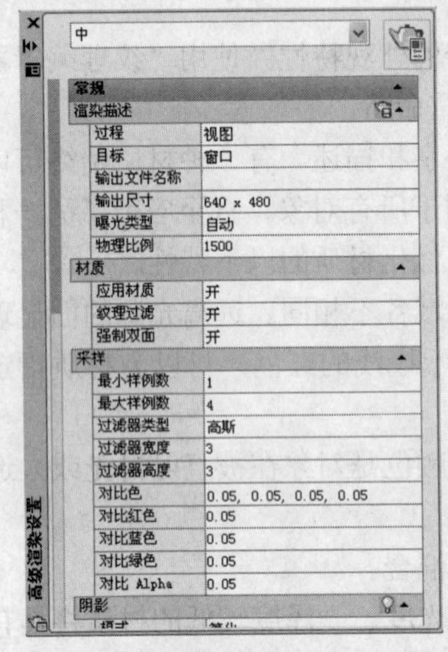

图 9-35 “高级渲染设置”浏览器

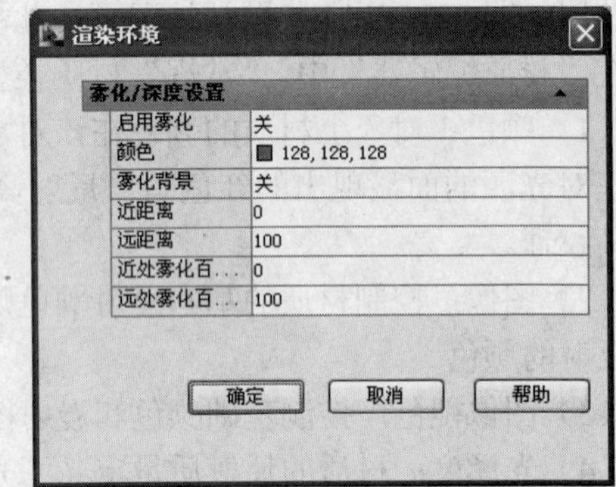

图 9-36 “渲染环境”对话框

（4）渲染。在渲染工具栏中选择渲染图标或单击“渲染”选项卡的“渲染”图标，即可渲染，如图 9-37 所示。

图 9-37 渲染

9.7　实训

实训一：绘制如图 9-38 所示的组合体。

三维造型的方法和步骤如下：

绘制三维实体，必须进入三维空间。

（1）拾取长方体命令，绘制长为 60，宽为 40，高为 10 的长方体，如图 9-39 所示。

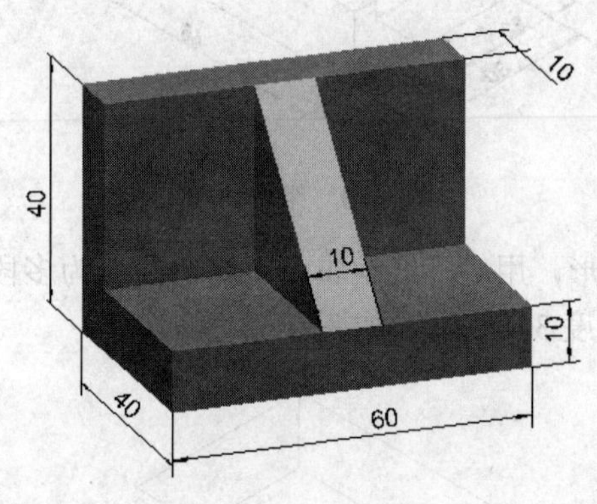

图 9-38　组合体

图 9-39　步骤 1

（2）拾取长方体命令，绘制长为 60，宽为 10，高为 30 的长方体，如图 9-40 所示。

（3）拾取楔体命令，绘制长为 10，宽为 30，高为 30 的楔体，如图 9-41 所示。

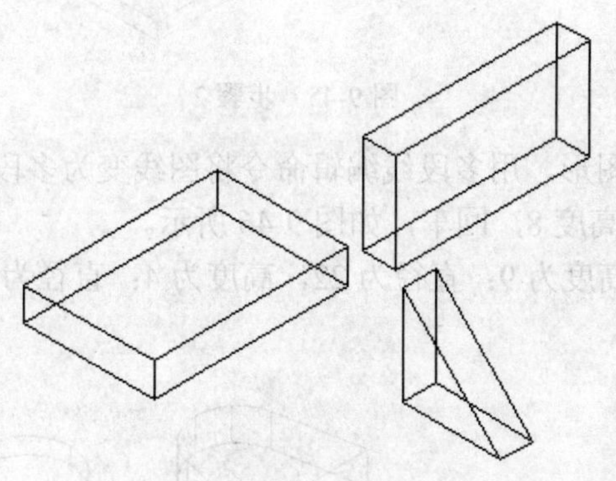

图 9-40　步骤 2

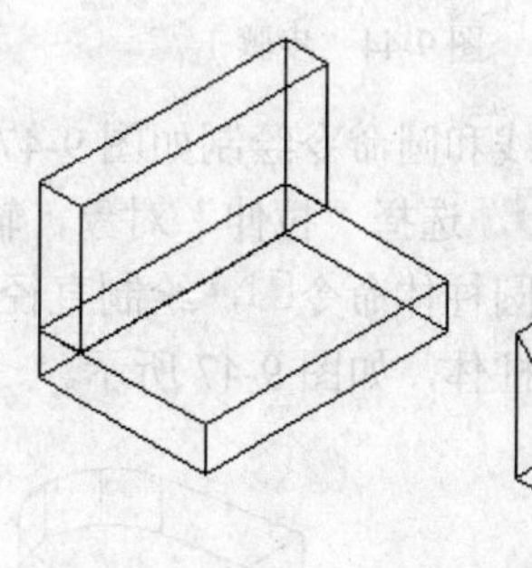

图 9-41　步骤 3

（4）拾取移动命令，将楔体移动到如图 9-42 所示的位置。

（5）对立体进行布尔运算，拾取并集命令，将三个立体全部选取，回车即可，如图 9-42 所示。

（6）执行消隐或着色操作。

实训二：绘制如图 9-43 所示的组合体。

三维造型的方法和步骤如下：

（1）绘制长方体。拾取矩形命令，绘制长为 46，宽为 30 的矩形。拾取拉伸命令，选择“拉伸”对象（矩形），输入拉伸高度 12，回车，如图 9-44 所示。

图 9-42　步骤 3

图 9-43　组合体

（2）用直线和圆命令绘制如图 9-45 所示的图形，用多段线编辑命令将图线变为多段线。拾取拉伸命令，选择“拉伸”对象，输入拉伸高度 3，回车，如图 9-45 所示。

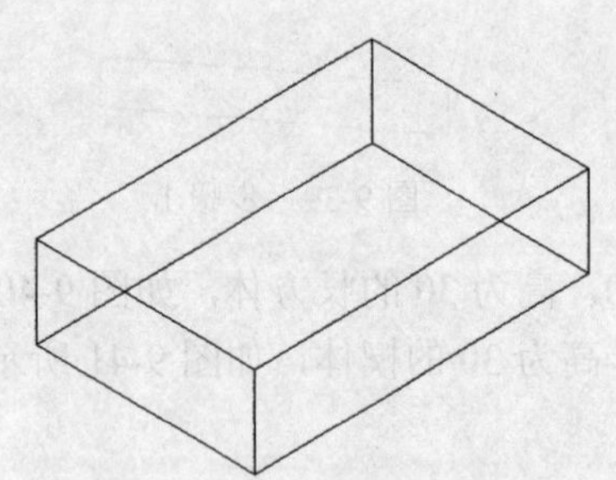

图 9-44　步骤 1

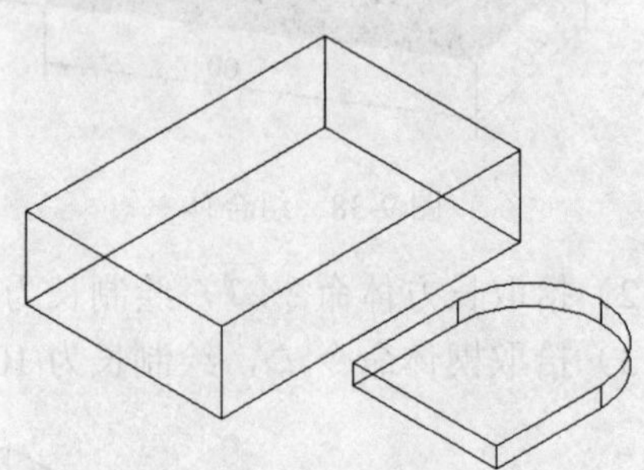

图 9-45　步骤 2

（3）用直线和圆命令绘制如图 9-47 所示的图形，用多段线编辑命令将图线变为多段线。拾取拉伸命令，选择“拉伸”对象，输入拉伸高度 8，回车，如图 9-46 所示。

（4）拾取圆柱体命令，绘制直径为 16，高度为 9；直径为 22，高度为 4；直径为 16，高度为 12 的圆柱体，如图 9-47 所示。

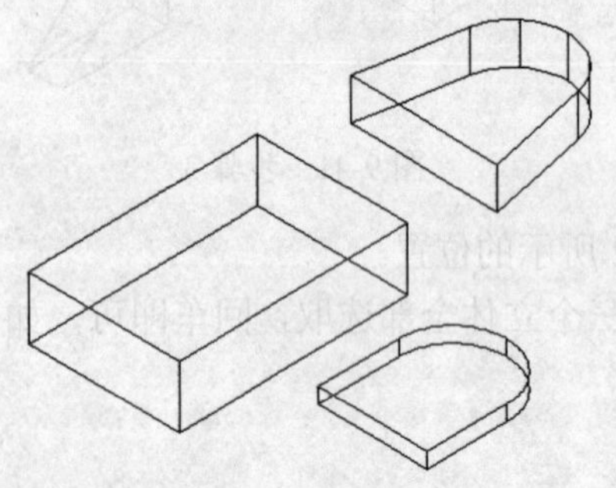

图 9-46　步骤 3

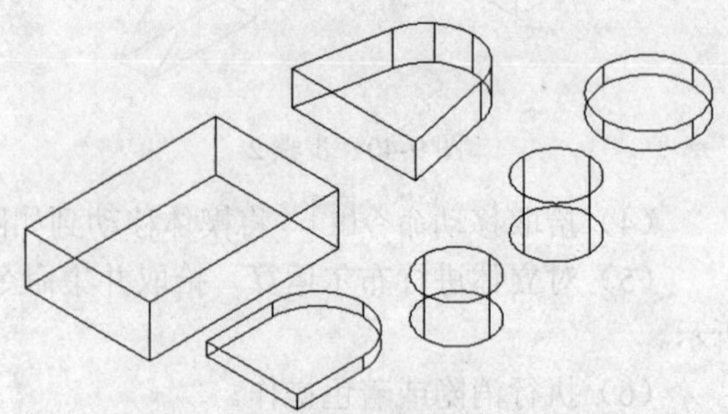

图 9-47　步骤 4

（5）拾取移动命令，将绘制的立体移动到如图 9-48 所示的对应位置。再分别用并集和差集命令完成操作，如图 9-48 所示。

（6）拾取三维旋转命令，将图 9-48 中的对象带圆柱立板绕 Y 轴旋转-90°，如图 9-49 所示。

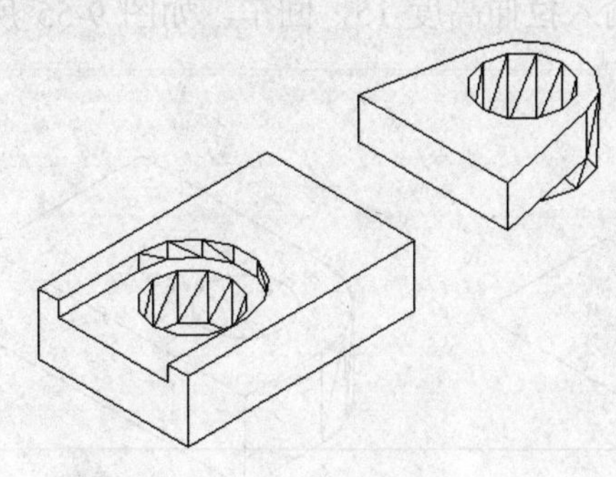

图 9-48　步骤 5

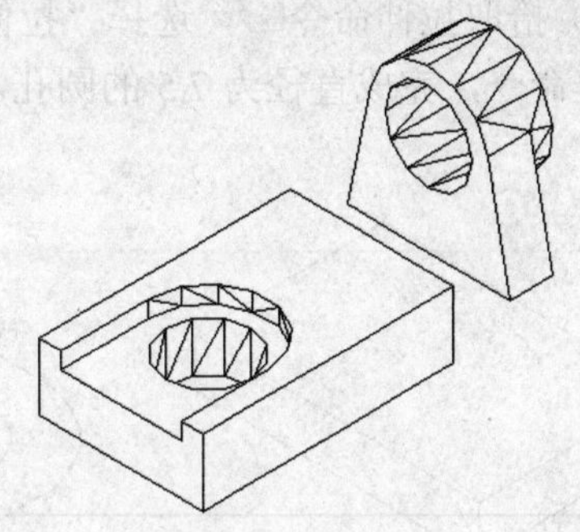

图 9-49　步骤 6

（7）拾取移动命令，将绘制的立体移动到如图 9-50 所示的对应位置，用并集命令将两部分合并。

（8）拾取剖切命令，将立体剖切，如图 9-51 所示。

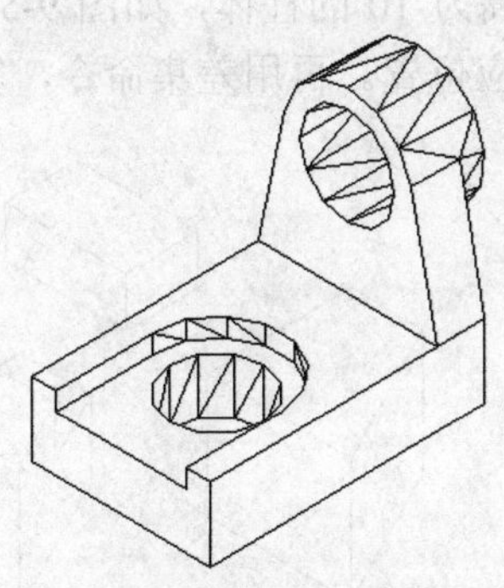

图 9-50　步骤 7

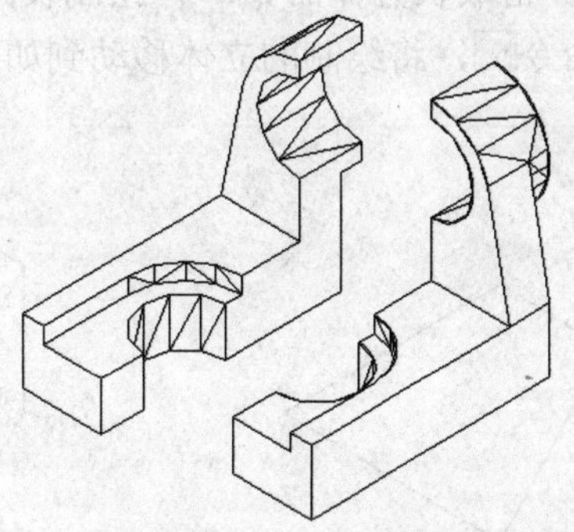

图 9-51　步骤 8

实训三：绘制如图 9-52 所示的组合体。

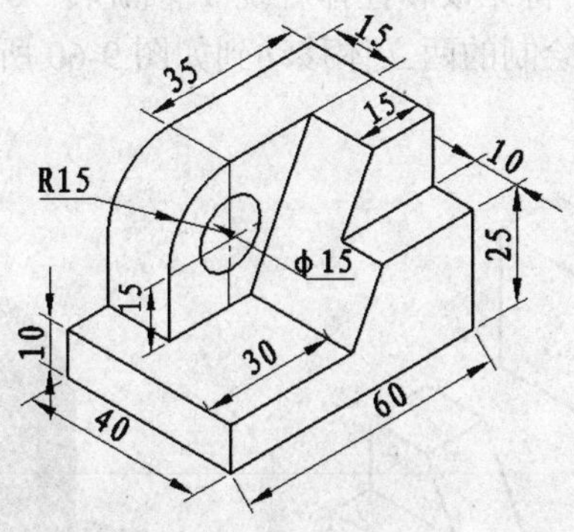

图 9-52　组合体

具体作图步骤如下：

（1）绘制底板长方体。拾取长方体命令，绘制长为 60，宽为 40，高为 10 的长方体，如图 9-53 所示。

（2）绘制后立板，用直线和圆及圆角命令绘制如图 9-54 所示的图形，用多段线编辑命令将图线变为多段线。

（3）拾取拉伸命令，选择“拉伸”对象，输入拉伸高度 15，回车，如图 9-55 所示。拾取差集命令，完成直径为 7.5 的圆孔。

图 9-53　步骤 1

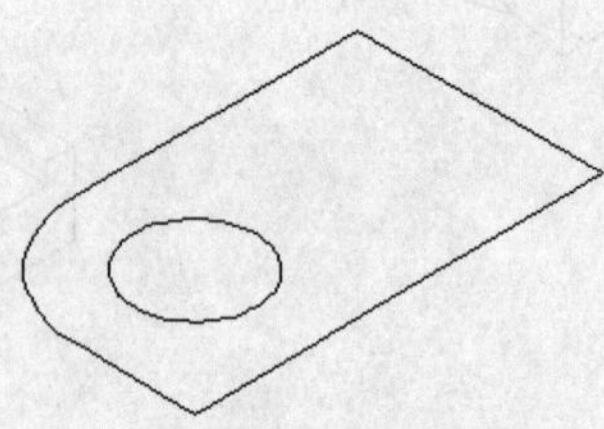

图 9-54　步骤 2

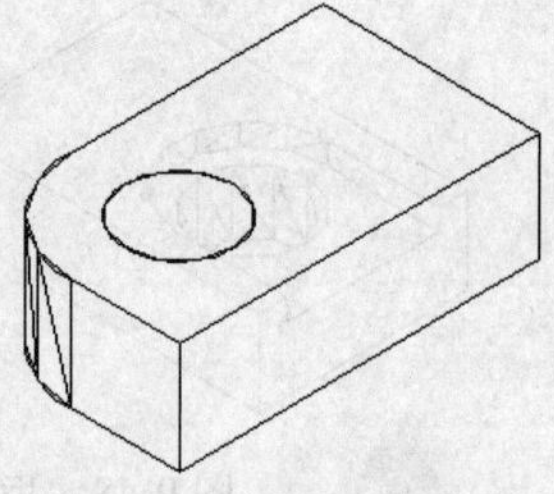

图 9-55　步骤 3（拉伸）

（4）用直线命令绘制如图 9-56 所示的图形，用多段线编辑命令将图线变为多段线。

（5）拾取拉伸命令，选择“拉伸”对象，输入拉伸高度 25，回车，如图 9-57 所示。

（6）拾取长方体命令，绘制长为 25，宽为 15，高为 10 的柱体，如图 9-58 所示。拾取移动命令，将绘制的立体移动到如图 9-59 所示的对应位置。再用差集命令，完成操作。

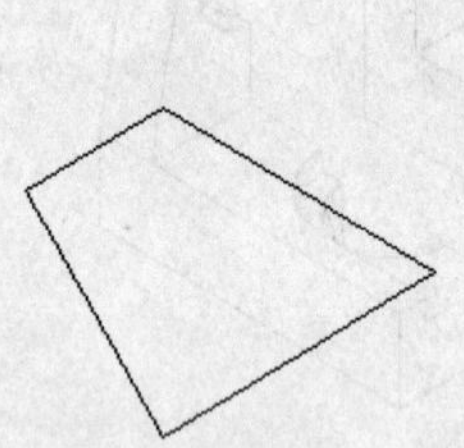

图 9-56　步骤 4、5

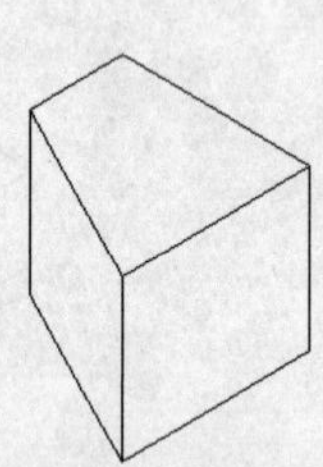

图 9-57　步骤 6（拉伸）

图 9-58　步骤 7（差集）

（7）拾取三维旋转命令，将立板和柱体各绕 Y 轴旋转-90°，如图 9-59 所示。

（8）拾取移动命令，将绘制的两立体移动到如图 9-60 所示的对应位置。再用并集命令，完成操作。

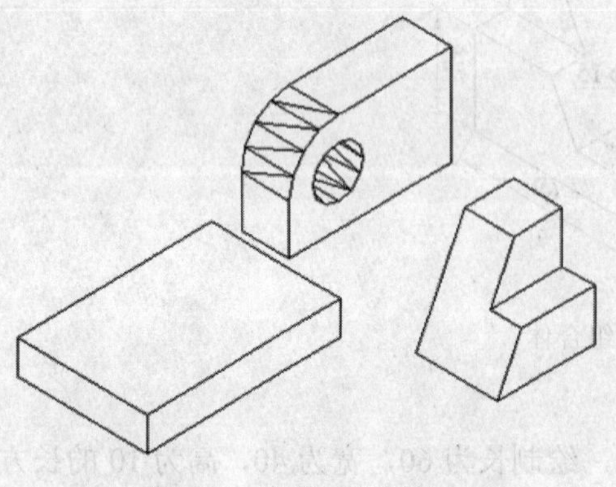

图 9-59　步骤 8（旋转）

图 9-60　步骤 9

（9）执行消隐、着色或渲染操作。

习　题

1．完成如图 9-61 所示的阀体三维立体图和零件工作图。

提示：根据零件的特点，自己确定生成立体的步骤。

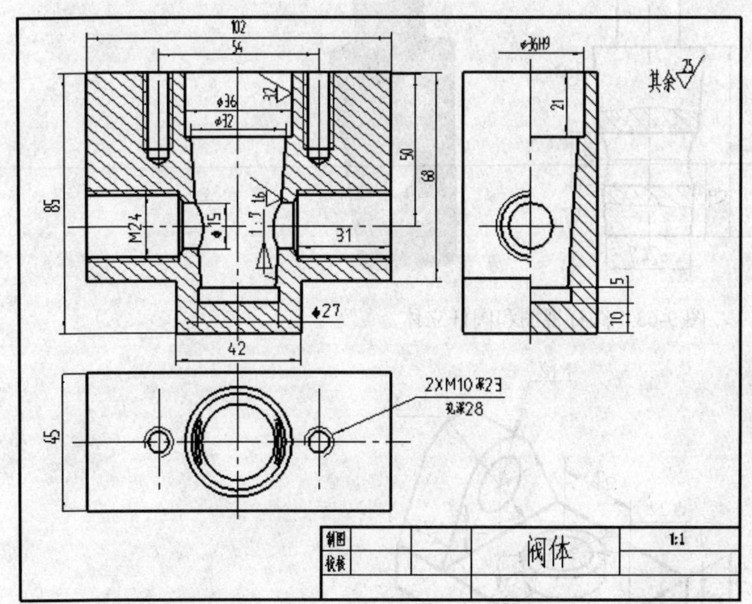

图 9-61　阀体三视图和实体

2．完成如图 9-62 所示的压料阀盖三维立体图和零件工作图。

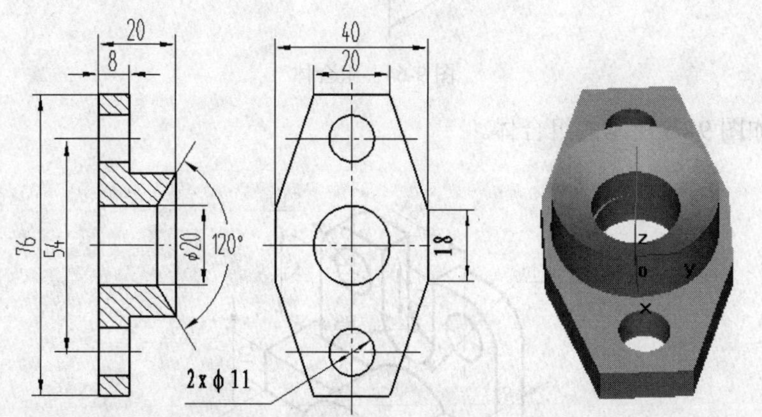

图 9-62　填料压盖三视图和实体

提示：根据零件的特点，自己确定生成立体的步骤。

3．绘制如图 9-63 所示的阀杆。

4．将图 9-61、图 9-62、图 9-63 装配在一起，生成阀配体。

5．绘制如图 9-64 所示的组合体。

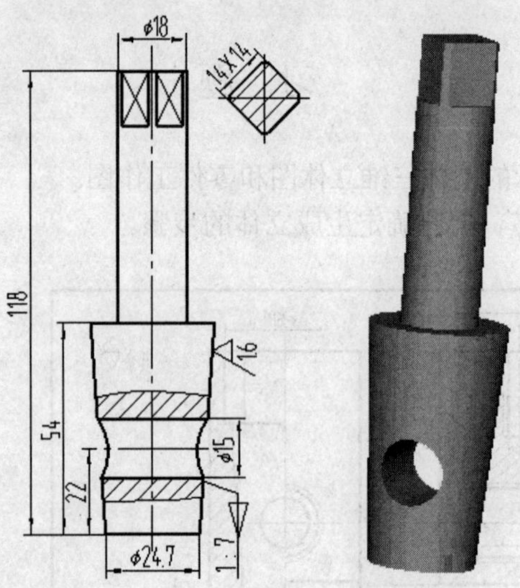

图 9-63　阀杆视图和阀杆立体

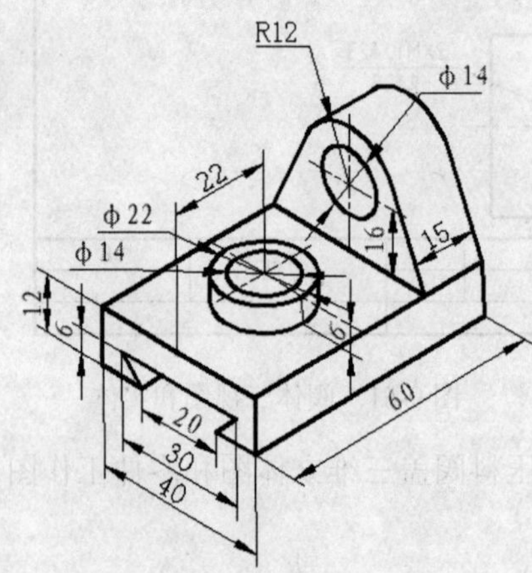

图 9-64　组合体

6．绘制如图 9-65 所示的组合体。

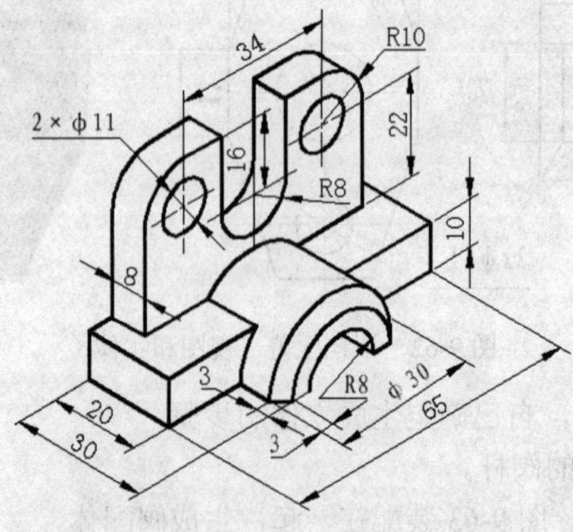

图 9-65　组合体

7．绘制如图 9-66 所示的阀盖。

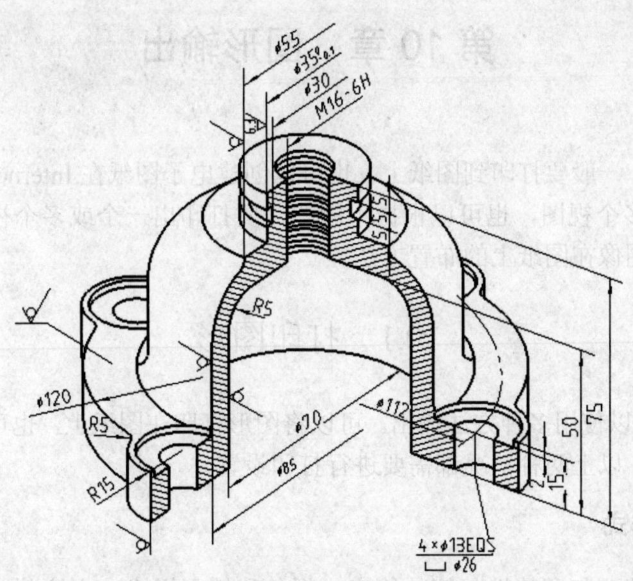

图 9-66　阀盖

提示：根据零件的特点，自己确定生成立体的步骤。

第 10 章　图形输出

创建完图形后，一般要打印到图纸上，也可以创建电子图纸在 Internet 上发行。用户可以打印单一视图或者多个视图，也可以根据不同的需要打印出一个或多个视口，或设置选项来决定打印的内容和图像在图纸上的布置方法。

10.1　打印图形

绘制图形后，可以使用多种方法输出。可以将图形打印在图纸上，也可以创建成文件以供其他应用程序使用。以上两种情况都需要进行打印设置。

10.1.1　打印样式

打印样式通过确定打印特性（例如线宽、颜色和填充样式）来控制对象或布局的打印方式。打印样式表中收集了多组打印样式。打印样式管理器是一个窗口，其中显示所有可用的打印样式表。

打印样式有两种类型：颜色相关和命名。一个图形只能使用一种类型的打印样式表。用户可以在两种打印样式表之间转换。也可以在设定了图形的打印样式表类型之后，更改所设置的类型。

对于颜色相关打印样式表，对象的颜色确定如何对其进行打印。这些打印样式表文件的扩展名为.ctb。不能直接为对象指定颜色相关打印样式。相反，要控制对象的打印颜色，必须更改对象的颜色。例如，图形中所有被指定为红色的对象均以相同的方式打印。

命名打印样式表使用直接指定给对象和图层的打印样式。这些打印样式表文件的扩展名为.stb。使用这些打印样式表可以使图形中的每个对象以不同颜色打印，与对象本身的颜色无关。

打印样式可以从打印样式表中获取。打印样式表可以附加在布局和视口中，它保存了打印样式的设置。如果需要以不同的方式打印同一图形，也可以使用打印样式。

例如，如果用户有一个由多零件组成的部件，则可以为零件指定打印样式“零件 1”和“零件 2”，这两种样式仅受各零件的影响。可以创建打印样式表，将“零件 1”对象打印为红色，而淡显“零件 2”对象，然后创建另一个打印样式，交换两种打印样式。将这两个打印样式分别指定给同一布局，就能创建两份完全不同的打印图纸。

说明：使用打印样式可将所有对象用黑色输出，而保持图形中不同图层的颜色。虽然现在许多绘图设备都可以绘制彩色图形，但大多数工程图形还是希望用黑色输出。使用打印样式时，可选择在绘制每一对象时显示对象特性的修改，这样不必打印图形就能查看结果。

AutoCAD 中存在两种不同类型的打印样式表，每种都有相应的文件格式。

（1）颜色相关类型：选择此选项可创建 255 个打印样式，每个样式关联一种颜色，这些信息都存储在样式一中。其打印样式表中包含 255 种颜色的列表，这是基于 ACI（AutoCAD Co1or Index）的。每种颜色都分配了打印特性以确定彩色图形如何打印。并且样式不能添加、删除或重命名——每种颜色都有一种样式。颜色相关的打印样式表以 ctb 为后缀名保存在 Plot Style 文件夹中。

（2）命名类型：选择此项将创建一个包含名为 Normal 的打印样式的样式表。用户可在打印样式编辑器中向该表添加新样式。在此表中每种样式都有名称，每种样式都具有打印特性，其默认样式名为 NORMAL，不能修改或删除。命名的打印样式可以分配给图层和对象。命名的打印样式表以 stb 为后缀名保存在 Plot Style 文件夹中。要使用命名的打印样式，必须在“选项”对话框的“打印”选项卡下，将新图形的默认打印样式设为“使用命名打印样式”。

用户可以创建命名打印样式表，以便运用新打印样式的所有灵活特性。创建打印样式表时，可以从头开始，修改现有打印样式表，从现有 CFG 文件、PCP 或 PC2 文件输入样式特性。

打开打印样式表管理器的方法如下：在菜单浏览器中选择“打印”→“管理打印样式”命令，打开“打印样式”文件夹。

10.1.2　样式管理器

打印样式的真实特性是在打印样式表中定义的，可以将它附着到模型选项卡、布局或布局中的视口。在将打印样式表附着到布局或视口之时，打印样式对对象不起作用。通过给布局指定不同的打印样式表，可以创建不同的打印图纸。打印样式表存储在与设备无关的打印样式表（STB 文件）中。

创建命名打印样式表的步骤如下：

（1）在菜单浏览器中选择“打印”→“管理打印样式”命令，打开“打印样式”文件夹。所有的打印样式表都有名称和代表样式表类型的图标。

（2）在“打印样式”文件夹中双击“添加打印机样式表向导”，仔细阅读添加打印样式表的介绍文字，单击“下一步”按钮继续操作。

（3）在“开始”页面下选择添加方式。

1）“从头开始”：选择此选项后，AutoCAD 将创建新的打印样式表。

2）“使用一个存在的打印样式表”：选择此选项后，AutoCAD 将以现有的命名打印样式表为起点，创建新的命名打印样式表。新的打印样式表包括原有打印样式表中的样式。

3）“使用 AutoCAD R14 的打印设置”：选择此选项后，AutoCAD 将使用 acad.16.cfg 文件中的画笔来指定信息以创建新的打印样式表。如果要输入设置，又没有 PCP 或 PC2 文件，则应选择此选项。

4）“使用 PCP 或 PC2 文件”：此选项使用 PCP 或 PC2 文件中存储的画笔指定信息来创建新的打印样式表。

（4）确定打印样式表类型后，单击“下一步”按钮继续。

（5）在“文件名”对话框中输入打印样式表的名称。命名样式表文件的扩展名为.stb，颜色相关样式表的扩展名为.ctb。

（6）完成创建打印样式表。

10.1.3　打印样式表编辑器

在“打印样式管理器”窗口中，选中某个“打印样式”文件后，系统弹出这个文件的“打印样式表编辑器”对话框，如图 10-1 所示。

在该对话框中有 3 个选项卡，分别为“常规”、“表视图”和“表格视图”。

下面分别介绍这 3 个选项卡：

（1）“常规”选项卡。该选项卡列出所选择打印样式文件的总体信息。

（2）“表视图”选项卡。该选项卡以表格的形式列出样本文件下所有的打印样式。用户可在其中对指定的任一打印样式进行修改。

（3）“表格视图”选项卡。单击“表格视图”，打开如图 10-1 所示的选项卡，在该选项卡中共有 3 个区域，功能介绍如下：

1）“打印样式”列表框：该列表框内以列表形式列出被打开的样式文件所包含的全部打印样式。

2）“特性”选项组：在该选项组中用户可以修改打印样式的各项设置。

3）“说明”列表框：提供每个打印样式的说明。

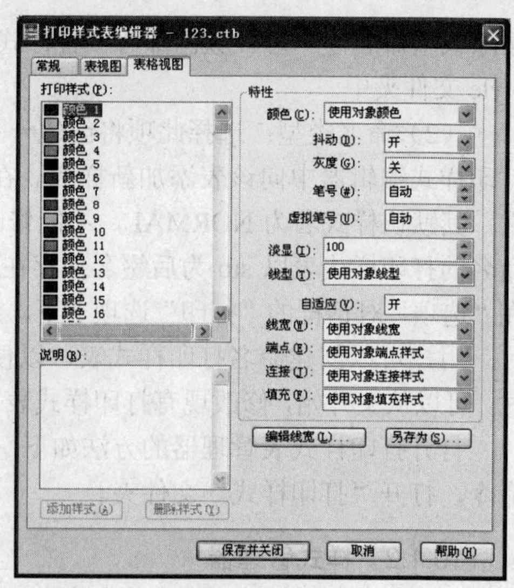

图 10-1 “打印样式表编辑器”对话框

10.1.4 打印输出

单击“输出”功能选项卡下的“打印”面板下的“打印”图标，出现如图 10-2 所示的“打印”对话框。在“打印”对话框的“打印机/绘图仪”选项组中，从“名称”列表中选择一种绘图仪。

图 10-2 “打印”对话框

（1）“打印机/绘图仪”选项组中的各项内容介绍如下：

1）“名称”下拉列表框：打开该下拉列表框，可以看到其中列出了当前 AutoCAD 配置的所有输出设备，包括打印输出设备和电子输出设备，其中 DWFePlot.pc3 和 DWF Classic.pc3 为电子出图工具。所谓电子出图就是 AutoCAD 图形以文件的形式输出，输出后缀为 DWF 。图形输出后，用户可在网络浏览器中将其打开，并将之发送出去。二者的区别主要在于，DWFC1asSiC.pc3 输出的打印文件可以被 AutoCAD 2011 打开，而 DWFePlot.pc3 输出的打印文件则只能被 Internet Explorer 或 Netscape 等网络浏览器打开。电子出图实质上就是 AutoCAD 图形文件与 DWF 格式文件之间的转换。

在“名称”下拉列表框下部，列出了被选择的打印设备的种类、端口位置及相关描述信息。

2）“特性”按钮：用来设置指定打印设备的属性。单击该按钮，将打开如图 10-3 所示的“绘图仪配置编辑器”对话框。该对话框有 3 个选项卡：

- “常规”选项卡：用来向用户提示当前打印设备的端口、驱动程序位置及版本等信息，同时还可以在该选项卡内为打印设备添加描述信息。
- “端口”选项卡：用来设置打印输出端口，可设置本地端口，也可设置网络端口。
- “设备和文档设置”选项卡：用来设置纸张大小和进纸方式等选项。

“自定义特性”按钮：单击该按钮将打开当前打印机属性对话框，如图 10-4 所示，其中提供了关于当前打印设备的详细信息。

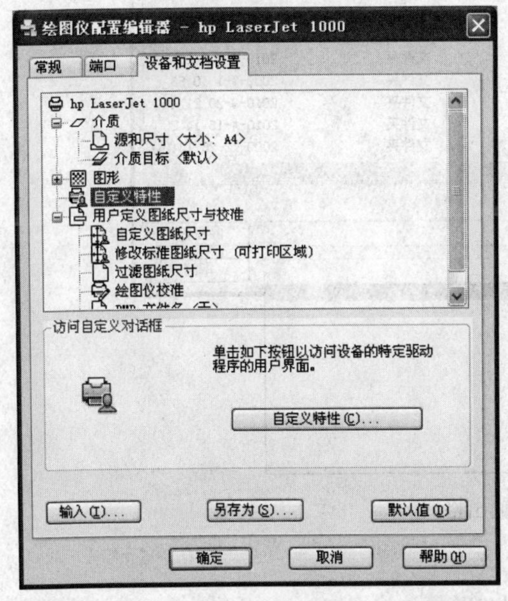

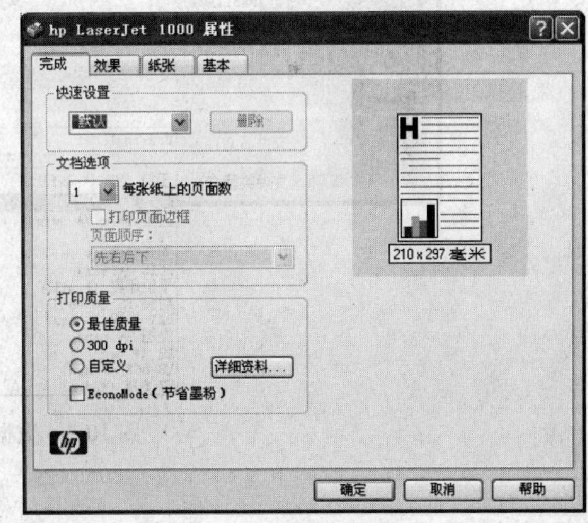

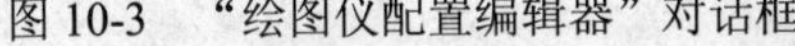
图 10-3　“绘图仪配置编辑器”对话框

图 10-4　打印机属性

（2）“打印样式表”区域：该区域用来确定新建打印样式文件的名称及类型。

1）“名称”下拉列表框：打开该下拉列表框，可以看到其中列出了当前图形文件所有的*.CTB 或*.STB 格式的打印样式文件，用户可从中选择。

2）“编辑”按钮：当选择某一打印样式文件之后，单击该按钮，打开“打印样式管理器”对话框，可对被选取的打印样式文件进行编辑修改。

（3）“图纸尺寸”区域：在该区域内用户可指定出图范围及打印份数。

对各项内容设置后，单击“预览”或“确定”按钮，按提示进行即可。

10.2　图形格式转换

在实际工作中，所遇到的图形图像处理软件是多种多样的，它们的格式并不一致，AutoCAD 提供的 Export 命令，方便用户将 AutoCAD 图形转换成各种格式的数据文件，以便其他 Windows 应用程序使用。

在菜单浏览器中选择“打印”→“输出”→“其他格式”命令，打开“输出数据”对话框，在“文件类型”列表框中选择输出的文件类型，可以将 AutoCAD 图形转换成所列格式的数据文件，如图 10-5 所示。

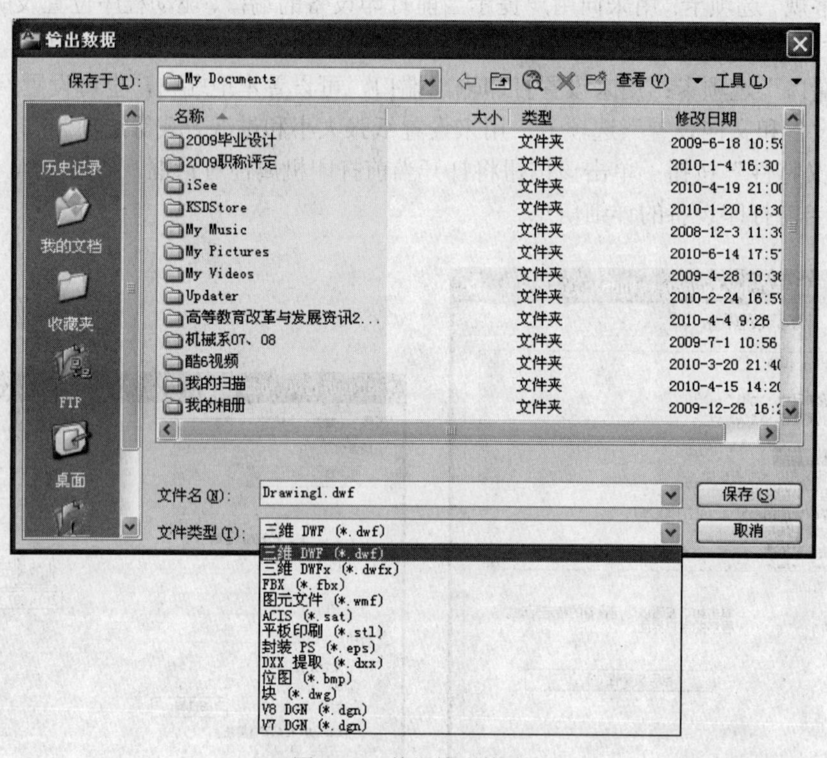

图 10-5　数据输出格式

10.3　实训

绘制如图 10-6 所示的图形并打印图纸。

（1）绘制如图 10-6 所示的图形。

（2）打印图形。单击菜单浏览器，选择“打印”或单击绘图输出按钮，弹出如图 11-2 所示的“打印”对话框。在对话框中设定 A4、横向、预览，单击“确定”按钮即可。

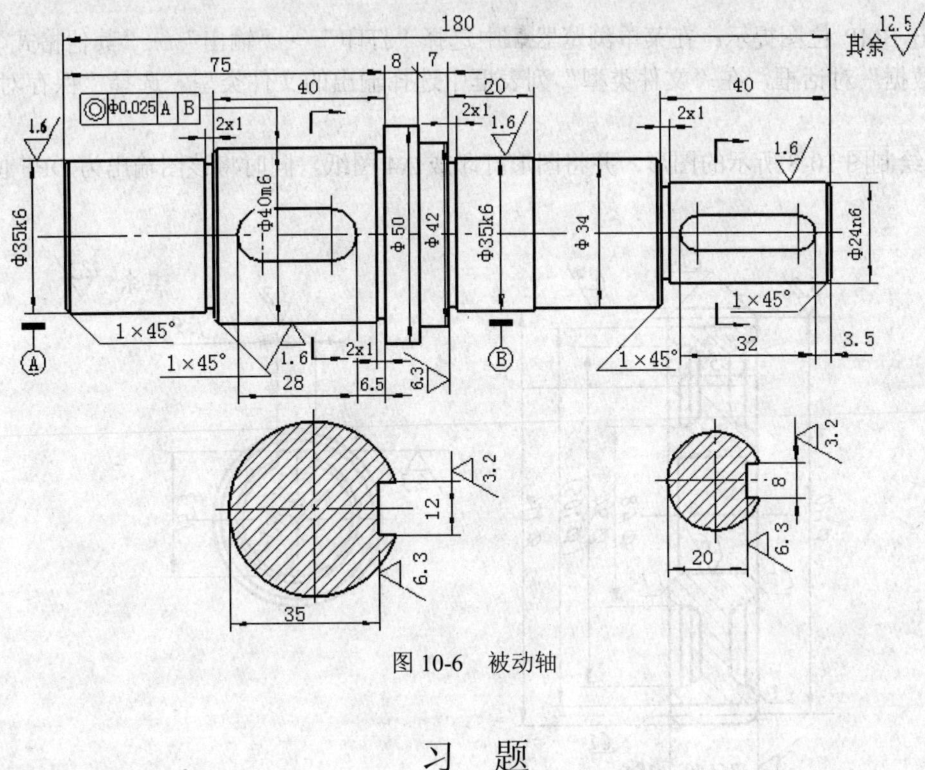

图 10-6　被动轴

习　题

1．绘制图 10-7 所示的图形，并将图打印成 A4 图纸，同时将该图输出为 BMP 位图。

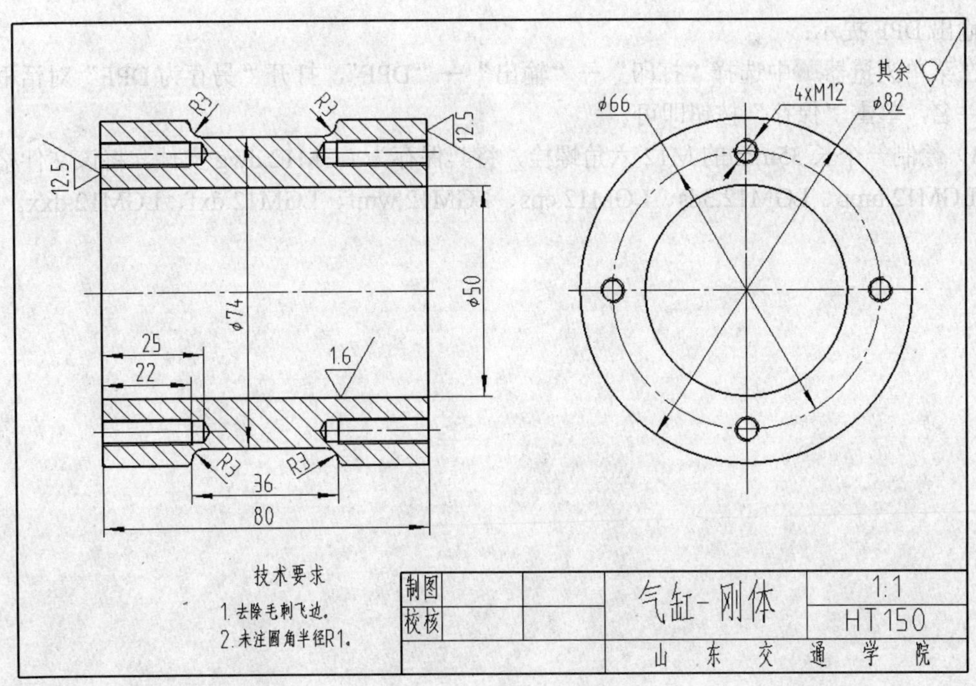

图 10-7　套类零件

输出 BMP 位图提示：在菜单浏览器中选择“打印”→“输出”→“其他格式”，打开“输出数据”对话框，在“文件类型”列表框中选择输出的文件类型。选择“保存对象”按钮即可。

2．绘制图 10-8 所示的图形，并将图形打印成 A4 图纸，同时将该图输出为 DPF 位图。

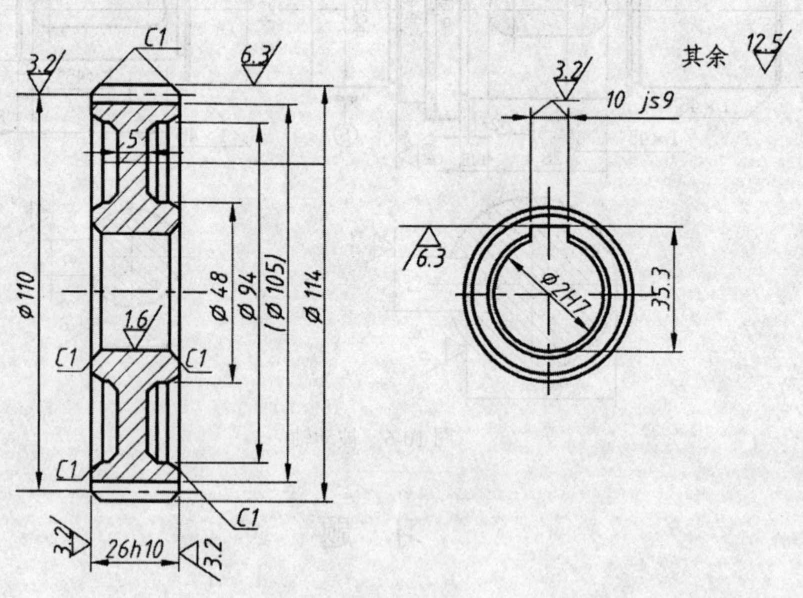

图 10-8　大齿轮

输出 DPF 提示：

在菜单浏览器中选择“打印”→“输出”→“DPF”，打开“另存为 DPF”对话框，输入文件名，单击“保存”按钮即可。

3．绘制一个长 35mm 的 M12 六角螺栓，将其保存为 LGM12.dwg 文件。将该文件格式转换为 LGM12.bmp、LGM12.3ds、LGM12.eps、LGM12.wmf、LGM12.dxf、LGM12.dxx。

参考文献

[1] 阎金铭，王喜仓．计算机辅助绘图设计．东营：石油大学出版社，1997．
[2] 于利民等．计算机绘图．东营：石油大学出版社，2001．
[3] 王喜仓，于利民．计算机绘图应用教程．北京：中国水利水电出版社，2004．
[4] 朱泽平，王喜仓．机械制图与 AutoCAD 2000．北京：机械工业出版社，2001．